Praxis Wärmepumpe

Jetzt diesen Titel zusätzlich als E-Book downloaden und 70 % sparen!

Als Käufer dieses Buchtitels haben Sie Anspruch auf ein besonderes Kombi-Angebot: Sie können den Titel zusätzlich zum Ihnen vorliegenden gedruckten Exemplar für nur 30 % des Normalpreises als E-Book beziehen.

Der BESONDERE VORTEIL: Im E-Book recherchieren Sie in Sekundenschnelle die gewünschten Themen und Textpassagen. Denn die E-Book-Variante ist mit einer komfortablen Volltextsuche ausgestattet!

Deshalb: Zögern Sie nicht. Laden Sie sich am besten gleich Ihre persönliche E-Book-Ausgabe dieses Titels herunter.

In 3 einfachen Schritten zum E-Book:

❶ Rufen Sie die Website **www.beuth.de/e-book** auf.

❷ Geben Sie hier Ihren persönlichen, nur einmal verwendbaren E-Book-Code ein:

3097814173CDA56

❸ Klicken Sie das „Download-Feld" an und gehen dann weiter zum Warenkorb. Führen Sie den normalen Bestellprozess aus.

Hinweis: Der E-Book-Code wurde individuell für Sie als Erwerber dieses Buches erzeugt und darf nicht an Dritte weitergegeben werden. Mit Zurückziehung dieses Buches wird auch der damit verbundene E-Book-Code für den Download ungültig.

Praxis Wärmepumpe

Stefan Sobotta

Praxis Wärmepumpe

Technik, Planung, Installation

4., überarbeitete und aktualisierte Auflage 2022

Herausgeber:
DIN Deutsches Institut für Normung e. V.

Beuth Verlag GmbH · Berlin · Wien · Zürich

Herausgeber: DIN Deutsches Institut für Normung e. V.

Berlin · Wien · Zürich
Am DIN-Platz
Burggrafenstraße 6
10787 Berlin

Telefon: +49 30 2601-0
Telefax: +49 30 2601-1260
Internet: www.beuth.de
E-Mail: kundenservice@beuth.de

Titelbild: © Vaillant Deutschland GmbH & Co. KG
Satz: Beuth Verlag GmbH, Berlin
Druck: Drukarnia Skleniarz, Kraków
Gedruckt auf säurefreiem, alterungsbeständigem Papier nach DIN EN ISO 9706

ISBN 978-3-410-30978-9
ISBN (E-Book) 978-3-410-30972-7

Vorwort

Wärmepumpen sind der Schlüssel zur Energiewende

Wärmepumpen sind gefragter denn je: Weltweit ist nach Erhebungen der Internationalen Energieagentur (IEA) im Jahr 2018 die Nachfrage nach Wärmepumpen um 10 Prozent gestiegen. Das globale Umsatzvolumen lag bereits 2017 bei 48 Milliarden US-Dollar. Die IEA prognostiziert nahezu eine Verdopplung dieses Werts bis zum Jahr 2023. Auch die Absatzzahlen in Deutschland belegen den Trend. Im Jahr 2021 wurden insgesamt 154.000 Heizungswärmepumpen verkauft. Das bedeutet ein Plus von 28 Prozent zum Vorjahr.

Viele Klimastudien halten jedoch einen noch viel massiveren Einsatz von Wärmepumpen zur Erreichung der Klimaziele für notwendig. Dass das möglich ist, beweisen viele andere europäische Mitgliedsländer wie zum Beispiel Schweden. Dort werden jährlich rund 23 Wärmepumpen pro 1.000 Haushalte abgesetzt, während Deutschland gerade einmal ein Zehntel des schwedischen Absatzes erreicht. Eine stärkere Verbreitung der Wärmepumpe im deutschen Markt würde nicht nur die Arbeitsplätze der 75.000 Beschäftigten der Branche, sondern auch die lokale Wertschöpfung langfristig sichern.

Um den Klimaschutz im Gebäudesektor voranzutreiben, hat die neue Regierung im Koalitionsvertrag vereinbart, einen entsprechenden gesetzlichen Rahmen zu schaffen: Ab dem 1. Januar 2025 sollen alle neu eingebauten Heizungen zu mindestens 65 Prozent erneuerbare Energien nutzen. Es ist davon auszugehen, dass die Nachfrage nach Wärmepumpen mit diesem Gebot zur Nutzung erneuerbarer Energien nochmals stark zunehmen wird. Die Politik muss nun dafür sorgen, dass bereits in den kommenden drei Jahren möglichst Heizsysteme verbaut werden, die den neuen Ansprüchen genügen.

Grundlegend für den Erfolg der Wärmewende ist die Wirtschaftlichkeit des Technologiewechsels zur Wärmepumpe, insbesondere im Gebäudebestand. Will man einen Wechsel zur Wärmepumpe in der gesamten Breite des Gebäudebestands erreichen, so muss die Technologie gegenüber dem Betrieb von Heizöl- und Erdgas-Kesseln wirtschaftlich deutlich bessergestellt werden. Die derzeitigen Preise der Energieträger entsprechen nicht ihren CO_2-Emissionen. Solange der eingeführte CO_2-Preis keine ausreichende Steuerungswirkung entfaltet, ist eine effektive Entlastung des Strompreises dafür dringend notwendig. Von besonderer Bedeutung ist in diesem Zusammenhang die ebenfalls im Koalitionsvertrag angekündigte Maßnahme, die EEG-Umlage ab 2023 vollständig aus dem Bundeshaushalt zu finanzieren und die überfällige Neuordnung der Umlagen, Steuern und Entgelte anzugehen. Das ist ein guter Schritt für die Wärmepumpe. Entscheidend ist, dass langfristige und verlässliche Rahmenbedingungen für die Branche gesetzt werden.

Die CO_2-Emissionen im Gebäudebereich deutlich abzusenken, wird für die neue Bundesregierung eine der größten Herausforderungen sein. Dabei hat der Gebäudesektor einen entscheidenden Vorteil gegenüber anderen Sektoren: Die Technologien zur Dekarbonisierung sind bereits vorhanden und etabliert. Wir haben die Technik und das Know-how, das Rad muss nicht neu erfunden werden.

In den nächsten neun Jahren müssen laut Studien des Fraunhofer-Institut für solare Energiesysteme 5 Millionen Wärmepumpen zusätzlich installiert werden, um auf dem Zielpfad zur Klimaneutralität zu bleiben. Das bedeutet ein jährliches Marktwachstum von gut 20 Prozent. Wichtig ist, dass die gesamte Branche vom Fachhandwerker über die Planer und Berater bis hin zur Industrie das Potenzial der Wärmepumpentechnologie erkennen und in den nächsten Monaten und Jahren positiv nutzen. Klimaschutz im Gebäude geht nur Hand in Hand mit allen Akteuren der Heizungsbranche.

Der vorliegende Leitfaden bietet Fachhandwerkern, Planern, Architekten und Energieberatern eine wertvolle Grundlage und praktische Hinweise für ihre tägliche Arbeit im Sinne einer konsequenten Wärmewende hin zur Wärmepumpe.

Herzlich,
Ihr Dr. Martin Sabel
Geschäftsführer des Bundesverbands Wärmepumpen (BWP) e. V.

Autorenporträt

Dipl.-Ing. (FH) Stefan Sobotta,

studierte nach der Ausbildung zum Elektroinstallateur Elektrische Energietechnik an der Fachhochschule Dortmund und der Universität Bochum. Nach dem Studium folgte die Ausbildung zum Energieberater mit Schwerpunkt regenerative Energien 1994/95 am Öko-Zentrum Hamm. Im Folgenden übernahm er mehrere Aufgaben bei angesehenen Heizungsherstellern, wo er neben dem Marketing und Vertrieb auch im Bereich Produktmanagement für Wärmepumpen tätig war. Zurzeit ist der Autor Projektleiter in der Entwicklungsabteilung für Wärmepumpen bei einem großen deutschen Heizungshersteller.

Inhalt

1 Einleitung

Zwei zentrale Fragen werden zunehmend von Bedeutung.

1. Energie wird zunehmend knapper und damit teurer.

Länder mit Primärenergievorkommen nutzen ihre Ressourcen, um Macht auszuüben und damit Politik zu machen; die Beispiele aus Russland (Unterbrechung der Gaszufuhr nach Deutschland in 2006) und Weißrussland (Absperrung der Ölpipeline im Januar 2007) und die jüngsten Ereignisse zur Gas- und Ölversorgung im Zusammenhang mit dem Ukraine-Krieg zeigen dies.

Deutschland muss versuchen, an zwei Hebeln anzusetzen:

1. drastische Reduzierung des Energieverbrauchs → allein das Potenzial bei der Beheizung von Gebäuden ist enorm; nicht zu vergessen der Benzinverbrauch beim Auto. Für den Verkehrssektor plant die Bundesregierung die Emissionen bis 2030 um mehr als 40 % im Vergleich zu 1990 zu reduzieren, von 164 auf mind. 98 Millionen Tonnen CO_2. Dies soll mit entsprechender Förderung durch den Umstieg auf die Elektromobilität erreicht werden.
2. schneller Ausbau der erneuerbaren Energien → konsequente Förderung der Erneuerbaren z. B. über das Marktanreizprogramm; dabei sollte nur die Effizienz ein Maß für die Förderhöhe sein. Die Bundesregierung möchte die Geschwindigkeit beim Ausbau erneuerbarer Energien verdreifachen. Ein Schwerpunkt ist hierbei die Änderung des EEGs. Bis 2030 soll der Anteil erneuerbarer Energien am Bruttostromverbrauch auf mind. 80 % gesteigert werden.

2. Die globale Erwärmung wird zunehmend ein Problem.

Die CO_2-Emissionen müssen global reduziert werden. Länder wie Brasilien, China und Indien sind jedoch im Begriff, ihre Industrien dramatisch auszubauen.

Im Klimaschutzplan 2050 hat die Bundesregierung ihre nationalen Klimaschutzziele weiter präzisiert. Deutschlands Ziel ist es, bis 2050 weitgehend treibhausgasneutral zu werden.

Die Bundesregierung hat festgelegt, die Treibhausgasemissionen bis zum Jahr 2020 um 40 Prozent, bis 2030 um 55 Prozent, bis 2040 um 70 Prozent und bis 2050 um 80 bis 95 Prozent zu reduzieren (bezogen auf das Basisjahr 1990).

Auch aufgrund des Lockdowns im Jahr 2020 hat Deutschland sein Klimaschutzziel für 2020 erreicht. Die Gesamtemissionsmenge hat sich im Vergleich zum Jahr 1990 um 40,8 Prozent reduziert.

Die Regierung von US-Präsident Joe Biden plant, bis 2030 den Ausstoß von klimaschädlichen Treibhausgasen der USA im Vergleich zu 2005 mindestens zu halbieren. Gegenüber den Zielen der Obama-Regierung von 2014 ist die neue Planung deutlich ehrgeiziger. Damals versprachen die USA nur eine Reduktion der Emissionen um 26 bis 28 Prozent bis 2025. Das Pariser Klimaabkommen von 2015 sieht vor, dass die Mitglieder ihre Klimaziele alle fünf Jahre nachbessern. Diese Vorgabe wurde von den USA nun erfüllt.

China war 1997 noch Entwicklungsland – Klimaschutzforderungen wurden ausgenommen. Mittlerweile boomt die Wirtschaft jedoch in China. Als Folge überholte China 2008 die USA als weltgrößten Emittenten von Treibhausgasen (Abbildung 1.1). 2020 versprach Chinas Präsident Xi Jinping der Welt Chinas Emissionen spätestens von 2030 an zu senken und das Land bis 2060 CO_2-neutral zu machen. Die Volksrepublik China hatte erstmals angekündigt, die Abhängigkeit von der Kohleenergie umfassend zu verringern. Das ist allerdings bislang offenbar nicht passiert.

Die Industrieländer, allen voran die EU und Amerika, sind aufgefordert, weiter die Vorreiterrolle bei der Reduzierung des CO_2-Ausstoßes zu spielen.

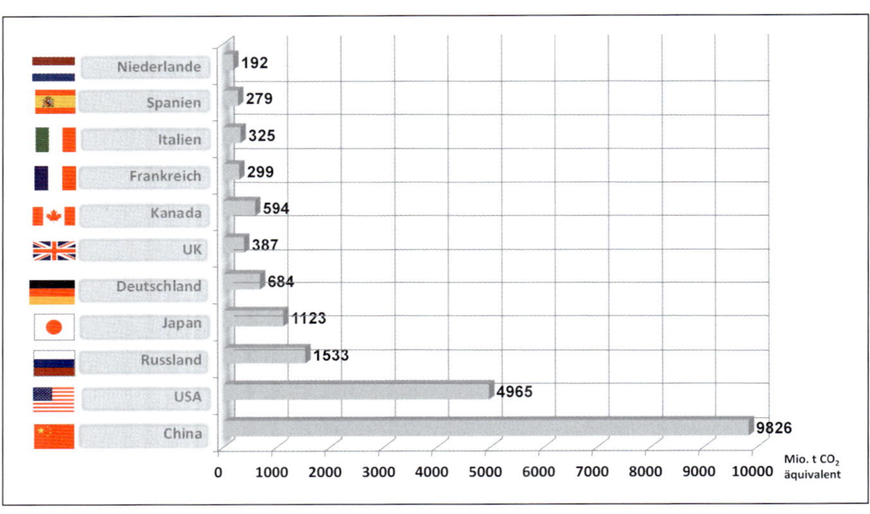

Abbildung 1.1: Globale CO_2-Emission 2019

Erneuerbare Energien sind keine Nische mehr. Mit bundesweit knapp 300.000 Arbeitsplätzen im Jahr 2019 sind sie ein bedeutender Wirtschaftsfaktor. Besonders strukturschwache Regionen profitieren von diesen Arbeitsplätzen und die Unternehmen sorgen damit für Wertschöpfung vor Ort (Abbildung 1.2).

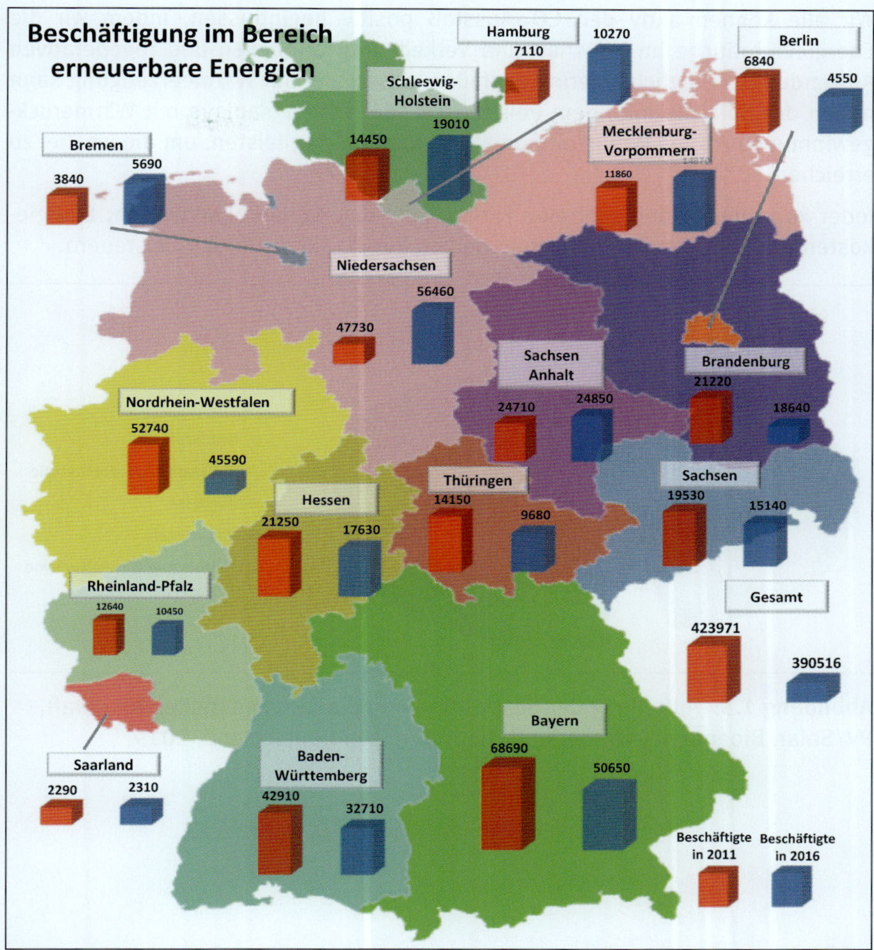

Abbildung 1.2: Bruttobeschäftigung 2000 bis 2019 im Sektor erneuerbare Energien in Deutschland

Deutschland kann durch die Entwicklung innovativer Techniken im Bereich regenerativer Energien auch den Exportschlager für die Zukunft aufbauen. Im Bereich Windkraftanlagen und Photovoltaik ist das schon geschehen. Bei der Entwicklung von Wärmepumpen ist Deutschland auf einem guten Weg (Abbildung 1.3 und Abbildung 1.4).

Wir alle können aktiv den CO_2-Ausstoß positiv beeinflussen, indem wir die Energieverbräuche im Haushalt und Verkehr mit rationellen und regenerativen Anwendungen möglichst gering ausfallen lassen. Bei der Wärmeerzeugung kann neben der Solarthermie, dem Pelletkessel, der Lüftungsanlage mit Wärmerückgewinnung auch die Wärmepumpe aktiv einen Beitrag leisten, um dieses Ziel zu erreichen.

Jeder kann die beiden zentralen Fragen auf seine Weise beantworten, Energiekosten einsparen und damit seinen Beitrag zur CO_2-Reduzierung beisteuern.

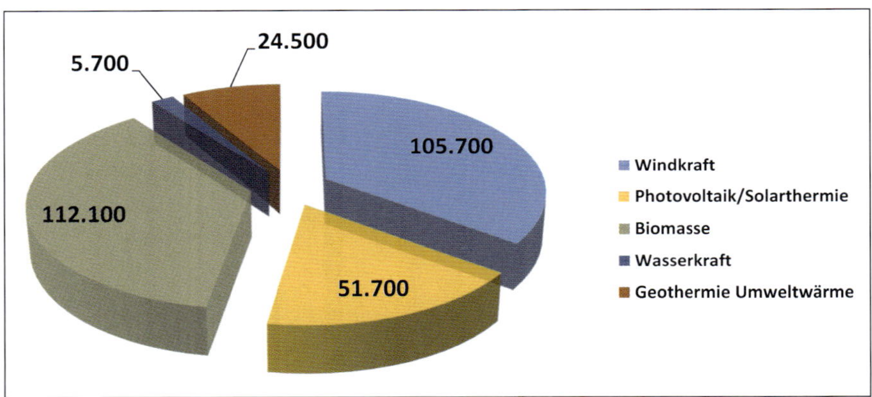

Abbildung 1.3: Aufteilung der Beschäftigten in die Tätigkeitsfelder Windkraft, PV/Solar, Bioenergie, Wasserkraft, Geothermie in Deutschland, 2019

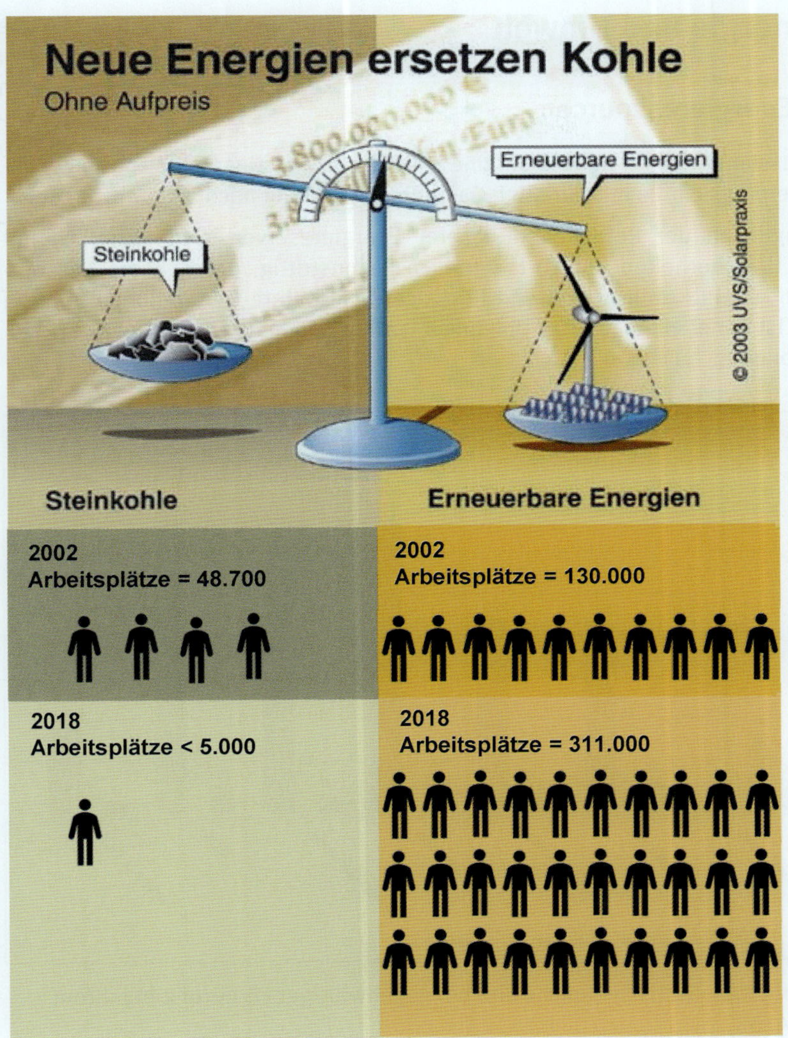

Abbildung 1.4: Das Wachstum der Branche „Erneuerbare Energien“ und damit der Gewinn von Arbeitsplätzen in Deutschland

2 Energie und Umwelt

2.1 Energieressourcen

Nach Russlands Angriff auf die Ukraine sind die Öl- und Gaspreise enorm gestiegen. Allerdings ist die mittelfristige Gaspreisentwicklung noch nicht abzusehen.

Die Prognosen der Reichweiten unserer Energiereserven sind sicherlich mit großen Unsicherheiten behaftet. Dennoch ist unstrittig, dass unsere Ressourcen nicht unerschöpflich sind. Mit Rücksicht auf spätere Generationen und die Umwelt ist daher ein maßvoller Umgang mit allen Bodenschätzen dringend geboten (Abbildung 2.1).

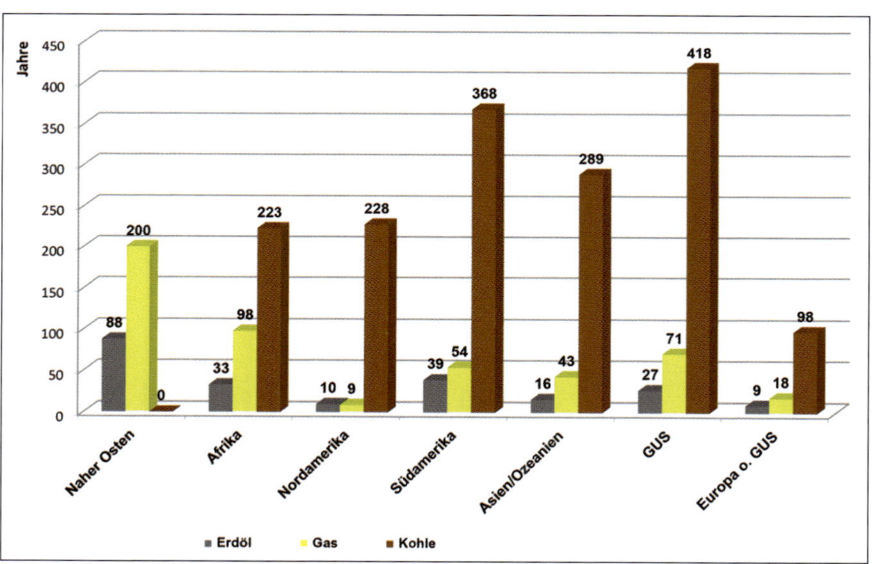

Abbildung 2.1: Statische Reichweite bei gegenwärtiger Förderung in Jahren; Stand 04/05

Der Anteil der „Regenerativen" an der Bruttostromerzeugung ist noch vergleichweise gering. Von 6,6 % im Jahr 2000 ist der Anteil auf 23,9 % in 2013 angestiegen, im Jahr 2021 waren es bereits rund 42 %. Der Anteil der Wasserkraft ist weitgehend ausgeschöpft (so gut wie alle Bäche und Flüsse sind mit Wasserkraftwerken erschlossen). Windkraftanlagen sind ebenfalls in den besten „Windgebieten" flächig installiert. Ein nennenswerter Ausbau der Erneuerbaren im Bereich der Bruttostromerzeugung wird nicht einfach umzusetzen sein. Potenziale bieten beispielsweise Offshore-Windkraftanlagen, Gezeitenkraftwerke oder Tiefengeothermie (Abbildung 2.2).

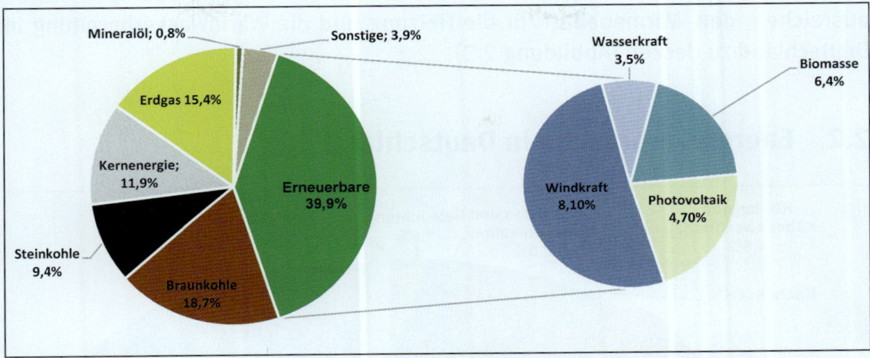

Abbildung 2.2: Stromerzeugung nach Energieträgern in Deutschland im Jahr 2021

Das Kernproblem der meisten „Regenerativen" ist ihre nicht bedarfsgerechte Verfügbarkeit. Unser Anspruch an die Energieeffizienz verlangt allerdings auch eine Bedarfsänderung, d. h. auch der Umgang mit Energie muss sich grundlegend ändern.

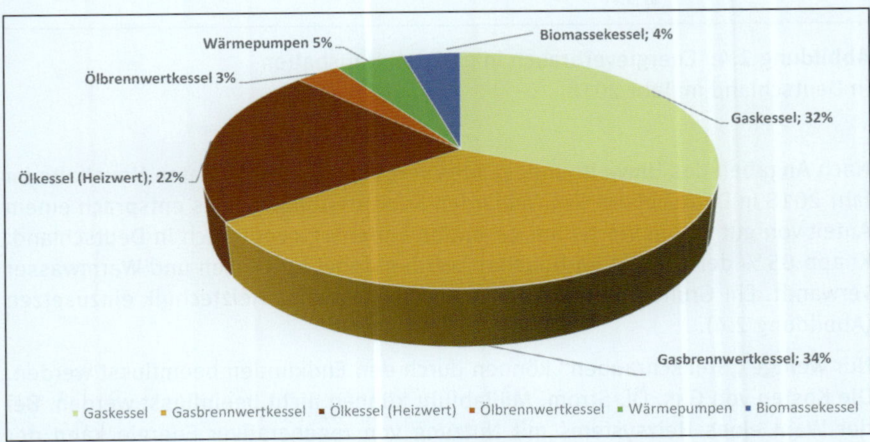

Abbildung 2.3: Struktur der zentralen Wärmeerzeuger in Deutschland im Jahr 2020

Im Bereich Wärmeproduktion steckt der Ausbau noch in den Kinderschuhen. Im Unterschied zur Stromproduktion ist jedoch praktisch in jedem Haushalt der Einsatz von regenerativer Energie für den Wärmebedarf des Haushaltes möglich. Allein das Potenzial der Geothermie in Kombination mit Wärmepumpen würde ausreichen, den Wärmebedarf für die Heizung und die Warmwasserbereitung in Deutschland zu decken (Abbildung 2.3).

2.2 Energieverbräuche in Deutschland

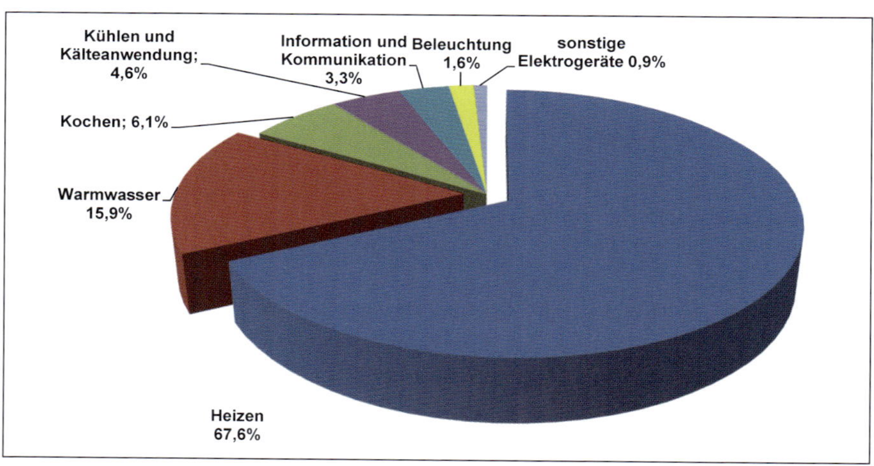

Abbildung 2.4: Energieverbrauch in privaten Haushalten in Deutschland im Jahr 2018

Nach Angaben des Umweltbundesamtes verbrauchten die privaten Haushalte im Jahr 2018 in Deutschland 644 Milliarden Kilowattstunden. Dies entsprach einem Anteil von gut einem Viertel am gesamten Endenergieverbrauch in Deutschland. Knapp 85 % der Energie im Haushalt werden dabei für Heizen und Warmwasser verwandt. Ein Grund, mehr effiziente und regenerative Heiztechnik einzusetzen (Abbildung 2.4).

Nur wenige „Stellschrauben“ können durch den Endkunden beeinflusst werden. Die Kosten von Gas, Öl, Strom, Müllabfuhr können nicht beeinflusst werden. Bei der Wahl eines Heizsystems mit Nutzung von regenerativer Energie kann der „Häuslebauer“ die größten Einsparungen erreichen (Abbildung 2.5).

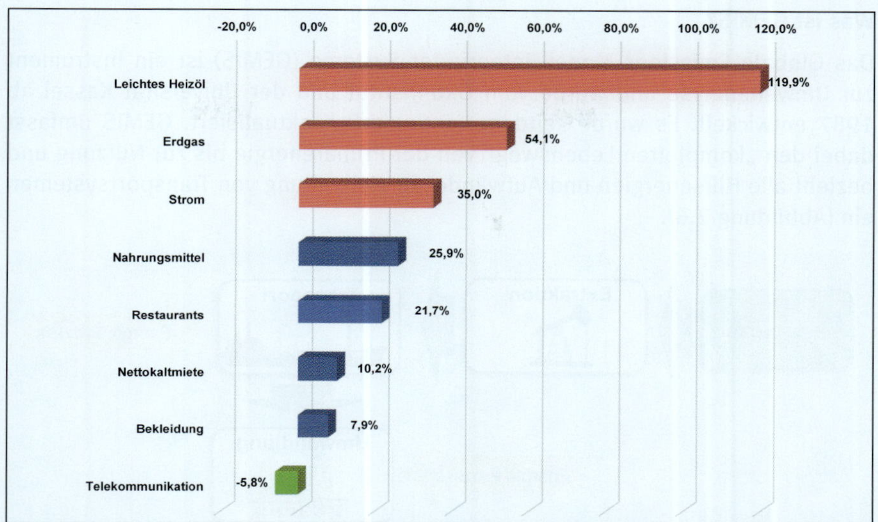

Abbildung 2.5: Preisentwicklung in privaten Haushalten von 2015 bis 2022 (Preisveränderungen in %)

2.3 CO_2-Belastung, Primärenergieverbrauch

Die Sache mit dem Strom

Natürlich braucht eine Wärmepumpe elektrischen Strom – wie alle anderen Wärmeerzeuger auch. Die Wärmepumpe benötigt neben der Versorgung der Umwälzpumpen, Regelungstechnik etc. auch elektrischen Strom für den Kompressor.

Die Gegner der Wärmepumpe ordnen der Wärmepumpe den Strom aus Braunkohlekraftwerken zu. Als Folge ist die CO_2-Bilanz bei der Erzeugung der Nutzenergie durch eine Wärmepumpe im Vergleich zu anderen Wärmeerzeugern nicht so positiv.

Die Befürworter der Wärmepumpe sagen, dass man die Wärmepumpe auch mit „grünem Strom" betreiben kann. Die CO_2-Bilanz ist dann durch die Erzeugung des elektrischen Stromes durch Wasser-, Windkraft- oder Photovoltaikanlagen makellos. Die CO_2-Emission ist dann auf die unvermeidlichen Verluste durch die Stromverteilung reduziert.

Wie bei vielem liegt die Wahrheit in der Mitte. Der in Deutschland eingesetzte elektrische Strom wird durch eine Vielzahl von Techniken erzeugt. Neben Atomkraftwerken, Steinkohle- und Braunkohlekraftwerken werden auch Gaskraftwerke und regenerative Kraftwerke wie Windkraftanlagen eingesetzt.

GEMIS rechnet aus all diesen Erzeugungsanlagen einen Kraftwerksmix aus. Für jede erzeugte Kilowattstunde (kWh) kann dann ein gemittelter Wert angenommen werden.

Was ist GEMIS?

Das Globale Emissions-Modell integrierter Systeme (GEMIS) ist ein Instrument zur Umweltanalyse und wurde vom Öko-Institut und der Universität Kassel ab 1987 entwickelt. Es wurde seitdem kontinuierlich aktualisiert. GEMIS umfasst dabei den „kompletten Lebensweg" von der Primärenergie bis zur Nutzung und bezieht alle Hilfsenergien und Aufwände zur Herstellung von Transportsystemen ein (Abbildung 2.6).

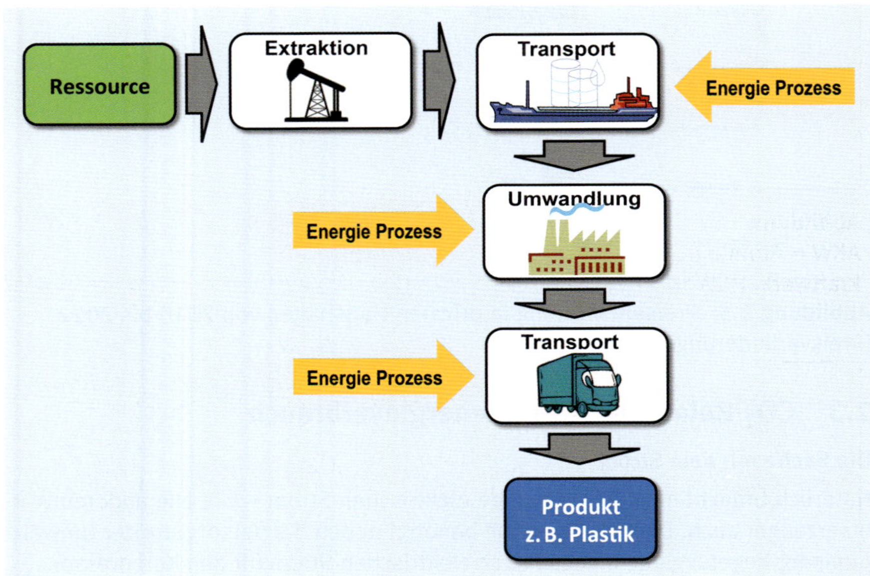

Abbildung 2.6: Darstellung einer Prozesskette am Beispiel von Plastik

Abbildung 2.7 und Abbildung 2.8 stellen die CO_2-Emissionen verschiedener Stromerzeugungssysteme dar.

Nicht wundern: Durch den Bonus für die Abwärme kann das Gas-BHKW einen neutralen CO_2-Ausstoß bei der dezentralen Stromerzeugung aufweisen.

Deutlich wird, dass Erdgas-GuD-Kraftwerke im Vergleich der Kraftwerke am günstigsten liegen. Abbildung 2.7 zeigt auch, dass noch in allen Kraftwerkstechniken Potenziale zur Einsparung liegen. Der Kraftwerksmix ist durch die Stein- und Braunkohlekraftwerke deutlich schlechter als die effizienten GuD-Kraftwerke.

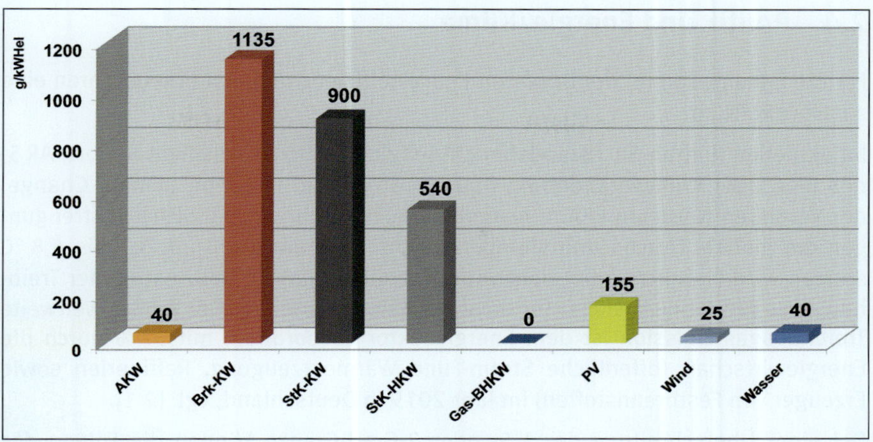

Abbildung 2.7: CO_2-Ausstoß von Strombereitstellungssystemen
AKW = Atomkraftwerk, BrK-KW = Braunkohlekraftwerk, StK-KW = Steinkohlekraftwerk, HKW = Heizkraftwerk, BHKW = Blockheizkraftwerk, PV = Photovoltaik

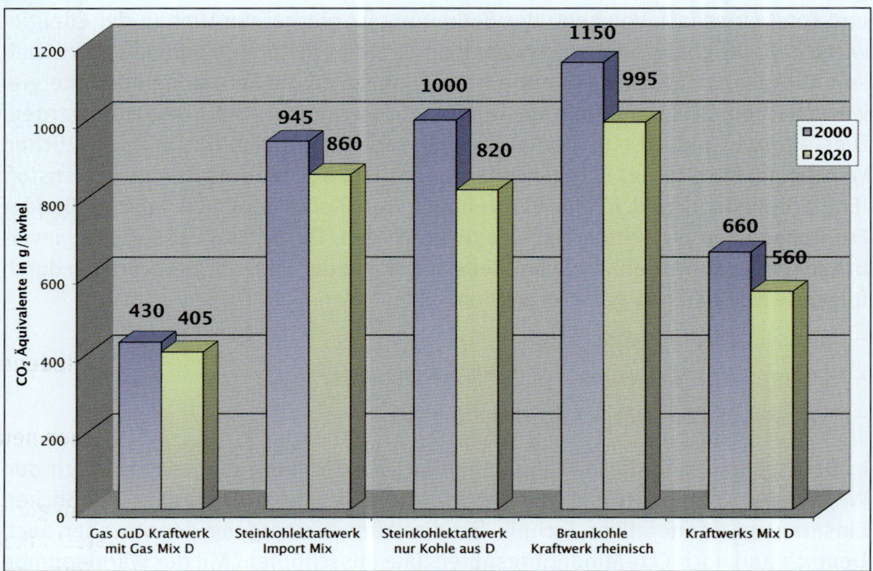

Abbildung 2.8: Darstellung der Treibhausgase als CO_2-Äquivalenzen verschiedener Stromerzeugungssysteme

2.4 Politik und Energie/Klima

Für die Zukunft kommt der besseren Energieeffizienz und den Erneuerbaren eine zentrale Rolle zu.

Im aktuellen fünften Sachstandsbericht (englisch Fifth Assessment Report, AR 5) des IPCC über Klimaveränderung (Intergovernmental Panel on Climate Change) der Vereinten Nationen wurde festgehalten, dass ohne zusätzliche Anstrengungen die globale Durchschnittstemperatur bis zum Jahr 2100 um 3,7 bis 4,8 °C steigen wird (verglichen mit dem vorindustriellen Stand). Der Anstieg der Treibhausgase ist dabei Auslöser für diese globale Erwärmung. Die größte weltweite Treibhausgas-Emission ist dem Energiesektor zuzuordnen, mit 37 % durch die Energiewirtschaft (öffentliche Strom- und Wärmeerzeugung, Raffinerien sowie Erzeuger von Festbrennstoffen) im Jahr 2019 in Deutschland, vgl. [2.1].

Bei einer Überschreitung der 1,5- oder 2-Grad-Grenze können die Folgen des Klimawandels u. U. nicht mehr kontrolliert werden. Im Teilbericht 3 (Minderung des Klimawandels) des Sachstandsberichtes wird davon ausgegangen, dass die Zwei-Grad-Obergrenze eingehalten werden kann. Der Klimaschutzplan 2050 der Bundesregierung beschreibt sogenannte Sektorziele – die Handlungsfelder Energiewirtschaft, Industrie, Gebäude, Verkehr, Landwirtschaft sowie Landnutzung und Forstwirtschaft. Von zentraler Bedeutung ist hierbei der Umbau der Energiewirtschaft. Durch den weiteren Ausbau erneuerbarer Energien und den schrittweisen Rückgang der fossilen Energieversorgung sollen die Emissionen der Energiewirtschaft bis 2030 um mehr als 60 Prozent gegenüber 1990 reduziert werden. Dies erfordert jedoch einen tiefgreifenden technologischen und wirtschaftlichen Wandel. Im Bereich der Energieversorgung soll dabei der Umsatz von Kohlenstoff (Entkarbonisierung, d. h. die Verbrennung von Kohlenstoff mit anschließender Freisetzung von CO_2) dramatisch gesenkt werden. Ferner soll der Endenergieverbrauch gesenkt werden. Im Gebäudebereich kann der Endenergieverbrauch durch folgende Maßnahmen gesenkt werden:

- Fortschrittliche Technologien,
- Energetische Sanierung des Gebäudebestands,
- Einführung von Energieeffizienzstandards.

In Deutschland sind diese Maßnahmen angestoßen bzw. umgesetzt. Durch den Wegfall der Kohlekraftwerke für die Stromversorgung und den ausschließlichen Einsatz von regenerativer Technik für die Wärmeversorgung könnte aber auch Deutschland noch CO_2-Minderungspotenziale ausschöpfen. Mit der Wärmepumpe steht eine ausgereifte Technik zur Verfügung, mit der die Minderung des Klimawandels erreicht werden kann, vgl. [2.2].

Ansätze konsequent weiter ausbauen

In Deutschland schreibt das Gesetz zur Einsparung von Energie und zur Nutzung erneuerbarer Energien zur Wärme- und Kälteerzeugung in Gebäuden (Gebäudeenergiegesetz – GEG) vom 8. August 2020 (BGBl. I S. 1728) den Einsatz von erneuerbaren Energien in Gebäuden vor.

Nun macht Europa die Effizienz im Heizungssektor plakativ. Was alle beim Kauf von Waschmaschinen, Trocknern und Fernsehgeräten kennen – das farbige Effizienzlabel – wird nun auch für Heizgeräte und Warmwasserspeicher gelten mit Einführung der Delegierten Verordnungen (EU) Nr. 811/2013 und Nr. 812/2013 für **Effizienzkennzeichnung** von Raumheizgeräten, Kombiheizgeräten, Warmwasserbereitern, Warmwasserspeichern und Verbundanlagen mit Solareinrichtungen. Zusätzlich zu den Verordnungen der **Effizienzkennzeichnung** greifen die Verordnungen (EU) Nr. 813/2013 und Nr. 814/2013, die die Anforderungen an die umweltgerechte Gestaltung der Raumheizgeräte, Kombiheizgeräte, Warmwasserbereiter und Warmwasserspeicher stellen.

Diese Verordnungen sollen sicherstellen, dass die Verbraucher durch ein Etikett eine vergleichende Information über die Leistung und den Schallpegel von Heizgeräten/Warmwasserbereitern erhalten. Auf dem Etikett wird deshalb eine Bewertungsskala von A++ bis G für die Energieeffizienz von Heizgeräten dargestellt. Die Klassen A bis G sind für die konventionellen Heizkessel und die Klassen A+ und A++ den regenerativen Techniken (somit auch der Wärmepumpe) und der Kraft-Wärme-Kopplung vorbehalten. Die Effizienz der Warmwasserbereitungsfunktion von Heizgeräten wird von A bis G eingeteilt. Die weiteren Klassen A+++ (für die Heizfunktion) und A+ (für die Warmwasserfunktion) sollen 4 Jahre später hinzugefügt werden.

Die Bewertungsskala für Warmwasserbereiter und Warmwasserspeicher wird von A bis G eingeteilt, vgl. [2.3].

Seit dem 26. September 2015 müssen alle Raumheizgeräte, Kombigeräte, Warmwasserbereiter, Warmwasserspeicher, inklusive derer in Verbundanlagen, ein Etikett und ein Produktdatenblatt beinhalten. Bis zum Stichtag war das Führen des Etikettes freiwillig (Abbildung 2.9 bis Abbildung 2.11). Seit dem 26. September 2019 hat sich die Darstellung der Heizungslabel nach dem EnVKG geändert. Das neue Label klassifiziert die Heizanlagen von A+++ (sehr effizient) bis D (sehr hoher Energieverbrauch).

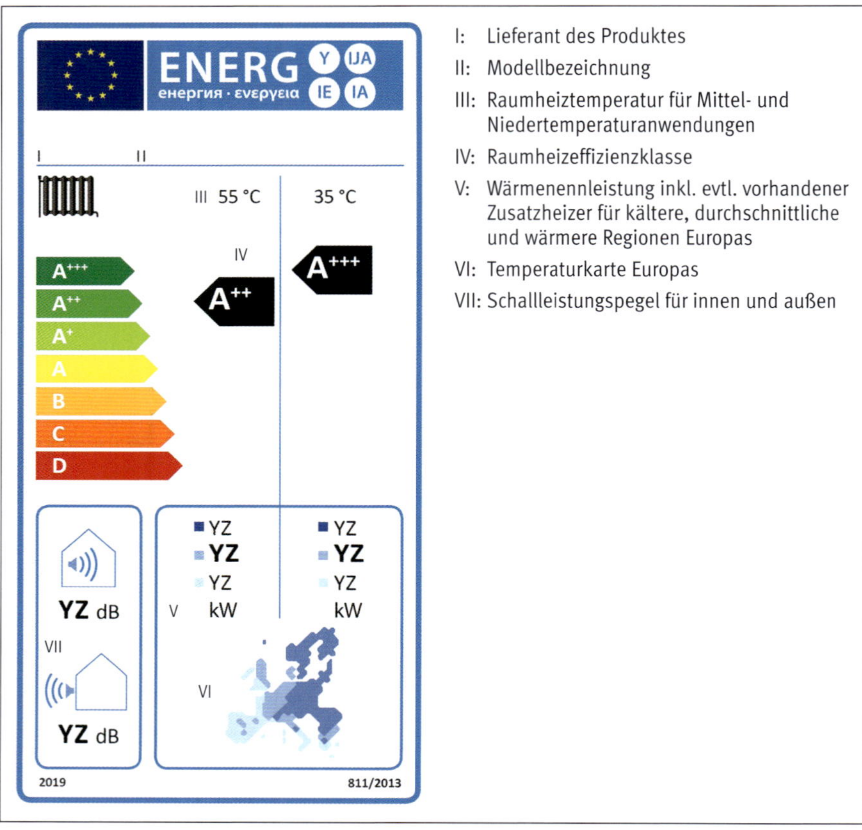

Abbildung 2.9: Etikett/Label Wärmepumpe als Raumheizgerät

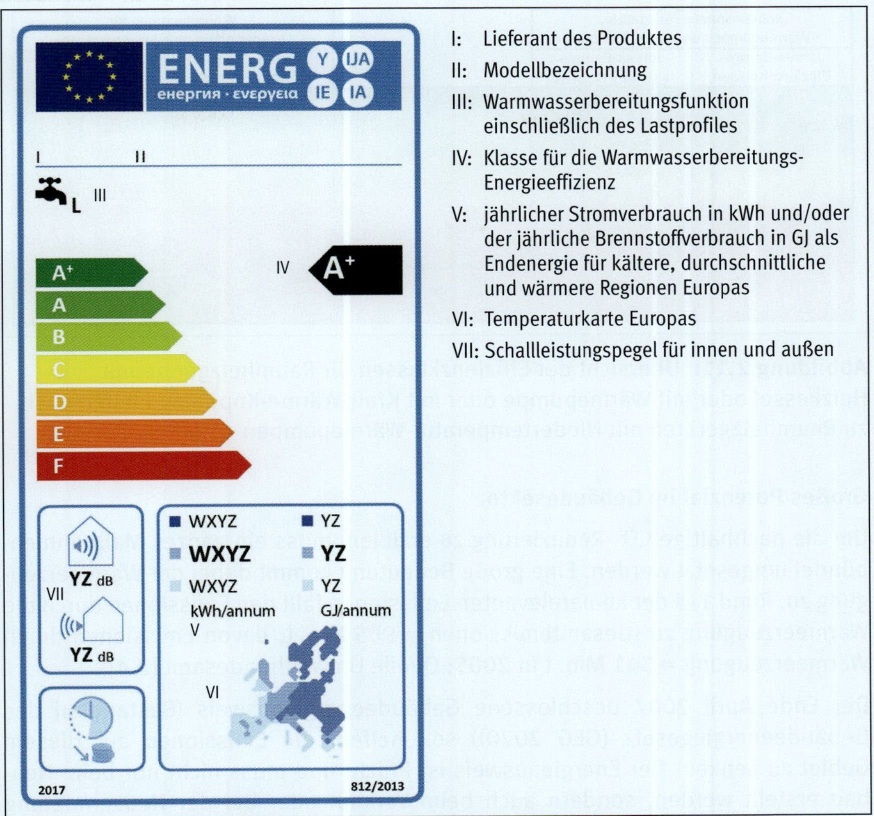

Abbildung 2.10: Etikett/Label Warmwasserbereiter mit Wärmepumpe

konventionelle Heizgeräte, Wärmepumpen und KWK-Anlagen			Wärmepumpen für Niedertemperatur-Anwendungen	
Jahres-Energie Effizienz-Klassen	Jahres-Energie Effizienz η_s in %		Jahres-Energie Effizienz-Klassen	Jahres-Energie Effizienz η_s in %
A^{+++}	$\eta_s \geq 150$	**Einführung der Klasse in 2019**	A^{+++}	$\eta_s \geq 175$
A^{++}	$125 \leq \eta_s < 150$		A^{++}	$150 \leq \eta_s < 175$
A^{+}	$98 \leq \eta_s < 125$		A^{+}	$123 \leq \eta_s < 150$
A	$90 \leq \eta_s < 98$		A	$115 \leq \eta_s < 123$
B	$82 \leq \eta_s < 90$		B	$107 \leq \eta_s < 115$
C	$75 \leq \eta_s < 82$		C	$100 \leq \eta_s < 107$
D	$36 \leq \eta_s < 75$		D	$61 \leq \eta_s < 100$
E	$34 \leq \eta_s < 36$	**Wegfall der Klasse in 2019**	E	$59 \leq \eta_s < 61$
F	$30 \leq \eta_s < 34$	**Wegfall der Klasse in 2019**	F	$55 \leq \eta_s < 59$
G	$\eta_s < 30$	**Wegfall der Klasse in 2019**	G	$\eta_s < 55$

Abbildung 2.11: Übersicht der Effizienzklassen für Raumheizgeräte mit Heizkessel oder mit Wärmepumpe oder mit Kraft-Wärme-Kopplung im Vergleich zu Raumheizgeräten mit Niedertemperatur-Wärmepumpen

Großes Potenzial im Gebäudesektor

Um die nachhaltige CO_2-Reduzierung zu erzielen, muss ein ganzes Maßnahmenbündel umgesetzt werden. Eine große Bedeutung kommt dabei der Wärmeerzeugung zu. Rund 1/3 der klimarelevanten Emissionen fällt den Emissionen durch die Wärmeerzeugung zu (Gesamtemissionen = 965 Mio. t; davon Emissionen durch Wärmeerzeugung = 341 Mio. t in 2005; Quelle Umweltbundesamt [2.4]).

Der Ende April 2007 beschlossene Gebäudeenergieausweis (Bestandteil des Gebäudeenergiegesetz (GEG 2020)) soll helfen, die Emissionen auf diesem Gebiet zu senken. Der Energieausweis ist Pflicht und muss nicht nur beim Neubau erstellt werden, sondern auch beim Verkauf oder bei der Neuvermietung eines Gebäudes vorgelegt werden. Hiermit wird der Energieverbrauch eines Gebäudes „sichtbar" gemacht. Den Energieausweis gibt es in zwei Varianten. Der verbrauchsorientierte Ausweis orientiert sich an der Heizkostenabrechnung der aktuellen Nutzer in den vergangenen drei Jahren. Dabei sagt der Energieverbrauch mehr über die Heizgewohnheiten der Bewohner aus als über den Zustand des Gebäudes selbst. Aufwendiger ist der bedarfsorientierte Ausweis. Neben dem Lüftungswärmebedarf wird auch die Gebäudesubstanz, also die Dämmung von Wänden, Türen, Fenstern, Dach und Keller, für das Ergebnis herangezogen. Damit ist eine objektive Bewertung des Hauses möglich.

Beim Kauf einer Waschmaschine ist die Beurteilung der Effizienz des Gerätes denkbar einfach – über die Effizienzklasse sind die „guten" einfach von den „schlechten" zu unterscheiden. Mit dem Bewertungsstrahl des Energieausweises ist die Beurteilung nun ähnlich einfach. Grün heißt sparsamer Verbrauch, rot hoher Verbrauch (Abbildung 2.12).

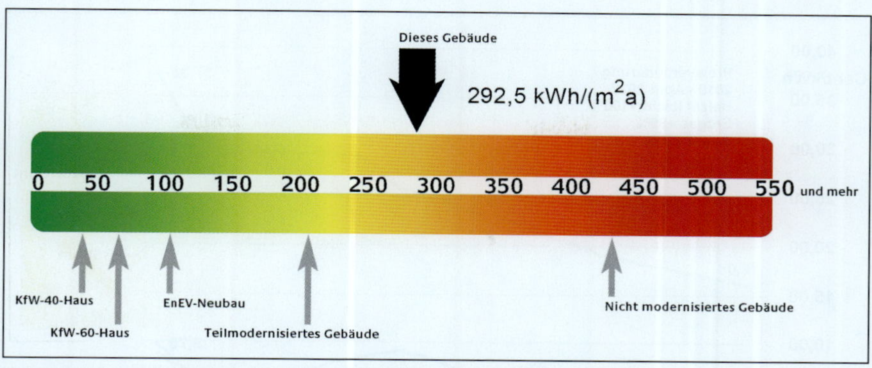

Abbildung 2.12: Bewertungsstrahl des Energieausweises

2.5 Energiepreise in Deutschland – Optionen zum gesteigerten Einsatz von erneuerbaren Energien

Der Status – heute

Die Ökosteuerreform, die 1999 eingeführt wurde, hatte das Ziel, durch eine Lenkungswirkung den Umweltschutz zu verbessern. Dabei sollte mithilfe einer Erhöhung von Mengensteuern auf den Energieverbrauch bzw. auf umweltschädliches Verhalten einerseits und anderseits durch Vergünstigungen für effizientere Technologien positiv Einfluss auf den Umweltschutz genommen werden. Mit Ausnahme des Stromsektors wurden dazu keine neuen Steuern eingeführt, vgl. [2.5].

Die nachfolgenden Grafiken stellen die Energiepreisentwicklung von Benzin, Diesel, leichtem Heizöl, Erdgas und Strom dar. Energie ist durch den Krieg in der Ukraine deutlich teurer geworden. Neben den Energien für den Haushalt wie Strom, Gas oder Heizöl sind auch die Kraftstoffpreise für das Automobil signifikant gestiegen. Für den Betrachtungszeitraum 2019 bis April 2022 ist der Kraftstoff Super um 35% und Diesel um 55% gestiegen.

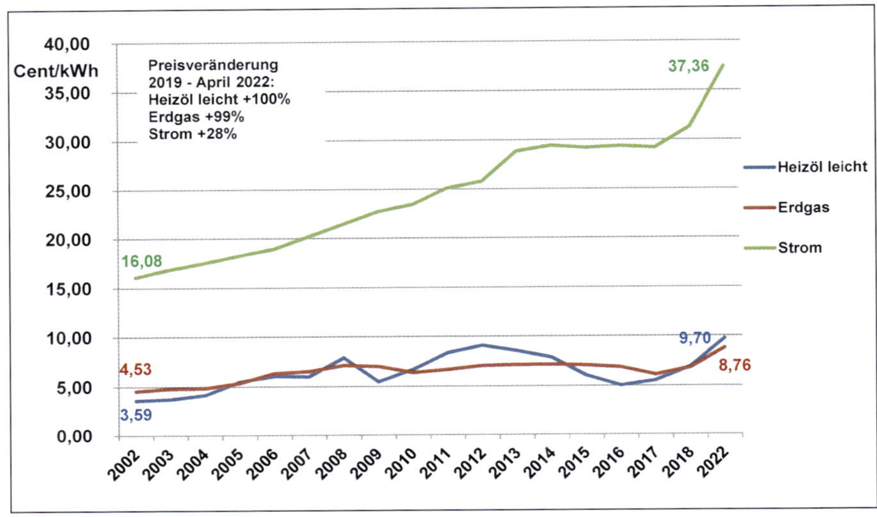

Abbildung 2.13: Energiepreise für Heizöl, Gas und Strom in Deutschland

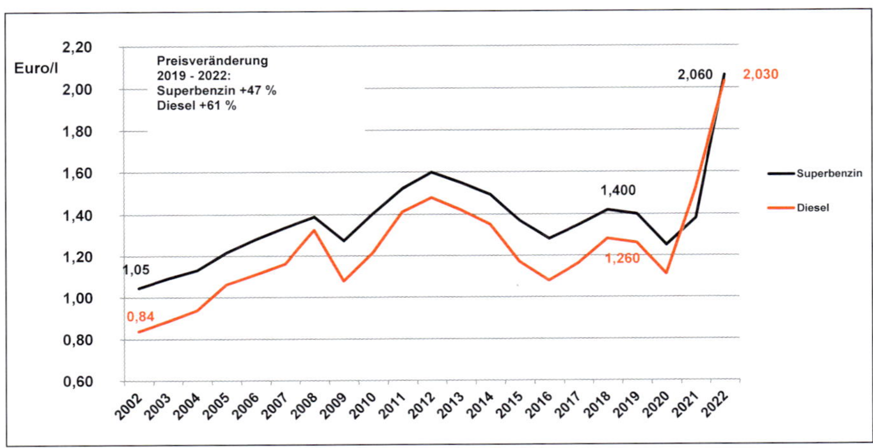

Abbildung 2.14: Energiepreise für Superbenzin und Diesel in Deutschland

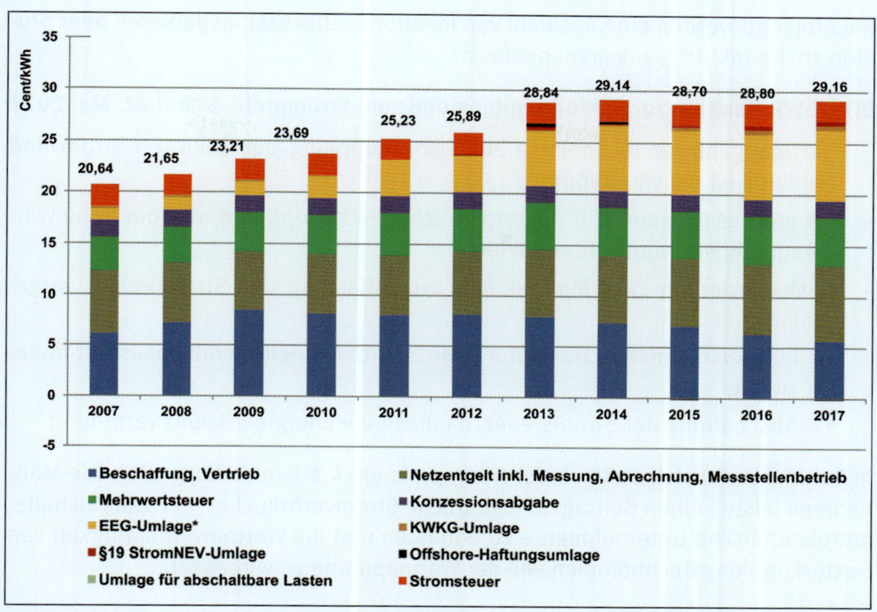

Abbildung 2.15: Kostenanteile für Haushaltsstrom (4-Personen-Haushalt, 3500 kWh/a) von 2007–2017

Die Energiewende hin zur Nutzung von erneuerbarer Energie führt zurzeit zu einer Verteuerung des Stromes, obwohl die Erzeugung im Vergleich zu den anderen Energieträgern immer sauberer wird. Durch die Netzausbaukosten, Kosten für Kapazitätsreserven und die Zusatzkosten von Eigenverbrauchanlagen (sog. Prosumer-Anlagen) dürften die Kosten für Strom mittelfristig weiter steigen, vgl. [2.6].

Und die Lösung?

Diverse Institute, Vereine, Interessengemeinschaften und Verbände haben Positions-/Diskussionspapiere oder Studien erarbeitet mit dem Ziel, den CO_2-Austrag zu vermindern.

Bislang gibt es im Wärmemarkt nicht die richtigen Anreize, moderne Technologien und erneuerbare Energie einzusetzen, da die Kosten für eine Entsorgung der Emissionen in der Atmosphäre nach wie vor nicht beim Anlagenbetrieb anfallen, sondern stillschweigend vergesellschaftet werden, vgl. [2.7].

Nachfolgend werden eine Auswahl von Positions-/Diskussionspapieren oder Studien stichpunktartig zusammengefasst:

BDH/BWP-Position zur Sektorkopplung und zum Strompreis, Stand 22. Mai 2017

- Die maßgebliche Technologie zur Sektorkopplung der Sektoren Strom und Gebäude ist die Wärmepumpe.
- Als größtes Hemmnis für die erfolgreiche Sektorkopplung wird der hohe Wärmepumpenstrompreis identifiziert.
- Deshalb werden zwei Maßnahmen zur Entlastung des Strompreises vorgeschlagen:
  - EEG-Ausnahmen in Höhe von 5 Mrd. Euro aus dem Bundeshaushalt finanzieren.
  - Abschaffung der Stromsteuer, da diese die Energieeffizienz verhindert.

In Summe senkt sich dadurch der Strompreis um 4,1 Cent/kWh (netto). Die Maßnahmen leisten einen Beitrag, um sämtliche Stromverbraucher – Privathaushalte, mittelständische Unternehmen – zu entlasten und die Wettbewerbsfähigkeit von Sektorkopplungstechnologien wie der Wärmepumpe zu verbessern.

Agora Energiewende – Energiepreise und Energiewende: Optionen für eine Reform der Entgelte, Steuern, Abgaben und Umlagen

- Angleichung der unterschiedlich hohen Steuern, Abgaben und Umlagen auf die Energieträger Strom, Erdgas, Heizöl, Benzin und Diesel entweder durch
  - Anhebung der Steuern auf Benzin, Diesel, Erdgas und Heizöl und Verwendung dieser Mehreinnahmen zur Senkung der EEG-Umlage
  - oder durch Überführung aller energiewenderelevanten Kosten bei Strom, Wärme und Verkehr in eine allgemeine Energiewende-Umlage.

Diskussionspapier des CO_2 Abgabe e. V. – Welchen Preis haben und brauchen Treibhausgase? Für mehr Klimaschutz, weniger Bürokratie und sozial gerechtere Energiepreise.

- Zentrales Instrument ist die Bepreisung von Treibhausgasen.
- Der Weg zur weltweiten Bepreisung von Treibhausgasen führt über die nationalen Preise für Treibhausgase.
- Zur Verwendung der Einnahmen werden 3 Möglichkeiten aufgezeigt:
  - Erhöhung des Steueraufkommens, um in Bildung zu investieren und die Sozialversicherung zu entlasten,
  - Rückzahlung an alle Bürger in Form einer Klimadividende in gleicher Höhe,

- CO_2- oder Klimaabgabe statt Umlagen, Steuern und Ausnahmen. Im Positionspapier *Hybride Wärmepumpensysteme: Sektorkopplung für Klimaschutz und flexibles Lastmanagement* stellt der BDH im Februar 2022 folgende Forderungen an die Energie- und Umweltpolitik:
  - 1. Für die Markteinführung von hybriden Wärmepumpensystemen bedarf es der Schaffung von flexiblen Stromtarifen, die nach heutigem Stand temporär deutlich unter 15 ct/kWh liegen müssen und einer degressiv ausgerichteten Förderung.
  - 2. Verstetigung auskömmlicher Förderung der Hybriden Wärmepumpe im Segment Hybridanlagen in der BEG (Bundesförderung für effiziente Gebäude).
  - 3. Technische und gesetzliche Rahmenbedingungen durch einheitliche Daten- bzw. Kommunikationsschnittstellen (z. B. im EnWG §14a, Steuerbare-Verbrauchseinrichtungen-Gesetz SteuVerG).
  - 4. Markthochlauf grüner und dekarbonisierter Energieträger zur Unterstützung der Elektrifizierung von Wärme- und Verkehrssektor.

Fazit: Die Lösungsansätze sind vielfältig und häufig komplex. Man darf gespannt sein, ob, und wenn ja, welches Konzept durch die „Ampelkoalition“ umgesetzt wird.

3 Technik Wärmepumpe

3.1 Wärmepumpen und die Analogie zum Kühlschrank

Sie wussten es noch nicht? In jedem Haushalt befindet sich ein Kältekreislauf, der dem in einer Wärmepumpe gleichzusetzen ist – der Kühlschrank.

Der Kühlschrank entzieht dem Kühlfach Energie (es wird kalt) und gibt diese über die Rückwand mit einem höheren Temperaturniveau an die Umgebungsluft ab (Abbildung 3.1).

Der Kühlschrank besitzt dabei alle Hauptkomponenten, die auch in der Wärmepumpe zum Einsatz kommen:

1. Verdichter (Kompressor)
2. Drossel (Expansionsventil)
3. Verdampfer
4. Verflüssiger (Kondensator)

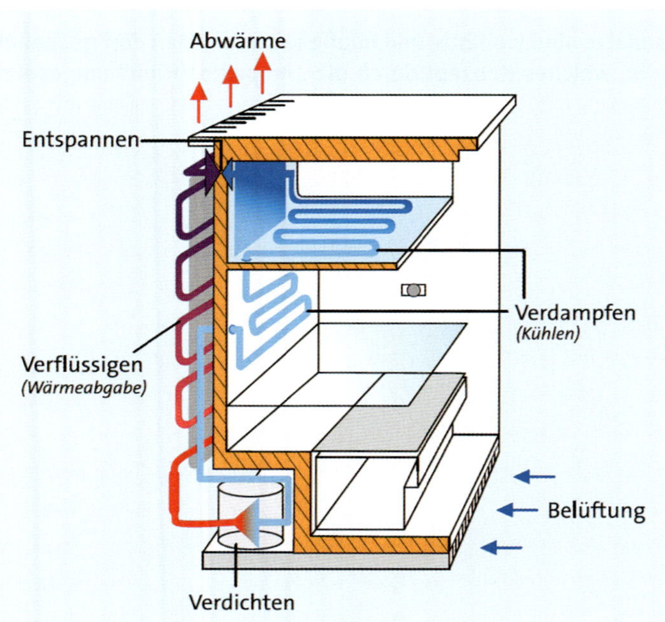

Abbildung 3.1: Funktionsweise der Wärmepumpe am Beispiel Kühlschrank

Die Wärmepumpe und die Analogie zur Fahrradpumpe – Erklärung Nr. 2

Um die Funktion einer Wärmepumpe zu erläutern, kann ein noch einfacherer Vergleich herangezogen werden: das Aufpumpen eines Fahrradschlauches (Abbildung 3.2). Mit einer Fahrradpumpe wird Luft in den Schlauch gepumpt und dabei immer weiter komprimiert. Bei längerem Pumpen wird der Kolben der Fahrradpumpe warm. Der Effekt basiert auf zwei physikalischen Eigenschaften:

1. Die Kompression der Luft erzeugt Wärme.
2. Die Reibung des Zylinderplättchens im Kolben bringt ebenfalls Wärme hervor.

Der Effekt „Wärme durch Kompression" wird auch bei der Wärmepumpe genutzt. Ein Gas, im Fachjargon *Kältemittel* genannt, nimmt in der Wärmequelle Umweltenergie auf. Dieses Kältemittel ist immer kälter als das Erdreich, das Grundwasser oder die Luft. Im Kompressor wird das Kältemittel komprimiert (Druckerhöhung analog zur Fahrradpumpe). Die Temperatur des Gases steigt so weit, dass diese Wärmeenergie über einen Wärmetauscher genutzt werden kann. Anschließend wird der Druck des Kältemittels verringert und der Wärmequelle über einen Wärmetauscher wieder zugeführt, wo es erneut Wärme aufnimmt.

Die Wärmepumpe ist somit in der Lage, mit einem Teil elektrischer Energie das Drei- bis Fünffache an Heizenergie zu erzeugen.

Abbildung 3.2: Funktionsweise der Wärmepumpe am Beispiel einer Fahrradpumpe

3.2 Kältekreislauf der Wärmepumpe

Der Kältekreislauf besteht im Wesentlichen aus vier Hauptkomponenten: Verdampfer, Verdichter, Verflüssiger und Expansionsventil. Im Kältekreislauf zirkuliert ein FCKW-freies Arbeitsmittel mit extrem niedrigem Siedepunkt. Im Verdampfer wird dem Arbeitsmittel Umweltwärme zugeführt. Es wechselt vom

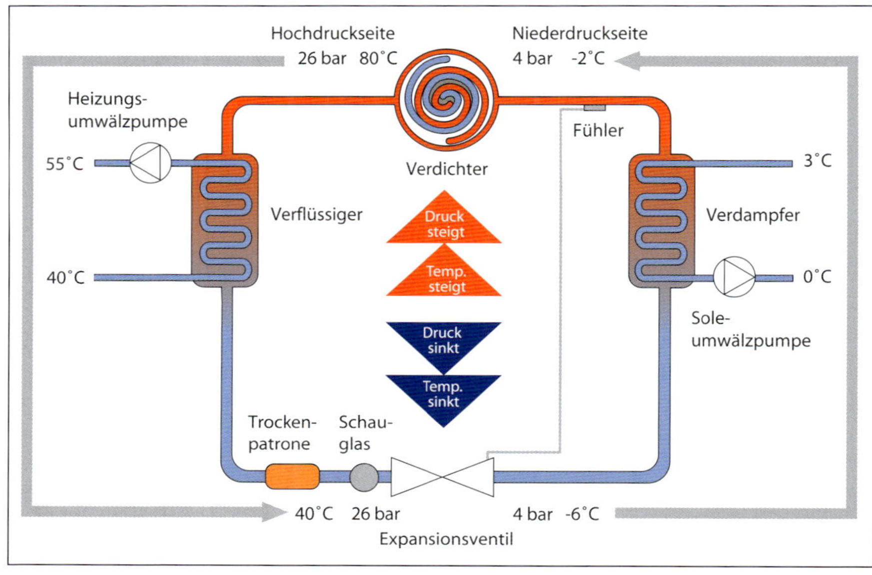

Abbildung 3.3: Kältekreislauf einer Sole/Wasser-Wärmepumpe

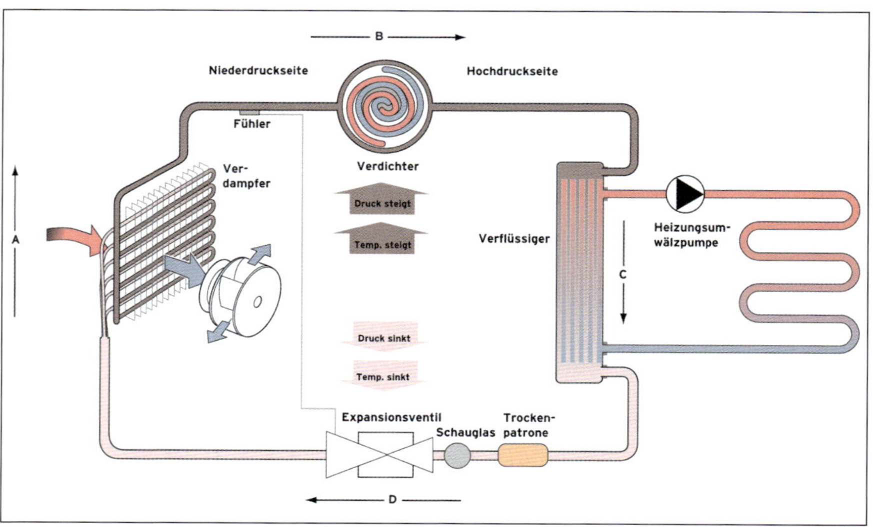

Abbildung 3.4: Kältekreislauf einer Luft/Wasser-Wärmepumpe

flüssigen in den gasförmigen Aggregatzustand. Im Verdichter wird das gasförmige Arbeitsmittel stark verdichtet und damit auf ein hohes Temperaturniveau gebracht. Dieser Vorgang benötigt 25 % Fremdenergie. Im Verflüssiger wird die Wärmeenergie direkt an den Heizkreislauf weitergegeben. Dadurch erfolgen die Abkühlung und Verflüssigung des Arbeitsmittels. Im Expansionsventil wird das Arbeitsmittel dekomprimiert und dadurch so stark abgekühlt, dass es wieder Umweltwärme aufnehmen kann (Abbildung 3.3 und Abbildung 3.4).

3.3 Darstellung im lg-p-h-Diagramm

Eine hilfreiche Darstellung des Wärmepumpen-Prozesses ist das lg-p-h-Diagramm nach Mollier (1863 – 1935, Prof. an der TH in Dresden). Hier werden die thermodynamischen Stoffdaten eines Kältemittels dargestellt (jedes Kältemittel hat dabei ein eigenes Diagramm) (Abbildung 3.5). Die y-Achse zeigt den Druck in einer logarithmischen Skalierung, die x-Achse weist die Enthalpie (Gesamtenergieinhalt) des Stoffes in linearer Skalierung auf. Die verschiedenen Aggregatzustände sind durch eine Bogenlinie klar abgegrenzt. Links von dieser Linie (der sog. Siedelinie) liegt die Flüssigkeit, rechts von der Linie (der sog. Kondensationslinie oder Taulinie) wird der überhitzte Dampf dargestellt. Im Inneren der Kurve liegt das

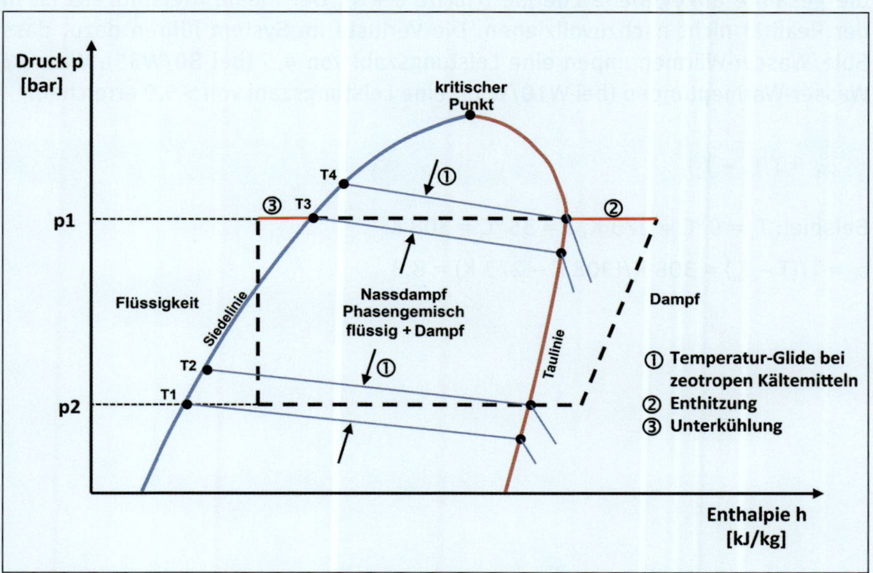

Abbildung 3.5: Darstellung eines Kältemittels im lg-p-h-Diagramm

Nassdampfgebiet, in dem Flüssigkeit und Dampf in unterschiedlichen Anteilen vorhanden sind. Oberhalb des kritischen Punktes, dem Scheitelpunkt der Kurve, kann zwischen Dampf und Flüssigkeit nicht mehr unterschieden werden.

Maßeinheit bar relativ und absolut

Im Alltagsgebrauch wird der Druck oft relativ zum atmosphärischen Druck gemessen und angegeben: Wenn das Reifendruckmessgerät an der Tankstelle einen Druck von 2,3 bar (g) anzeigt, dann ist der Druck im Autoreifen tatsächlich 2,3 bar (g) über dem atmosphärischen Druck (von ca. 1 bar), d. h. etwa 3,3 bar (a) absolut.

g = Gauge = Überdruck, Anzeigedruck

3.4 Kreisprozess nach Carnot

Der Wärmepumpen-Kreisprozess folgt im Wesentlichen dem (idealen) Carnot-Prozess (Abbildung 3.6). Die Leistungszahl ε_c kann über die Temperaturdifferenz zwischen Wärmequelle (Verdampfer) und Wärmenutzungsanlage (Kondensator) berechnet werden. Fläche a stellt die von der Umwelt aufgenommene Energie dar. Fläche b ist die Antriebsenergie des Kompressors. Die Summe beider Flächen ist die gesamte abgegebene Energie (Fläche a + b). Der ideale Kreisprozess ist in der Realität nicht nachzuvollziehen. Die Verluste im System führen dazu, dass Sole/Wasser-Wärmepumpen eine Leistungszahl von 4,5 (bei B0/W35), Wasser/Wasser-Wärmepumpen (bei W10/W35) eine Leistungszahl von > 5,0 erreichen.

$$\varepsilon_C = T/(T - T_u)$$

Beispiel: $T_u = 0\,°C = 273\ K$, $T = 35\,°C = 308\ K$

$\varepsilon_C = T/(T - T_u) = 308\ K/(308\ K - 273\ K) = 8{,}8$

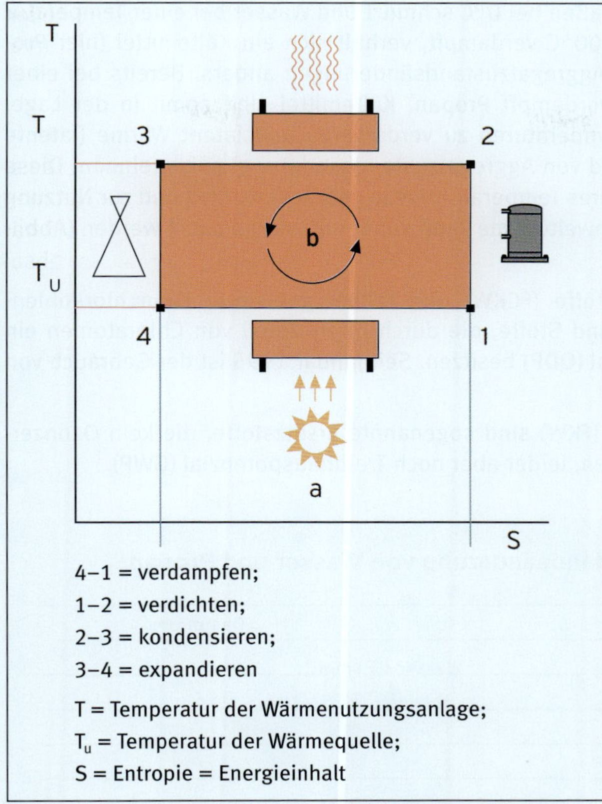

Abbildung 3.6: T-S-Diagramm des Carnot-Prozesses

3.5 Kältemittel – kein Buch mit sieben Siegeln!

Nach DIN 8960 ist ein Kältemittel definiert als ein Arbeitsmedium, das in einem Kältemaschinenprozess bei niedriger Temperatur und niedrigem Druck Wärme aufnimmt und bei höherer Temperatur und höherem Druck Wärme abgibt. So weit die technische Erklärung.

Um die physikalischen Besonderheiten eines Kältemittels besser nachzuvollziehen, kann der Vergleich von Wasser mit dem Kältemittel Propan herangezogen werden. Im Temperatur-Enthalpie-Diagramm (Enthalpie bezeichnet den Wärmeinhalt eines Stoffes) zeigt sich, wie die Aggregatzustandsänderungen bei konstanten Temperaturen ablaufen.

Während Eis bekanntermaßen bei 0 °C schmilzt und Wasser bei einer Temperatur unter Normaldruck bei 100 °C verdampft, verhält sich ein Kältemittel (hier Propan) hinsichtlich seiner Aggregatzustandsänderungen anders. Bereits bei einer Temperatur von -42 °C verdampft Propan. Kältemittel sind somit in der Lage, schon bei Umgebungstemperaturen zu verdampfen und latent Wärme (latente Wärme = Wärme aufgrund von Aggregatzustandsänderung) aufzunehmen. Diese Wärme kann auf ein höheres Temperaturniveau gebracht werden und zur Nutzung bereitgestellt werden. Umweltwärme kann somit nutzbar gemacht werden (Abbildung 3.7).

Fluorchlorkohlenwasserstoffe (FCKW) und teilhalogenisierte Fluorchlorkohlenwasserstoffe (H-FCKW) sind Stoffe, die durch ihren Anteil von Chloratomen ein Ozonzerstörungspotenzial (ODP) besitzen. Seit Januar 1995 ist der Gebrauch von FCKW in der EU verboten.

Fluorkohlenwasserstoffe (FKW) sind sogenannte Ersatzstoffe, die kein Ozonzerstörungspotenzial besitzen, leider aber noch Treibhauspotenzial (GWP).

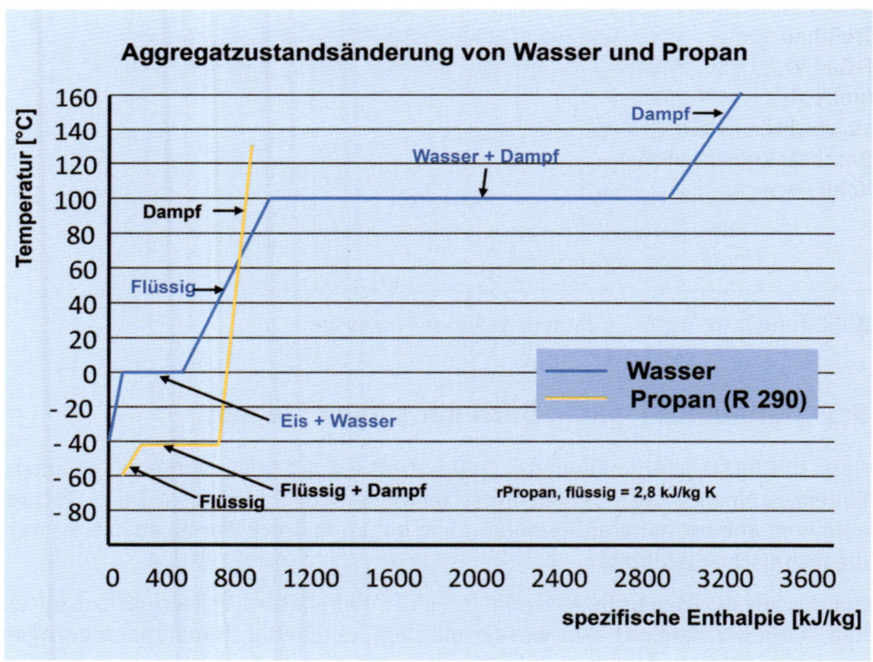

Abbildung 3.7: Aggregatzustandsänderungen von Wasser und Propan im Temperatur-Enthalpie-Diagramm bei 1 bar

Schon geraume Zeit wird an der Verbesserung von Kältemitteln geforscht. Das ideale Kältemittel hat dabei eine hohe volumetrische Kälteleistung, kein Ozonzerstörungspotenzial, ein geringes Treibhauspotenzial und last but not least ist es weder giftig noch brennbar. Leider gibt es kein Kältemittel, welches alle diese positiven Eigenschaften in sich vereint. Seit dem Verwendungsverbot von R 134a in Auto-Klimaanlagen innerhalb der EU sind weitere Forschungsprojekte gestartet worden. Von den Firmen Dupont und Honeywell wurde das HFO 1234yf entwickelt, welches bereits bei einigen Automobilherstellern eingesetzt wird. Mercedes Benz wies jedoch mit einem eigenen Test nach, dass dieses Kältemittel im Motorraum brennen kann. Ferner wird der für den Menschen giftige Stoff Flusssäure freigesetzt. Für den stationären Betrieb hat Honeywell das HFO 1234ze entwickelt. Dieses besitzt jedoch ähnliche Eigenschaften wie das HFO 1234yf. Die japanische Klimaanlagenindustrie versucht ihrerseits, das Kältemittel R 32 als Alternative zum weitverbreiteten Kältemittel R 410a zu etablieren. Dieses Kältemittel ist als Bestandteil von R 410a bereits bekannt. Auch dieses Kältemittel ist brennbar (Tabelle 3.1).

Seit dem 1. Januar 2015 gilt die Verordnung (EU) Nr. 517/2014 über fluorierte Treibhausgase und zur Aufhebung der Verordnung (EG) Nr. 842/2006 (neue F-Gas-V). Die neue F-Gas-Verordnung ist ein Beitrag, um die Emissionen des Industriesektors in der EU bis zum Jahr 2030 um 70 Prozent gegenüber 1990 zu verringern. Als wichtigste Vorschrift ist die Einführung einer schrittweisen Beschränkung (phase down) der am Markt verfügbaren Mengen an teilfluorierten Kohlenwasserstoffen (HFKW) bis zum Jahr 2030 zu nennen, vgl. [3.1].

Tabelle 3.1: Die wichtigsten Kältemittel im Vergleich

Kältemittel	Kältemitteltyp	Stoffart	Zusammensetzung	Siedetemperatur (°C)	Temperatur-Glide (K)	ODP (R 11 = 1,0)	GWP (CO_2 = 1,0) AR 4/AR 5*	Flammbarkeit	Giftigkeit	Sicherheitsgruppe nach EN 378	Ersatzstoff
R 22	H-FCKW	Einstoff	$CHClF_2$	-41	0	0,05	1500	keine	gering	A1	
R 134a	H-FKW	Einstoff	CF_3CH_2F	-36	0	0	1300	keine	gering	A1	
R 32	H-FKW	Einstoff	CH_2F_2, Difluormethan	-51,7	0	0	675	niedrig	gering	A2L	Ersatz für R 410a
R 717	natürliches Kältemittel	Einstoff	NH_3 (Ammoniak)	-33	0	0	0	niedrig	größere	B2	
R 744	natürliches Kältemittel	Einstoff	CO_2	-78	0	0	1	keine	gering	A1	
R 290	KW	Einstoff	C_3H_8 (Propan)	-42	0	0	3	hoch	gering	A3	
R 404a	H-FKW	Gemisch Zeotrop	R 143a/125/134a	-47	0,7	0	3260	keine	gering	A1	
R 407c	H-FKW	Gemisch Zeotrop	R 32/R 125/134a	-44	7,4	0	1525	keine	gering	A1	
R 410a	H-FKW	Gemisch Azeoptrop	R 32/125	-51	< 0,2	0	1725	keine	gering	A1	
R 452b	HFO	Gemisch Zeotrop	R 32/R 125/R 1234yf	–51	0,9	0	698/676	niedrig	gering	A2L	Ersatz für R 410a
R 454b	HFO	Gemisch Zeotrop	R 32/R 1234yf	–51	1,0	0	466/467	niedrig	gering	A2L	Ersatz für R 410a

Kältemittel	Kältemitteltyp	Stoffart	Zusammensetzung	Siedetemperatur (°C)	Temperatur-Glide (K)	ODP (R 11 = 1,0)	GWP (CO_2 = 1,0) AR 4/AR 5*	Flammbarkeit	Giftigkeit	Sicherheitsgruppe nach EN 378	Ersatzstoff
R 454c	HFO	Gemisch Zeoptrop	R 32/R 1234yf	−45,9	6,0	0	148/146	niedrig	gering	A2L	Ersatz für R 404a und R 407c
R 1234yf	HFO	Einstoff	$C_3H_2F_4$, 2,3,3,3-Tetrafluorpropen	-30	0	0	4,4	niedrig	gering	A2L	Ersatz für R 134a
R 1234ze	HFO	Einstoff	1,3,3,3-Tetra-fluor-1-Propen	-19	0	0	6	niedrig	gering	A2L	Ersatz für R 134a
L 41-2		Gemisch	R 134a/R 1234ze		2	0	500	niedrig	gering	A2L	Ersatz für R 410a

* AR 4/AR 5: Fourth Assessment Report/Fifth Assessment Report (vierter/fünfter Sachstandsbericht) des Intergovernmental Panel on Climate Change (IPCC, Zwischenstaatlicher Ausschuss für Klimaänderungen)

Ab dem 1. Januar 2020 sind das Inverkehrbringen und die Verwendung von Kältemitteln mit einem relativen Treibhauspotenzial (GWP) ≥ 2500 im europäischen Raum untersagt. Langfristig sind nach dem phase down nur noch Kältemittel nachhaltig, die einen GWP-Wert < 150 aufweisen.

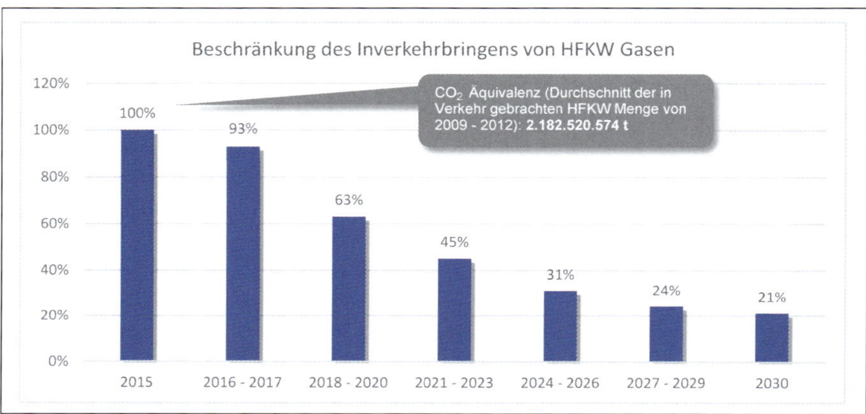

Abbildung 3.8: Beschränkung von HFKW-Gasen (phase down) nach der F-Gase-Verordnung EU 517/2014

Seit den Jahren 2016/2017 hat auch die Wärmepumpenindustrie mit der Verknappung und der damit einhergehenden Verteuerung von Kältemitteln zu kämpfen. Es bleibt abzuwarten, welche Kältemittel sich als Übergangslösung bzw. als Kältemittel nach dem „phase down" etablieren werden.

Neuere Tendenzen zeigen, dass die europäische Wärmepumpenindustrie sich zunehmend auf die Kältemittel R 32, R 290 und seltener auf R 454c konzentriert. Zu beachten ist, dass die neuen Kältemittel brennbar sind und deshalb besondere Sicherheitsmaßnahmen umgesetzt werden müssen (Tabelle 3.1).

GWP (Global Warming Potential)

Englische Bezeichnung für Erderwärmungspotenzial oder Treibhauseffekt. Der GWP sagt aus, in welchem Maße ein Stoff zum Treibhauseffekt stärker beiträgt als Kohlendioxid (CO_2). Der Wert beschreibt die Wirkung über den Zeitraum von 20, 50 oder 100 Jahren. Gewöhnlich wird der Wert bezogen auf 100 Jahre genutzt. Der GWP einzelner Treibhausgase (somit auch Kältemittel für Wärmepumpen) wird kontinuierlich durch den IPCC anhand von Modellen berechnet und optimiert. Einzelne Werte können sich daher auch ändern. Die zurzeit gültige F-Gase-Verordnung bezieht sich dabei auf Werte aus dem vierten Sachstandsbericht. Im August 2021 wurde der sechste Sachstandsbericht veröffentlicht.

ODP (Ozone Depletion Potential)

Englische Bezeichnung für Ozon-Gefährdungspotenzial. Das OPD sagt aus, in welchem Maße ein Stoff die Ozonschicht der Atmosphäre mehr oder weniger schädigt als das Kältemittel R 11 (OPD von R 11 = 1).

TEWI (Total Equivalent Warming Impact)

Im Unterschied zum Treibhauseffekt (GWP) erfasst der TEWI übergreifend den Treibhauseffekt bei der Erstellung, dem Betrieb und der Entsorgung der kältetechnischen Anlage (hier Wärmepumpe) und den Treibhauseffekt, der durch den Energiebedarf über den Betriebszyklus der Wärmepumpe entsteht.

Kältemittelgemische (Blends)

Kältemittel-Mehrstoffgemische haben vor allem in der Kälteindustrie eine lange Tradition. Unterschieden werden kann dabei in azeotrope Gemische, d. h. Kältemittel mit einem thermodynamischen Verhalten ähnlich einem Eingemisch-Kältemittel, und zeoptrope Gemische, d. h. Kältemittel mit gleitender Phasenänderung.

3.6 Bezeichnung von Wärmepumpen

Die Wärmeenergie der Sonne ist überall um uns herum in Erde, Wasser und Luft gespeichert. Über Wärmetauscher wird diese Energie aufgenommen und dem Kreisprozess der Wärmepumpe zugeführt. Die Klassifizierung der Wärmepumpe wird dabei als Kombination der Medien in Wärmequelle und Wärmenutzung vorgenommen.

Um Wärmepumpen hinsichtlich ihrer Effektivität (= Leistungszahl, Arbeitszahl, siehe auch Kapitel 3.7) vergleichen zu können, werden genormte Wärmequellentemperaturen und Wärmenutzungstemperaturen verwendet.

Nach DIN EN 14511, Prüfbedingungen für Wärmepumpen mit elektrisch angetriebenen Verdichtern für die Raumheizung und -kühlung und DIN EN 14825, Prüfung und Leistungsbemessung unter Teillastbedingungen für Wärmepumpen mit elektrisch angetriebenen Verdichtern für die Raumheizung und -kühlung sind sowohl Wärmequellentemperaturen als auch die Temperaturen auf der Wärmenutzungsseite genormt.

Die **fett** gedruckten Temperaturpaare in den Tabellen 3.2 und 3.3 werden üblicherweise in der Dokumentation der Hersteller verwendet.

In der Abbildung 3.9 werden die gebräuchlichsten Wärmepumpentypen dargestellt. Nicht aufgeführt sind Systeme, die als Medium Luft in der Nutzungsanlage verwenden.

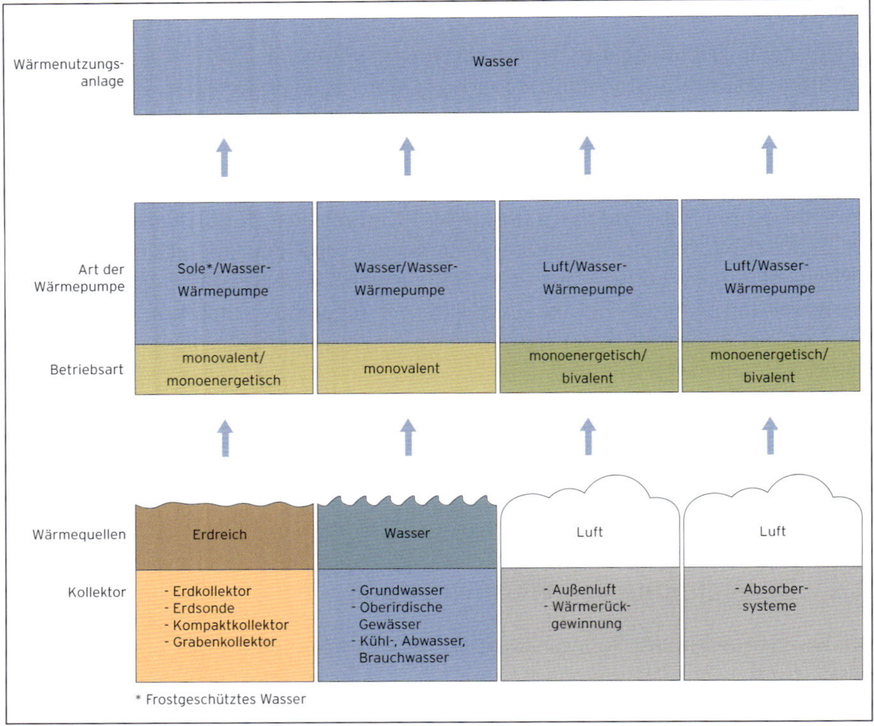

Abbildung 3.9: Unterscheidung von Wärmepumpen nach Wärmequelle und Wärmenutzung

Neben den Temperaturpaaren auf der Wärmequellen-/Wärmenutzungsseite wird auch die Temperatur der Umgebung in den Normen mit berücksichtigt.

Die Tabellen 3.2 und 3.3 geben eine Übersicht über die Normbedingungen:

Neben den Norm-Nennbedingungen erweitern die Betriebs-Nennbedingungen die Temperaturen auf der Wärmequellenseite:

- Betriebs-Nennbedingungen für Sole/Wasser-Wärmepumpen (Eintrittstemperatur Wärmequelle): 5 °C, –5 °C
- Betriebs-Nennbedingungen für Wasser/Wasser-Wärmepumpen (Eintrittstemperatur Wärmequelle): 15 °C
- Betriebs-Nennbedingungen für Luft/Wasser-Wärmepumpen (Eintrittstemperatur Wärmequelle): 2 °C, –7 °C, –15 °C, 12 °C

Tabelle 3.2: Prüfbedingungen für Wärmepumpen nach DIN EN 14511

<table>
<tr><th colspan="7">DIN EN 14511, Prüfbedingungen für Wärmepumpen mit elektrisch angetriebenen Verdichtern</th></tr>
<tr><th rowspan="2">Bedingungen</th><th rowspan="2">Kurz-schreib-weise</th><th colspan="2">Wärmequelle</th><th colspan="2">Wärmenutzung</th><th rowspan="2">Bemerkung</th></tr>
<tr><th>Eintritt (°C)</th><th>Austritt (°C)</th><th>Eintritt (°C)</th><th>Austritt (°C)</th></tr>
<tr><td colspan="7">Sole/Wasser-Wärmepumpen</td></tr>
<tr><td>Norm-Nennbedingung</td><td>B0/W35</td><td>0</td><td>-3</td><td>30</td><td>35</td><td>niedrige Temperaturen</td></tr>
<tr><td>Norm-Nennbedingung</td><td>B0/W45</td><td>0</td><td>-3</td><td>40</td><td>45</td><td>mittlere Temperaturen</td></tr>
<tr><td>Norm-Nennbedingung</td><td>B0/W55</td><td>0</td><td>-3</td><td>50</td><td>55</td><td>hohe Temperaturen</td></tr>
<tr><td>Norm-Nennbedingung</td><td>B0/W65</td><td>0</td><td>-3</td><td>60</td><td>65</td><td>sehr hohe Temperaturen</td></tr>
<tr><td colspan="7">Wasser/Wasser-Wärmepumpe</td></tr>
<tr><td>Norm-Nennbedingung</td><td>W10/W35</td><td>10</td><td>7</td><td>30</td><td>35</td><td>niedrige Temperaturen</td></tr>
<tr><td>Norm-Nennbedingung</td><td>W10/W45</td><td>10</td><td>7</td><td>40</td><td>45</td><td>mittlere Temperaturen</td></tr>
<tr><td>Norm-Nennbedingung</td><td>W10/W55</td><td>10</td><td>7</td><td>50</td><td>55</td><td>hohe Temperaturen</td></tr>
<tr><td>Norm-Nennbedingung</td><td>W10/W65</td><td>10</td><td>7</td><td>60</td><td>65</td><td>sehr hohe Temperaturen</td></tr>
<tr><td colspan="7">Luft/Wasser-Wärmepumpen</td></tr>
<tr><td>Norm-Nennbedingung</td><td>A7/W35</td><td>7</td><td></td><td>30</td><td>35</td><td>Außenluft,
niedrige Temperaturen</td></tr>
<tr><td>Norm-Nennbedingung</td><td>A20/W35</td><td>20</td><td></td><td>30</td><td>35</td><td>Abluftnutzung,
niedrige Temperaturen</td></tr>
<tr><td>Norm-Nennbedingung</td><td>A7/W45</td><td>7</td><td></td><td>40</td><td>45</td><td>Außenluft,
mittlere Temperaturen</td></tr>
<tr><td>Norm-Nennbedingung</td><td>A20/W45</td><td>20</td><td></td><td>40</td><td>45</td><td>Abluftnutzung,
mittlere Temperaturen</td></tr>
<tr><td>Norm-Nennbedingung</td><td>A7/W55</td><td>7</td><td></td><td>50</td><td>55</td><td>Außenluft,
hohe Temperaturen</td></tr>
<tr><td>Norm-Nennbedingung</td><td>A20/W55</td><td>20</td><td></td><td>50</td><td>55</td><td>Abluftnutzung,
hohe Temperaturen</td></tr>
<tr><td>Norm-Nennbedingung</td><td>A7/W65</td><td>7</td><td></td><td>60</td><td>65</td><td>Außenluft,
sehr hohe Temperaturen</td></tr>
<tr><td>Norm-Nennbedingung</td><td>A20/W65</td><td>20</td><td></td><td>60</td><td>65</td><td>Außenluft,
sehr hohe Temperaturen</td></tr>
</table>

Wasser/Luft-, Sole/Luft- und Luft/Luft-Geräte sind nicht in dieser Zusammenfassung aufgeführt.

Für die Berechnung des SCOP werden die drei Bezugsbedingungen mittel (A, -10 °C Außenluft), wärmer (W, +2 °C Außenluft) und kälter (C, -22 °C Außenluft) festgelegt. In Abhängigkeit von der Außenlufttemperatur und den Bezugsbedingungen (mittel, wärmer, kälter) werden die Teillastverhältnisse A – F definiert (von 11 % – 100 %). Als Austrittstemperatur (Vorlauftemperatur) sind neben 35 °C noch 45 °C, 55 °C und 65 °C festgelegt. Neben Prüfbedingungen für den SCOP sind auch Prüfbedingungen für den SEER festgelegt. Wasser/Luft-, Sole/Luft- und Luft/Luft-Geräte sind nicht in dieser Zusammenfassung aufgeführt (Tabelle 3.3).

Tabelle 3.3: Prüfbedingungen für Wärmepumpen nach DIN EN 14825

DIN EN 14825, Prüfung und Leistungsbemessung unter Teillastbedingungen für Wärmepumpen			
Kurzschreibweise	**Wärmequelle Eintritt (°C)**	**Wärmenutzung Austritt (°C)**	**Bemerkung**
Luft/Wasser-Wärmepumpen			
A-15/W35	-15	35	Referenzheizperiode „C“ = kälter
A-7/W35	-7	35	Referenzheizperiode „A“ = mittel und „C“ = kälter
A2/W35	2	35	Referenzheizperiode „W“ = wärmer, „A“ = mittel, „C“ = kälter
A2/W55	2	55	Referenzheizperiode „W“ = wärmer, „A“ = mittel, „C“ = kälter
A7/W35	7	35	Referenzheizperiode „W“ = wärmer, „A“ = mittel, „C“ = kälter
A12/W35	12	35	Referenzheizperiode „W“ = wärmer, „A“ = mittel, „C“ = kälter
Wasser/Wasser-Wärmepumpen			
W10/W35	10	35	Referenzheizperiode „W“ = wärmer, „A“ = mittel, „C“ = kälter
W10/W55	10	55	Referenzheizperiode „W“ = wärmer, „A“ = mittel, „C“ = kälter
Sole/Wasser-Wärmepumpen			
B0/W35	0	35	Referenzheizperiode „W“ = wärmer, „A“ = mittel, „C“ = kälter
B0/W55	0	55	Referenzheizperiode „W“ = wärmer, „A“ = mittel, „C“ = kälter

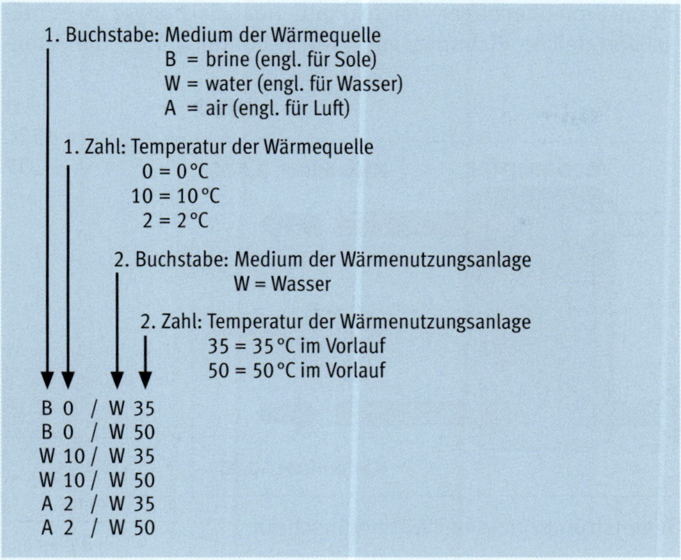

1. Buchstabe: Medium der Wärmequelle
B = brine (engl. für Sole)
W = water (engl. für Wasser)
A = air (engl. für Luft)

1. Zahl: Temperatur der Wärmequelle
0 = 0 °C
10 = 10 °C
2 = 2 °C

2. Buchstabe: Medium der Wärmenutzungsanlage
W = Wasser

2. Zahl: Temperatur der Wärmenutzungsanlage
35 = 35 °C im Vorlauf
50 = 50 °C im Vorlauf

B 0 / W 35
B 0 / W 50
W 10 / W 35
W 10 / W 50
A 2 / W 35
A 2 / W 50

Abbildung 3.10: Bezeichnung der Medien Wärmequelle und Wärmenutzung und deren Temperaturwerte

3.7 Bauteile einer Wärmepumpe

Bauteile des Kältekreislaufes

3.7.1 Der Verdampfer

Im Verdampfer entzieht das Kältemittel der Wärmequelle die zur Verdampfung des Kältemittels benötigte Wärme.

Zur Wärmeübertragung werden bei Sole/Wasser- und Wasser/Wasser-Wärmepumpen in der Regel gelötete Plattenwärmetauscher aus Edelstahl und für Luft/Wasser-Wärmepumpen Aluminium/Kupfer-Lamellen-Wärmetauscher als Verdampfer verwendet. Der Wärmetauscher arbeitet zur optimalen Energieausnutzung im Gegenstromprinzip (Abbildung 3.11).

Der Aufbau der geprägten Edelstahlplatten beim Plattenwärmetauscher wurde in letzter Zeit durch einige namhafte Hersteller optimiert. Mit einem neuen, asymmetrischen Design der Plattenprägung sollen dabei eine bessere Wärmeübertragung, ein geringerer Druckverlust, ein geringerer Materialeinsatz, eine höhere Leistung und ein kompakteres Baumaß des Wärmetauschers realisiert werden, vgl. [3.2] (Abbildung 3.12).

Der MicroPlate-Plattenwärmeübertrager (Micro Plate Heat Exchanger = MPHE) von Danfoss zielt in die gleiche Richtung, vgl. [3.3] (Abbildung 3.13 bis Abbildung 3.15).

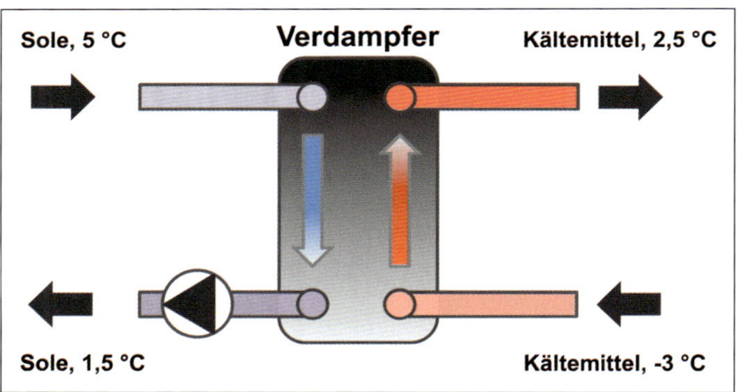

Abbildung 3.11: Gegenstromprinzip bei Wärmetauschern

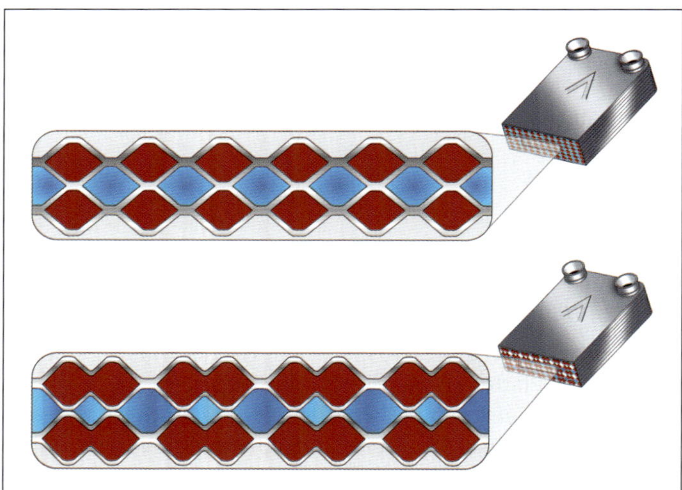

Abbildung 3.12: Klassisch aufgebauter gelöteter Plattenwärmetauscher (BPHE, Brazed Plate Heat Exchanger, oben) und der asymmetrische Plattenwärmetauscher AsyMatrix (unten) von der Fa. SWEP

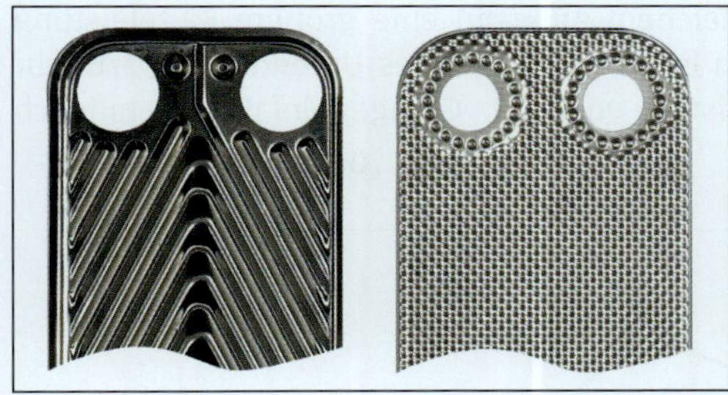

Abbildung 3.13: Prägung einer Edelstahlplatte im traditionellen Fischgräten-Muster (links) und der MicroPlate-Plattenwärmeübertrager von Danfoss

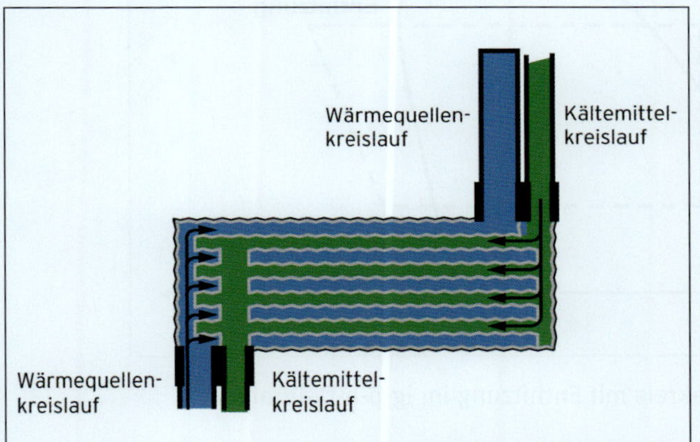

Abbildung 3.14: Schnitt des Verdampfers als Plattenwärmetauscher

Abbildung 3.15: Edelstahl-Plattenwärmetauscher

3.7.2 Der Verflüssiger

Die Heizwassertemperatur im Verflüssiger ist niedriger als die Temperatur des überhitzten Kältemitteldampfes. Vom Dampf wird Wärme auf das Heizwasser übertragen. Die Temperatur des Dampfes sinkt von TÜ auf die Kondensationstemperatur TC. Der Dampf kondensiert. Die Verflüssigungswärme wird auf das Heizwasser übertragen. Auch hier werden in der Regel Edelstahl-Plattenwärmetauscher eingesetzt.

3.7.3 Enthitzer und Unterkühler

Um höhere Heißwassertemperaturen zu erzielen, kann mit einem separaten Wärmeaustauscher, dem sogenannten Enthitzer, dem Kältemittel bis zum Beginn der Verflüssigung Heißgaswärme entzogen werden (Abbildung 3.16).

Mit einem Unterkühler kann bei gleichem Aufwand eine größere Kälteleistung erreicht werden. Bei Wärmepumpen ist der Einsatz eines Unterkühlers, z. B. zur Wasservorwärmung oder zur Enteisung von z. B. Garageneinfahrten, möglich (Abbildung 3.17).

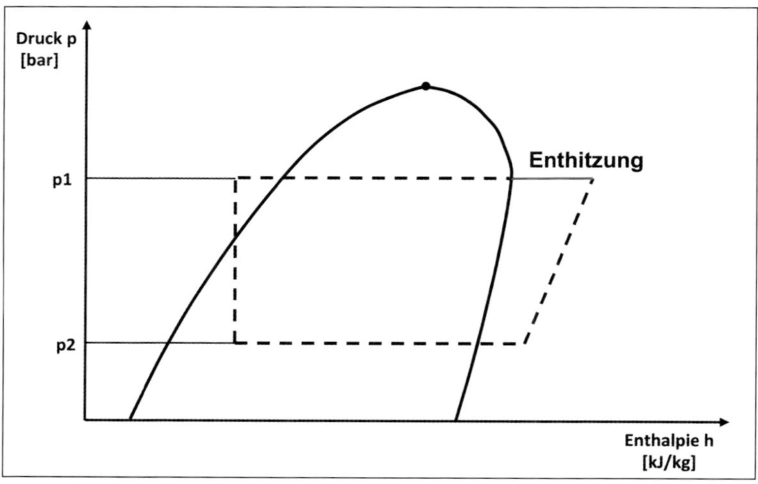

Abbildung 3.16: Kältekreis mit Enthitzung im lg-p-h-Diagramm

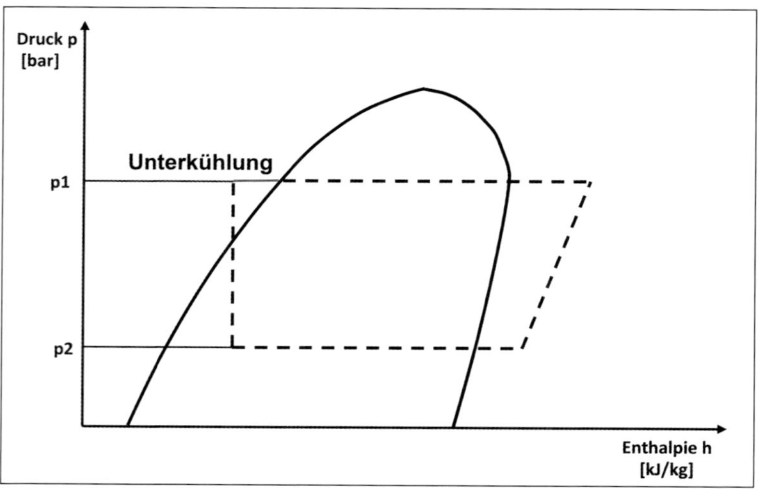

Abbildung 3.17: Kältekreis mit Unterkühlung im lg-p-h-Diagramm

3.7.4 Der Verdichter (Kompressor)

Die vom Verdichter aufgenommene Antriebsenergie sollte zu einem möglichst hohen Anteil in Verdichtungsarbeit umgewandelt werden. Durch die Verdichtung und die Erwärmung des Kältemittels infolge der Aufnahme von Wärmeverlusten des Kompressors steigt die Temperatur des Kältemitteldampfes. In der Vergangenheit sind sogenannte Hubkolbenkompressoren für die Verdichterarbeit herangezogen worden. Durch die hohe Geräuschbildung, die Empfindlichkeit gegen Flüssigkeitsschläge und die geringe Standfestigkeit werden diese Kompressoren aber nur bei Spezialanwendungen und bei der Warmwasserwärmepumpe eingesetzt (Abbildung 3.18).

Nachfolgend eine kurze Erläuterung der Arbeitsschritte eines Hubkolbenkompressors.

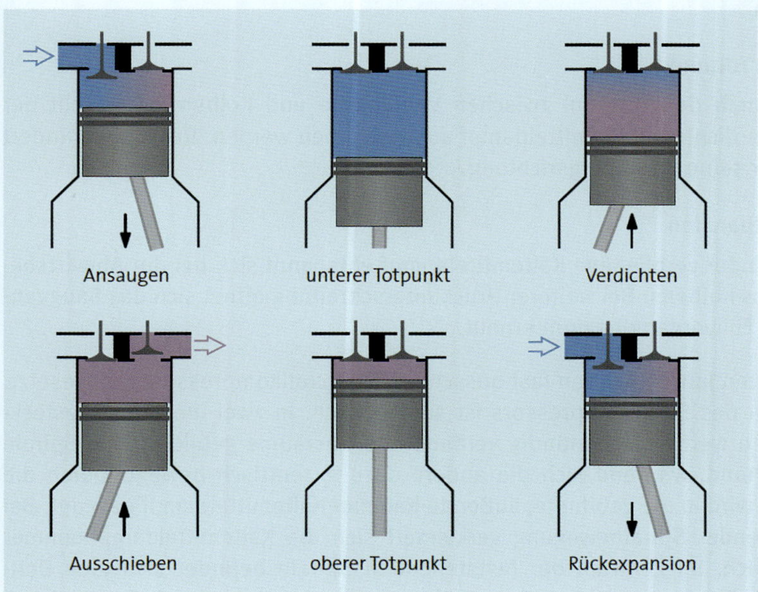

Abbildung 3.18: Ablauf eines Hubkolbenkompressors

1. Ansaugen

Der sich nach unten bewegende Kolben erzeugt bei geschlossenen Arbeitsventilen einen Unterdruck. Nach Überwindung des Öffnungswiderstandes (Federdruck) öffnet sich das Saugventil und es wird Kältemitteldampf angesaugt.

2. Unterer Totpunkt

Hat der Kolben seinen tiefsten Punkt erreicht, schließt das Saugventil.

3. Verdichten

Das Druckventil bleibt noch geschlossen, da der Druck auf der Hochdruckseite (Verflüssigungsdruck) erheblich höher als der Druck im Zylinder ist. Der Kältemitteldampf wird durch den nach oben gehenden Kolben im geschlossenen Zylinder verdichtet.

4. Ausschieben

Wird der Druck um den Öffnungswiderstand des Druckventils im Zylinder überschritten, so öffnet das Druckventil und der verdichtete und überhitzte Kältemitteldampf wird durch den nach oben gehenden Kolben aus dem Kompressor geschoben.

5. Oberer Totpunkt

Bedingt durch den Totraum zwischen Ventilplatte und Kolben kann nicht der gesamte verdichtete Kältemitteldampf ausgeschoben werden. Der Kolben ändert nun wieder seine Bewegungsrichtung.

6. Rückexpansion

Der im Zylinder verbliebene Kältemitteldampf entspannt sich bei der Abwärtsbewegung des Kolbens. Bei weiterer Druckunterschreitung öffnet sich das Saugventil und der Füllvorgang beginnt erneut.

In den letzten Jahren wurden fast ausschließlich Scrollkompressoren eingesetzt. Der Aufbau des Scrollkompressors ist sehr einfach. In zwei ineinandergesteckten Spiralen werden sich ständig verändernde Gasräume gebildet. Eine Spirale ist feststehend, während sich die andere dazu exzentrisch bewegt. Durch die Bewegung wird in die geöffnete, äußerste Kammer Kältemitteldampf gesaugt. Bei fortschreitender Spiralbewegung verkleinert sich die Kältemitteldampfkammer kontinuierlich. Im Zentrum der feststehenden Spirale befindet sich eine Bohrung, durch die der verdichtete Dampf über die Druckkammer in die Druckleitung gefördert wird. Durch die gleichzeitige Verdichtung in verschiedenen Gasräumen erreicht man nahezu eine kontinuierliche Verdichtung des Kältemittels. Da der Scrollkompressor keine Arbeitsventile benötigt, ergeben sich auch sehr geringe Strömungsverluste. Er zeichnet sich durch hohe Laufruhe und geringe Schallemissionen aus. Scrollkompressoren sind unempfindlich gegenüber Flüssigkeitsschlägen. Beim Scrollkompressor ist die Drehrichtung des Motors von Bedeutung. Durch die falsche Drehrichtung wird die Förderleistung des Kompressors ähnlich einer Wasserpumpe nicht erreicht. Die falsche Drehrichtung macht sich durch ein sehr lautes Kompressorgeräusch bemerkbar. Erfahrungen aus der Praxis zeigen, dass man sich hierauf nicht immer verlassen kann.

Um die richtige Drehrichtung des Kompressors sicherzustellen, bieten sich zwei Möglichkeiten an:

1. Mittels eines Drehfeldmessgerätes wird am Kompressor das Rechtsdrehfeld messtechnisch ermittelt (Abbildung 3.19).
2. Bei der Erstinbetriebnahme kann durch Handauflegen an der Saug- bzw. Druckleitung des Kompressors die richtige Drehrichtung festgestellt werden. Dabei muss die Druckleitung des Kompressors heiß werden, während die Saugleitung kalt bleibt. Ist das nicht der Fall, müssen zwei Phasen an der Netzeinspeisung getauscht werden (Abbildung 3.20).

Abbildung 3.19: Drehfeldmessgerät

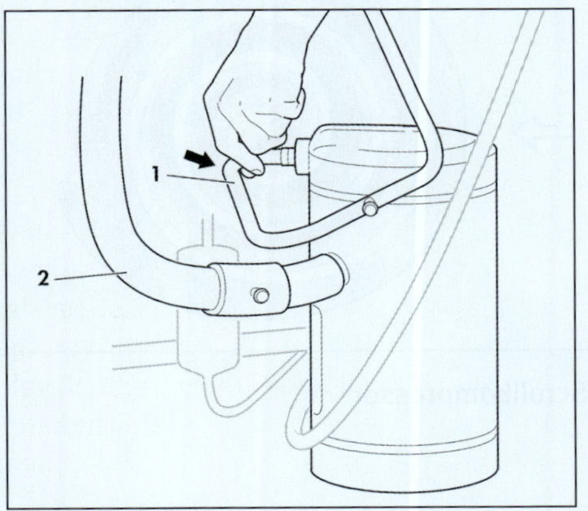

Abbildung 3.20: Überprüfung des Drehfeldes mittels Handauflegens an Druck- und Saugleitung

1 Druckleitung; 2 Saugleitung

Wärmepumpen neuer Bauart haben häufig eine Phasenüberwachung in ihrer Elektronik integriert, die automatisch das Anlaufen des Kompressors bei falscher Drehrichtung verhindert und eine Fehlermeldung im Reglerdisplay anzeigt.

Neuere Generationen von Scrollkompressoren wurden erstmals für den Einsatz in einer Wärmepumpe konzipiert. Durch diese Scrollkompressoren werden bei niedrigen Wärmequellentemperaturen und/oder hohen Temperaturen im Heizkreis bessere Leistungszahlen erreicht (Abbildung 3.21 und Abbildung 3.22).

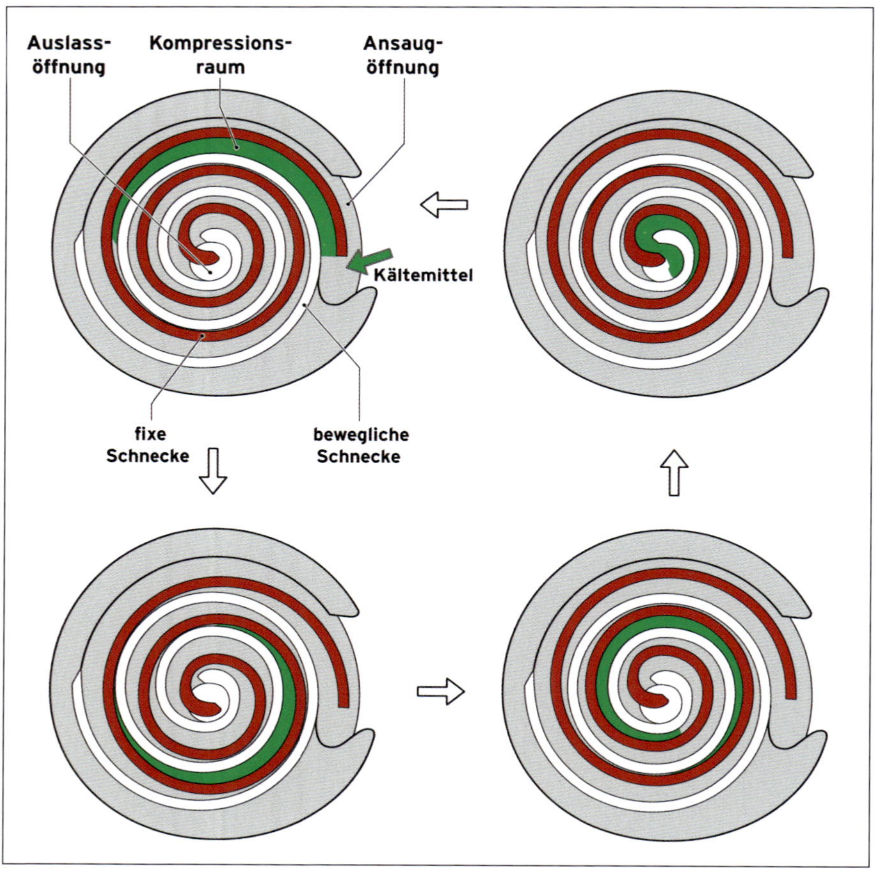

Abbildung 3.21: Schnitt durch einen Scrollkompressor

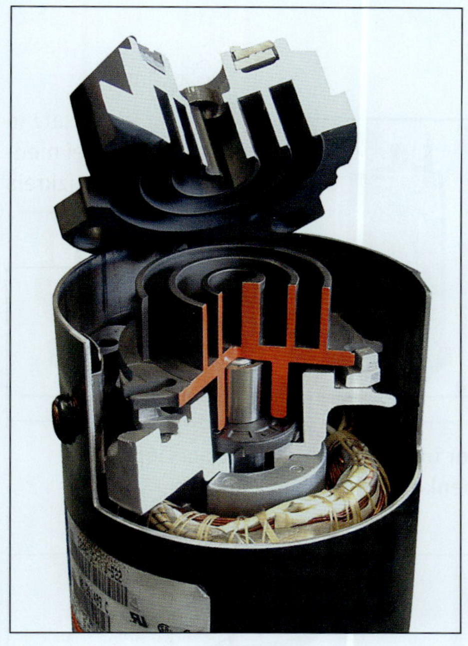

Abbildung 3.22: Innerer Aufbau eines Scrollkompressors

Motorschutz von Kompressoren

Um den Kompressor bei extremen Bedingungen (geringe Kältemittelmenge, hohe Verdichtung etc.) vor Übertemperatur zu schützen, werden Motorschutzschalter eingesetzt. Diese Druckgastemperaturwächter gibt es in den Bauformen konventioneller interner Motorschutz (Klixon), interner Thermistor, externer Thermostat oder NTC-Sensoren, vgl. [3.4].

Durch den immer kleineren Leistungsbedarf von Wärmepumpen werden vermehrt Rollkolbenkompressoren eingesetzt. Diese Kompressoren werden seit Jahren in Klimaanlagen eingesetzt. Ein Kolben rotiert dabei exzentrisch an den Wandungen des Außengehäuses. In den dadurch entstehenden Raum wird das Kältemittel durch die Drehbewegung komprimiert und an einer Auslassbohrung nach außen gedrückt. Doppelrollkolbenkompressoren (engl. Twin Rotary Compressors) sind mit zwei Kompressionskolben/kammern ausgestattet. Die beiden Kolben sind dabei gegenüber angeordnet, sodass die Unwucht und damit Vibrationen und die Schallbelastung im Vergleich zum Rollkolbenkompressor minimiert werden. Drehzahlgeregelte Kompressoren (Inverter + Kompressor) können bei gleicher Leistung noch kleiner realisiert werden (Abbildung 3.23 und Abbildung 3.24).

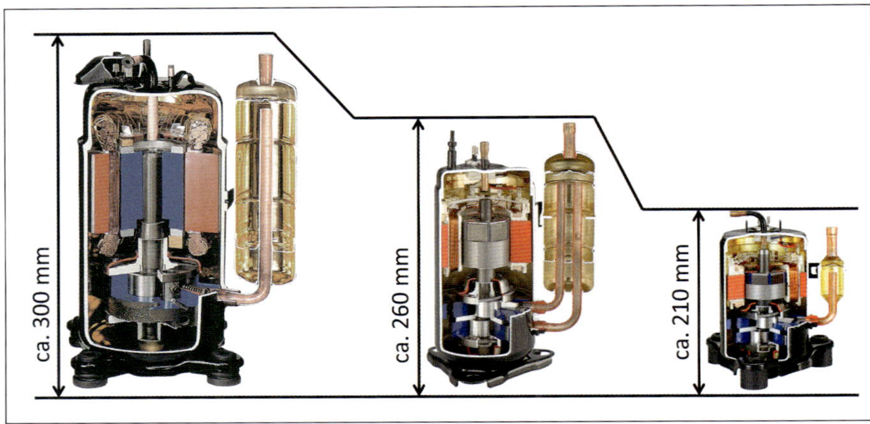

Abbildung 3.23: Rollkolbenkompressor im Größenvergleich zum Doppelrollkolbenkompressor und Doppelrollkolbenkompressor mit Inverter

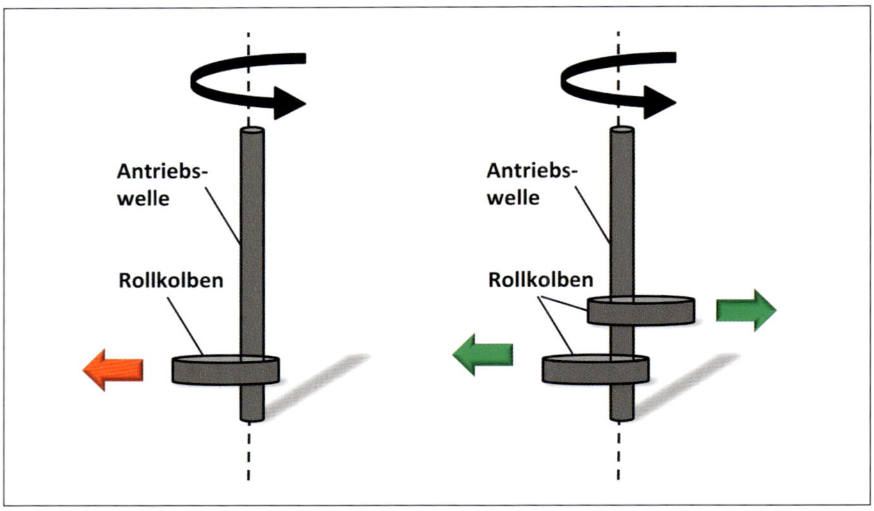

Abbildung 3.24: Innerer Aufbau Rollkolbenkompressor und Doppelrollkolbenkompressor

Ein Rollkolben ist exzentrisch an der Antriebswelle des Kompressors angebracht. Der Kolben rotiert an den Wandungen des Kompressor-Gehäuses entlang. Ein federbelasteter Gleitdichtungsschieber unterteilt den Verdichterraum in einen Druck- und einen Saugraum. Durch die Rotationsbewegung wird das Kältemittel an der Eingangsöffnung angesaugt und in einem Kompressionsraum verdichtet. Durch die weitere Rotation wird der Raum verkleinert und dadurch das Kältemittel weiter verdichtet. An der Austrittsöffnung wird das komprimierte Kältemittel in die Druckleitung gefördert (Abbildung 3.25).

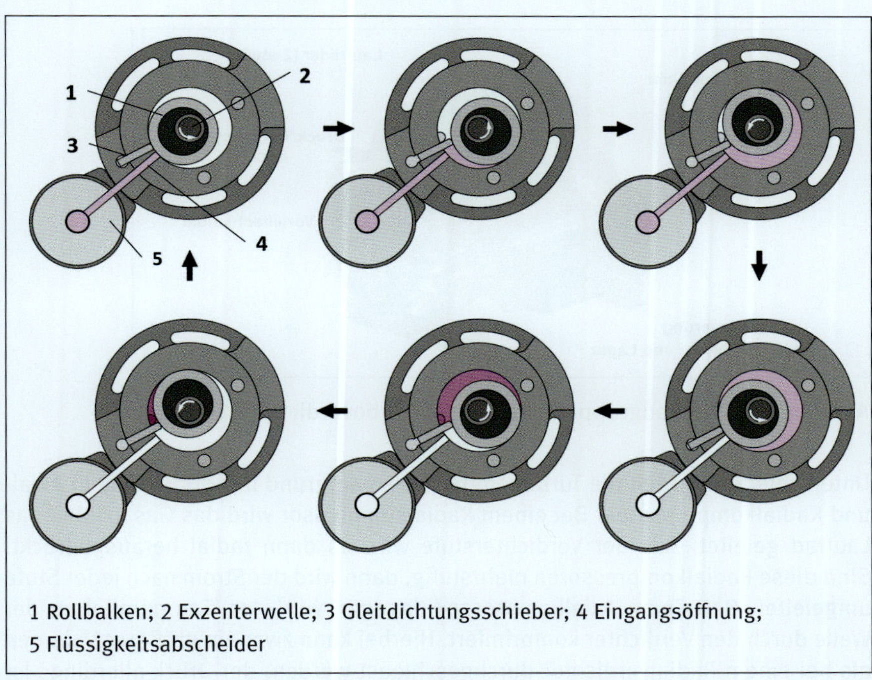

1 Rollbalken; 2 Exzenterwelle; 3 Gleitdichtungsschieber; 4 Eingangsöffnung; 5 Flüssigkeitsabscheider

Abbildung 3.25: Schnitt durch einen Rollkolbenkompressor

Turbokompressoren

Die Funktionsweise von Turbokompressoren beruht auf einer Umkehrung des Prinzips der Turbine. Dabei werden Gasströme mit einer sehr hohen Geschwindigkeit durch ein Laufrad geschleust und unter hohem Druck wieder herausgepresst. Ein Turbokompressor besteht regelmäßig aus einem Gehäuse und einer Einrichtung, an der ein Laufrad befestigt werden kann. Dort ist eine Welle installiert, auf der mindestens ein sogenanntes Leitgitter oder Leitrad sitzt, an dem feste Gitter oder Schaufeln angebracht sind (Abbildung 3.26).

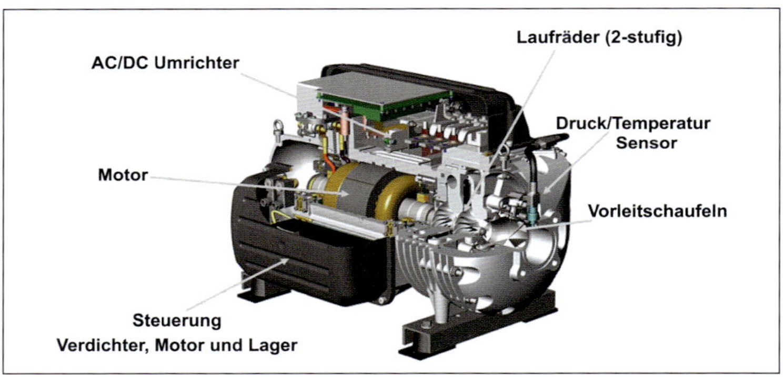

Abbildung 3.26: Baugruppen des ölfreien Turboverdichters Turbocor

Unterschieden werden die Turbokompressoren aufgrund ihrer Bauweise in Axial- und Radialkompressoren. Bei einem Radialkompressor wird das Gas axial in das Laufrad geleitet. Aus der Verdichterstufe wird es dann radial herausgedrückt. Sind diese Radialkompressoren mehrstufig, dann wird der Strom nach jeder Stufe umgeleitet. Bei einem Axialkompressor dagegen wird das Gas parallel zu der Welle durch den Verdichter komprimiert. Hierbei kann zwar ein größeres Volumen als bei einem Radialverdichter durchgeschleust werden, der Druck allerdings ist wesentlich geringer. Um beide Merkmale miteinander zu verbinden, werden mittlerweile auch kombinierte Geräte gefertigt, wobei die Gasströme erst durch eine Axial- und dann eine Radialstufe geschleust werden.

Schraubenkompressoren

Schraubenkompressoren verdichten ein Ausgangsvolumen mit dem ambienten Druck auf ein kleineres Volumen mit höherem Druck.

Zwei Wellen mit ineinandergreifender schraubenförmiger Verzahnung sind parallel und zwangsgekoppelt angeordnet. Das zu komprimierende Fluid befindet sich zwischen den Flanken der Verzahnung und wird vom Gehäuse begrenzt. Durch die Rotationsbewegung der beiden Wellen wird das Fluid in axialer Richtung von der Saug- zur Druckseite befördert.

Die Schwierigkeit dieses Kompressors liegt in der Funktionsweise begründet. Durch die spiralförmige Verzahnung sind sehr enge geometrische Toleranzen notwendig.

Schraubenkompressoren sind zwar aufwendig in der Fertigung, erzeugen aber einen relativ konstanten Überdruck.

3.7.5 Expansionsventil

Grundsätzliches

Die einfachste Form der Druckabsenkung durch Drosselung des Verflüssigerdruckes kann durch ein Kapillarrohr erfolgen. Die Kapillare ist ein sehr dünnes Rohr. Die Länge des Kapillarrohres ist so bemessen, dass der gewünschte Druckabfall vom Verflüssigungsdruck pc auf den niedrigen Druck p0 des Verdampfers realisiert wird.

Thermostatisches Expansionsventil (TEV)

Das thermostatische Expansionsventil ist bei Wärmepumpen sehr verbreitet. Es regelt die Kältemittelzufuhr zum Verdampfer. Das Expansionsventil hat die Aufgabe, genau so viel Kältemittel in den Verdampfer zu geben, dass eine komplette Verdampfung des Kältemittels im Verdampfer stattfindet (Abbildung 3.27).

Drei Druckgrößen regeln dabei im Zusammenspiel die Ventilnadel des thermostatischen Expansionsventils:

- Der Fühlerdruck, der von der Temperatur des Kältemittels nach dem Verdampfer abhängig ist. Eine steigende Temperatur im Temperaturfühler bewirkt einen Druckanstieg – das Ventil wird über die Membrane geöffnet.
- Der Verdampferdruck wirkt über die Bypass-Leitung und die Membrane schließend auf die Ventilnadel.
- Mithilfe der Regulierfeder kann ein Druck voreingestellt werden. Mit ihr kann die Differenz zwischen Fühler- und Verdampferdruck und somit die Überhitzung eingestellt werden. Die Regulierfeder wirkt in der gleichen Richtung wie der Verdampferdruck.

Thermostatische Expansionsventile werden für gewöhnlich beim Hersteller der Wärmepumpe eingestellt und brauchen bei der Inbetriebnahme nicht verändert zu werden.

Der Kapillarrohrfühler des thermostatischen Expansionsventils sollte hinter dem Verdampfer mit einem guten metallischen Kontakt mithilfe einer Metallklammer installiert sein. Der Fühler darf nicht im unteren Bereich des Saugrohres (Kältemittelrohr zum Verdampfer) installiert sein, da ein eventuell vorhandener Ölfilm die Wärmeübertragung verschlechtert und somit die Messung verfälscht.

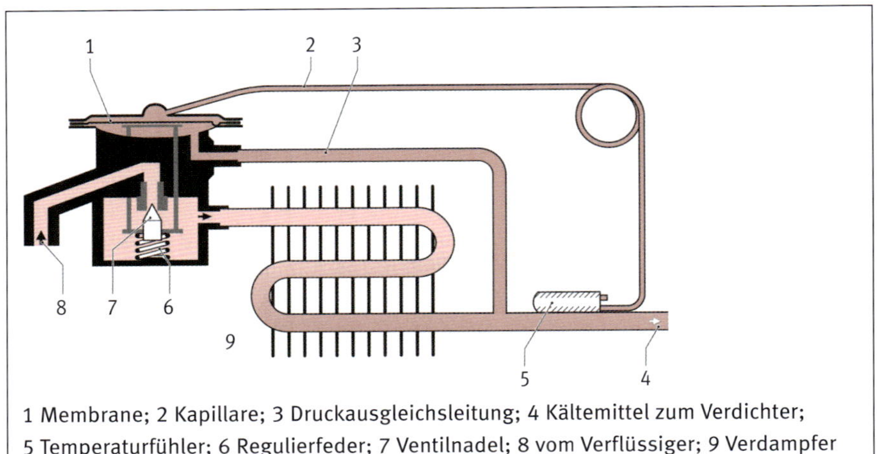

1 Membrane; 2 Kapillare; 3 Druckausgleichsleitung; 4 Kältemittel zum Verdichter; 5 Temperaturfühler; 6 Regulierfeder; 7 Ventilnadel; 8 vom Verflüssiger; 9 Verdampfer

Abbildung 3.27: Funktionsschema eines thermostatischen Expansionsventils

Elektronisches Expansionsventil (EEV)

Zum Betrieb des elektronischen Expansionsventils wird ein Nadelventil mittels einer Spindelkonstruktion mit linearem Hub durch die elektrischen Signale gedreht, um den Kältemittelstrom zu regulieren (Abbildung 3.28).

Die Vorteile eines elektronischen Expansionsventils:

- Erhöhung der Leistungszahl durch eine bessere Ausnutzung des Verdampfers und Anpassung der Überhitzung
- Schnelle Reaktion auf Lastschwankungen
- Sehr gutes Teillastverhalten

Im Gegensatz zum thermostatischen Expansionsventil, welches wie ein P-Regler arbeitet, verhält sich der Regelkreis mit elektronischem Expansionsventil wie ein PID-Regler.

Nach DIN IEC 60050-351 definiert sich der Begriff Regelung wie folgt: „Ein Vorgang, bei dem fortlaufend eine variable Größe, die Regelgröße, erfasst, mit einer anderen variablen Größe, der Führungsgröße, verglichen und im Sinne einer Angleichung an die Führungsgröße beeinflusst wird. Kennzeichen für das Regeln ist der geschlossene Wirkungsablauf, bei dem die Regelgröße im Wirkungsweg des Regelkreises fortlaufend sich selbst beeinflusst."

Bei Regelstrecken mit Proportionalverhalten (P-Regler) ändert sich die Regelgröße x (beim TEV der Temperaturfühler nach dem Verdampfer) proportional zur Stellgröße y (beim TEV die Membrane/Ventilnadel). Dabei folgt die Regelgröße der Stellgröße (nahezu) ohne die geringste Verzögerung. Als Folge stellen sich unterschiedliche Überhitzungen bei variablen Verdampferbelastungen ein.

Ein PID (Proportional Integral Differential)-Regler wirkt universell. Durch den D-Anteil erreicht die Regelgröße früher ihren Sollwert und schwingt schneller ein. Das Regelverhalten des PID-Reglers ist günstig für Regelkreise mit großen Energiespeichern, die möglichst schnell und ohne bleibende Regelabweichung geregelt werden müssen. Das EEV ist ein Beispiel für eine PID-Regelstrecke, vgl. [3.5].

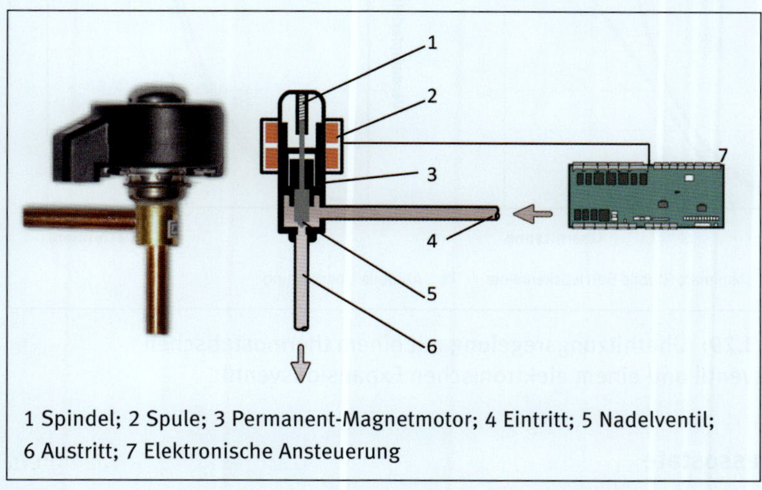

1 Spindel; 2 Spule; 3 Permanent-Magnetmotor; 4 Eintritt; 5 Nadelventil; 6 Austritt; 7 Elektronische Ansteuerung

Abbildung 3.28: Bild und Funktionsschema eines elektronischen Expansionsventils

Elektronisches Expansionsventil vs. thermostatisches Expansionsventil

Ein Expansionsventil hat die Aufgabe, eine optimale Verdampferfüllung selbst bei stark schwankenden Wärmequellentemperaturen und Belastungsschwankungen auf der Wärmesenkenseite sowie möglichst hohe Verdampfungstemperaturen zur Steigerung der Effizienz zu realisieren.

Gerade bei Luft/Wasser-Wärmepumpen kann mittels elektronischer Expansionsventile (EEV) die Überhitzung optimal an die MSS (Minimum stable superheat = minimale stabile Überhitzung)-Kurve herangeregelt werden, vgl. [3.6] (Abbildung 3.29).

Im Vergleich zeigt sich, dass bei Einsatz eines EEV die Effizienz um ca. 10–20 % verbessert werden kann.

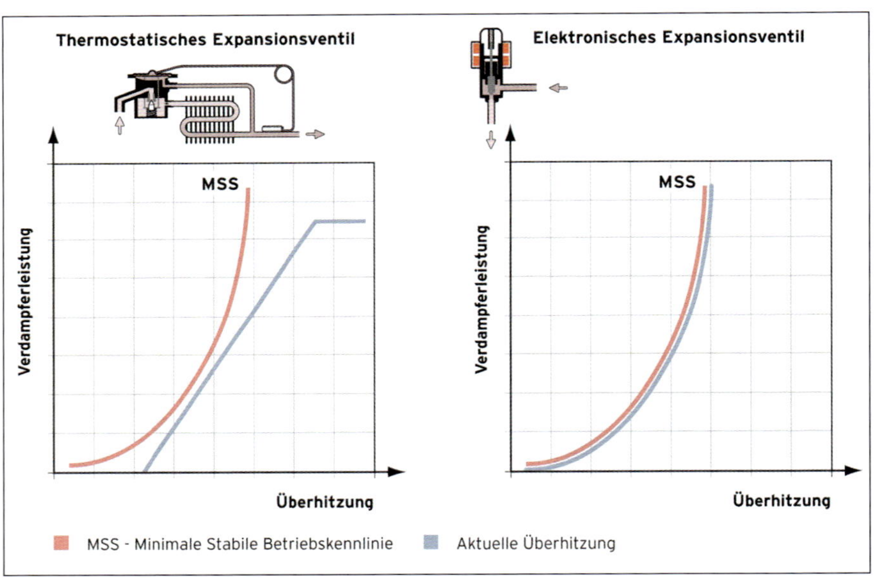

Abbildung 3.29: Überhitzungsregelung mit einem thermostatischen Expansionsventil und einem elektronischen Expansionsventil

3.7.6 Pressostate

Wärmepumpen besitzen einen Hochdruckpressostat (HP = high pressure), der die Wärmepumpe bei einem definierten Druck im Kältekreislauf verriegelnd abschaltet. Der Regler gibt in der Regel eine entsprechende Meldung aus. Um die Sicherheitsabschaltung aufzuheben, muss ein Reset durchgeführt werden.

Der Niederdruckpressostat (LP = low pressure) schaltet die Wärmepumpe bei einem definierten Druck ebenfalls verriegelnd ab (Aufhebung der Abschaltung ebenfalls über ein Reset).

Der LP-Pressostat ist in der Kältemittelleitung direkt vor und der HP-Pressostat direkt nach dem Kompressor angeordnet (Abbildung 3.30).

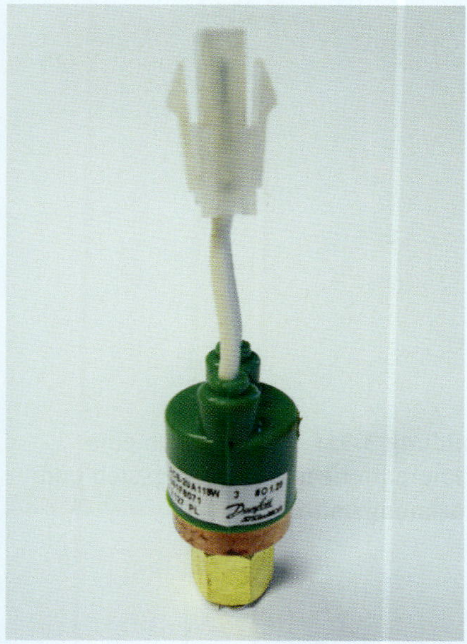

Abbildung 3.30: Pressostat

3.7.7 Drucksensoren

In Wärmepumpen können neben den Pressostaten zusätzlich Drucksensoren installiert sein. Diese erfassen im Kältekreislauf die aktuellen Drücke sowohl auf der Hochdruckseite (nach dem Kompressor) als auch auf der Niederdruckseite (vor dem Kompressor).

Durch diese Anzeigemöglichkeit kann bei der Beurteilung eines richtig funktionierenden Kältekreislaufes auf den Anschluss einer Druck-Messgarnitur weitgehend verzichtet werden (kein Eingriff in den Kältekreislauf nötig).

3.7.8 Trocknerpatrone

Die Trocknerpatrone hat die Aufgabe, eventuelle letzte Feuchtigkeitsreste zu beseitigen. Wasser im Kältemittelkreislauf würde zu Eiskristall- und Säurebildung führen, die den gesamten Kältekreislauf stören kann (Abbildung 3.31).

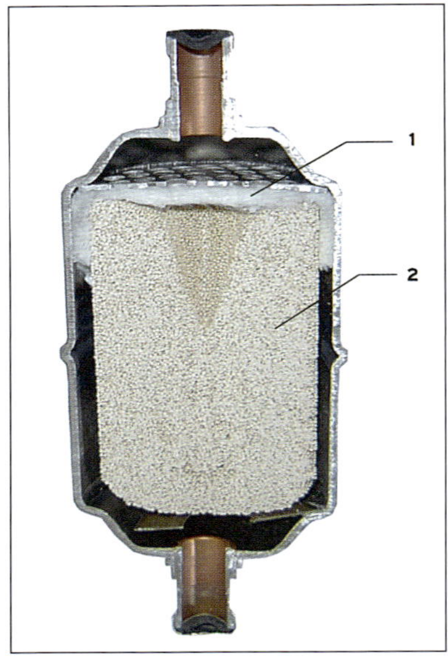

Abbildung 3.31: Schnitt durch eine Trocknerpatrone mit 1 Eingangssieb und 2 Trocknungsmittel

3.7.9 Schauglas

Das Schauglas hat im Kältekreislauf zwei Aufgaben. Zum einen kann bei unzureichender Kältemittelmenge im Kältekreislauf eine Blasenbildung beobachtet werden. Im Schauglas befindet sich ferner ein Flüssigkeitsindikator, der eventuell vorkommendes Wasser im Kältemittel erkennt. Das Schauglas befindet sich im Kältekreislauf nach der Trockenpatrone, vor dem Expansionsventil (Abbildung 3.32).

Abbildung 3.32: Schauglas im Kältemittelkreislauf

3.7.10 4-Wege-Umschaltventil

Die Luft/Wasser-Wärmepumpe muss mit der schwierigsten Wärmequelle – der Außenluft – zurechtkommen. Unterhalb von +7 °C Außentemperatur kann es durch Wärmeenergieentzug des Verdampfers und Feuchtigkeit in der Luft zu einer Bereifung/Vereisung des Verdampfers kommen. Das 4-Wege-Umschaltventil kann den Kältekreislauf umdrehen und leitet den Kältemitteldampf vom Kompressor – je nachdem, ob geheizt oder abgetaut wird – zum Verflüssiger (Heizen) oder zum Verdampfer (Abtauen) (Abbildung 3.33 und Abbildung 3.34).

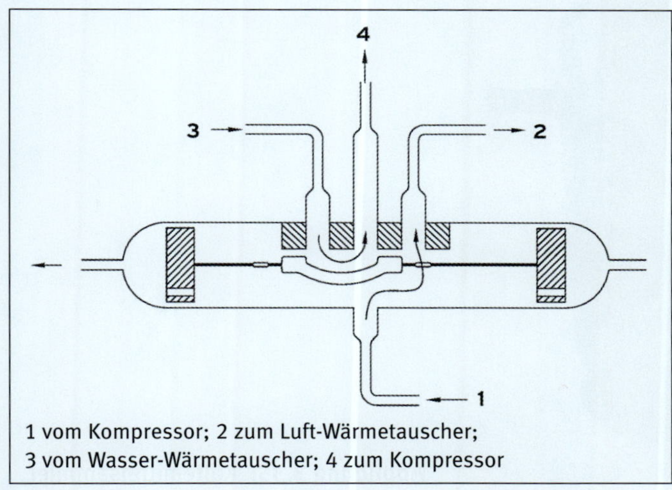

1 vom Kompressor; 2 zum Luft-Wärmetauscher;
3 vom Wasser-Wärmetauscher; 4 zum Kompressor

Abbildung 3.33: Schnitt durch ein 4-Wege-Umschaltventil

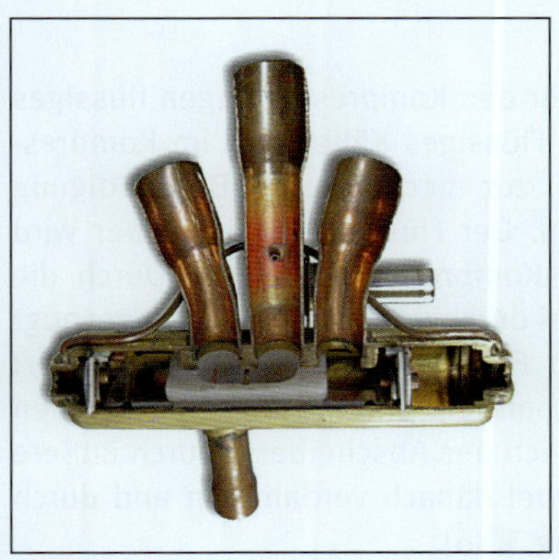

Abbildung 3.34: 4-Wege-Umschaltventil

3.7.11 Kältemittelsammler

Kältemittelsammler werden als Puffer nach dem Verflüssiger eingesetzt, um bei unterschiedlichen Betriebsbedingungen (wie z. B. dem Anfahren, bei Hochtemperatur etc.) den Kältemittelbedarf eines Kältekreislaufes auszugleichen. Bei Servicearbeiten kann das komplette Kältemittel in den Sammler gedrückt werden, was die Arbeit besonders am Verdampfer erleichtert (Abbildung 3.35).

Abbildung 3.35: Kältemittelsammler

3.7.12 Flüssigkeitsabscheider

Der Flüssigkeitsabscheider dient als Schutz für den Kompressor gegen flüssiges Kältemittel, sogenannte Flüssigkeitsschläge. Flüssiges Kältemittel im Kompressor kann (bei einigen Kompressor-Bauarten) zur mechanischen Beschädigung führen und muss deshalb verhindert werden. Der Flüssigkeitsabscheider wird deshalb in der Saugleitung direkt vor dem Kompressor installiert. Durch die Konstruktion kann nur gasförmiges Kältemittel durch den Kompressor angesaugt werden. Durch das vergrößerte Volumen im Flüssigkeitsabscheider verringert sich die Strömungsgeschwindigkeit des Kältemittels und Flüssigkeitströpfchen sinken nach unten und sammeln sich im Bereich des Abscheiders. Durch äußere Wärmeeinwirkung kann das flüssige Kältemittel danach verdampfen und durch den Kompressor angesaugt werden (Abbildung 3.36).

Durch einen Wärmeaustauscher kann die Verdampfung von flüssigen Kältemitteln verbessert werden.

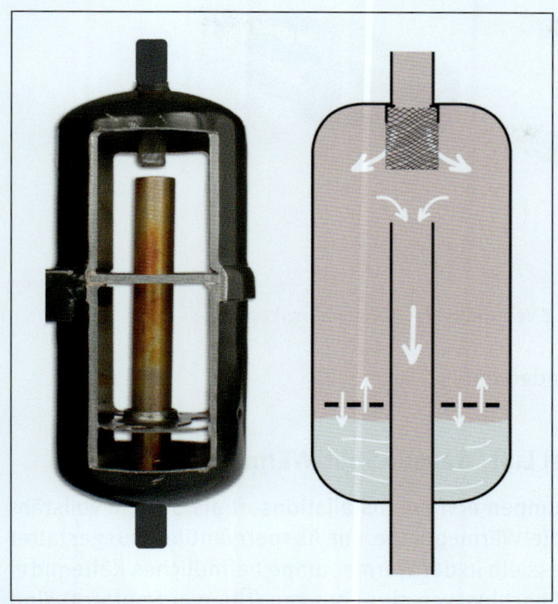

Abbildung 3.36: Flüssigkeitsabscheider real und im Schnitt

3.7.13 Serviceventile

Um einen Service am Kältekreislauf einer Wärmepumpe durchführen zu können, sind im Normalfall zwei Serviceventile, sogenannte Schraderventile, im Kältekreislauf eingelötet. Jeweils ein Ventil ist auf der Hoch- und Niederdruckseite angebracht. Durch Aufschrauben eines Füllschlauches mit Adapter und „Drücker" wird der Nadelventileinsatz nach unten gedrückt und gegen eine Feder geöffnet. Sobald der Adapter wieder vom Ventil abgeschraubt wird, schließt das Serviceventil selbsttätig (die Feder drückt das Nadelventil wieder zu). Die Kältemittelverluste beim Auf- und Abschrauben der Schläuche sollten mit Schnellkupplungsverbindungen minimiert werden. Um das Ventil vor Beschädigung zu schützen und mögliche Kältemittelverluste aufgrund eines undichten Ventileinsatzes zu verhindern, ist eine Verschlusskappe mit metallischer Dichtung aufzuschrauben (Abbildung 3.37).

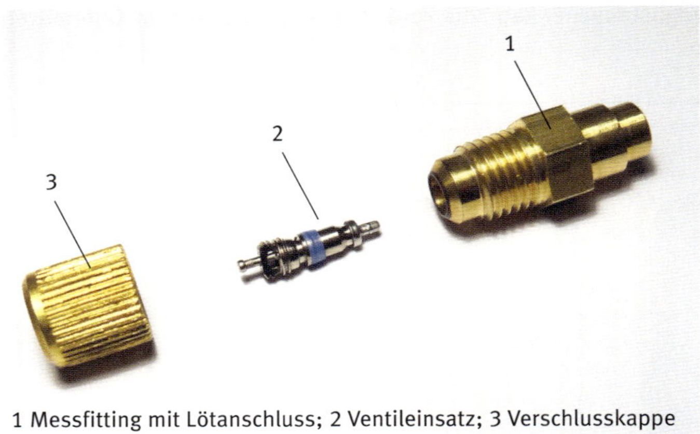

1 Messfitting mit Lötanschluss; 2 Ventileinsatz; 3 Verschlusskappe

Abbildung 3.37: Aufbau Schraderventil

3.7.14 Absperrventile (bei Luft/Wasser-Split-Wärmepumpen)

Da Luft/Wasser-Split-Wärmepumpen erst am Installationsort als System vollständig installiert werden, muss die Wärmepumpe mit Absperrventilen ausgestattet sein. Somit wird verhindert, dass ein in der Wärmepumpe befindliches Kältemittel vor dem Betrieb austritt. Die Anschlussverschraubungen (Überwurfmuttern) sind mit einem Drehmoment nach Herstellerangabe festzuziehen (Abbildung 3.38).

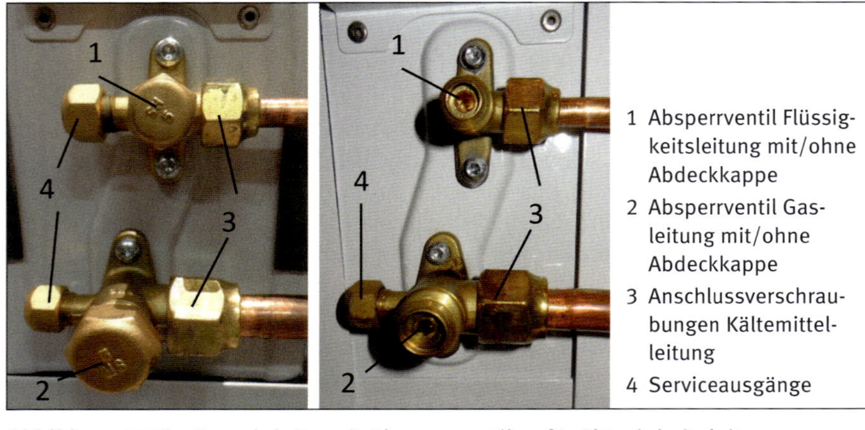

1 Absperrventil Flüssigkeitsleitung mit/ohne Abdeckkappe
2 Absperrventil Gasleitung mit/ohne Abdeckkappe
3 Anschlussverschraubungen Kältemittelleitung
4 Serviceausgänge

Abbildung 3.38: Grundplatte mit Absperrventilen für Flüssigkeitsleitung und Gasleitung

3.7.15 Magnetventile

Magnetventile in Kältekreisläufen dienen dazu, das Kältemittel auf einfache Weise zu steuern oder zu regeln. Beispielsweise werden Magnetventile vor dem Expansionsventil installiert, um vor dem Einschalten des Kompressors den Kreislauf zu öffnen und nach dem Ausschalten des Kompressors den Kreislauf zu schließen. Dadurch wird ein Nachströmen des Kältemittels im Verdampfer verhindert – ein mögliches Vereisen ist nicht möglich (Abbildung 3.39).

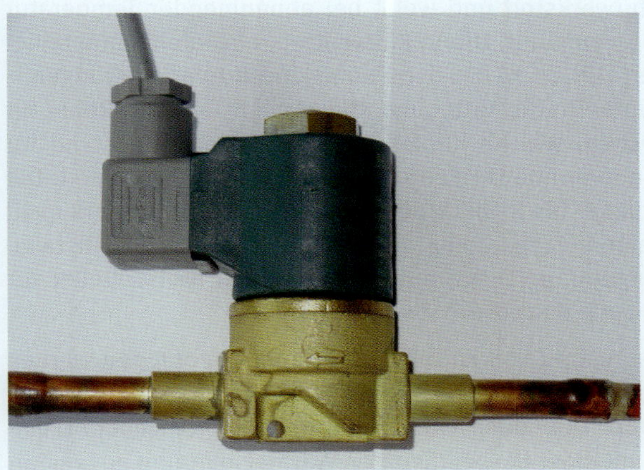

Abbildung 3.39: Magnetventil

3.7.16 Schalldämpfer (Muffler)

Bei Hubkolben- und Schraubenverdichtern kann es aufgrund von Gaspulsationen zu Geräuschen außerhalb des Kältekreislaufes kommen. Als Pulsation sind Schwingungen eines bewegten Fluids, welches durch ungleichmäßige Bewegungs- bzw. Druckerzeugung des Kompressors erzeugt wird, zu verstehen. Diese Pulsation kann sich wellenförmig weiter ausbreiten und durch Reflexion sogar noch verstärkt werden. Dadurch werden Bauteile zur Vibration angeregt, welche wiederum eine verstärkte Geräuschemission nach sich zieht.

Abhilfe können Schalldämpfer oder sog. Muffler schaffen. Diese werden meistens auf der Druckseite nach dem Kompressor eingebaut und nur selten auf der Saugseite (Saugleitungsmuffler). Der Muffler bewirkt durch Umlenkbleche im Inneren eine Verringerung der Geschwindigkeit des Kältemittelgases. Dadurch wird die Amplitude der Pulsation vermindert. Bei einigen Bauformen von Mufflern lässt sich der durchströmte Querschnitt anpassen.

Schalldämpfer sind für Scrollkompressoren häufig nicht erforderlich, da bereits im Inneren des Kompressors die Pulsation eingedämmt wird.

3.7.17 Kältemittelleitung

Um das Innen- und Außenteil einer Luft/Wasser-Wärmepumpe in Split-Bauweise zu verbinden, hat sich das Kupferrohr als Standard durchgesetzt. Kupferrohre sind Stand der Technik und in Regelwerken verankert. Ferner ist Kupfer ein ausgesprochener Tieftemperaturwerkstoff und weist bei abnehmender Temperatur steigende Festigkeit und Dehnung auf. Die in Kältemittelkreisläufen zu installierenden Kupferrohre müssen DIN EN 12735-1 („Kupfer und Kupferlegierungen – Nahtlose Rundrohre aus Kupfer für die Kälte- und Klimatechnik – Teil 1: Rohre für Leitungssysteme“) entsprechen. Weiche Kupferrohre (der Werkstoffzustand für weiche Rohre ist R 290) können ohne Werkzeug von Hand gebogen werden. Die Biegeradien sollten dabei das 6- bis 8-Fache des Rohr-Außendurchmessers nicht unterschreiten. Werden kleinere Biegeradien gewünscht, so steht dem Installateur ein entsprechendes Angebot an Biegewerkzeugen namhafter Hersteller zur Verfügung, vgl. [3.6], siehe auch Kapitel 6.4.2 – Werkzeuge.

Kältemittelrohre für die Installation von Kältemittel-Split-Wärmepumpen werden gerollt in diversen Längen (5, 10, 15, 25 und 30 m) angeboten. Als Standard werden Doppelrohrleitungen (auch Duo- oder Twin-Kältemittelleitungen genannt) eingesetzt. Diese sind bereits mit einer UV-beständigen Wärmeisolierung ausgestattet. Zusätzlich zur Isolierung kann das System auch noch über eine Leitung zur Datenübertragung zwischen Innen- und Außenteil ausgestattet sein (Tabelle 3.4).

Als Standard-Verbindungstechnik hat sich die Bördelverbindung durchgesetzt. Diese wird bereits seit Langem bei der Installation von Klimaanlagen verwendet. Nachfolgende Tabelle gibt eine Übersicht über alternative Verbindungstechniken. Sollte die Bördelverbindung einmal gelöst werden müssen, ist der betreffende Bördel abzuschneiden und ein neuer Bördel zu erstellen – nur so ist sichergestellt, dass nach Anzug diese Verbindung auch wieder dicht ist.

Tabelle 3.4: Übersicht Verbindungstechniken von Kältemittelrohren

System	Hartlöten	Vulkan Lokring	Parker Zoomlock	SAE-Flare	Bördel
Grafik					
Verbindungstechnik	Lötverbindung	Pressverbindung	Pressverbindung	Schraubverbindung	Schraubverbindung
Verbindung	nicht lösbar	nicht lösbar	nicht lösbar	lösbar	lösbar
Dichtart	metallisch	metallisch	Weichdichtung	metallisch	metallisch
Dichtverfahren	Lötnaht	Pressring wird über Formhülse geschoben	Pressfiiting mit O-Ring	kombinierter Druck-/ Schneidring	Verschraubung mit Rohrbördel
erforderliches Werkzeug für die Montage	(Kartuschen-)Brenner	Vulkan Presszange	Parker Presszange	Standardwerkzeug	Bördelgerät, Standardwerkzeug
erforderliches Material	Hartlot, Fittinge	Lokring Fittinge, Kleber (Lokprep)	Zoomlock Fittinge	SAE Verschraubung	–
Dichtheit KK	sehr gut	sehr gut	sehr gut	gut	mittel
Kosten für Material	gering	hoch	hoch	mittel	gering
Kosten für Werkzeug und Bereitstellung	hoch	mittel	mittel	gering	gering
Kosten für Montage	mittel	gering	gering	gering	gering
Zusatzinfos	Hartlöten ist aufgrund der komplexen Arbeitsschritte (Brandschutz, Schutzgasspülen zur Vermeidung von Zunder etc.) am Installationsort nicht üblich	relativ neue Verbindungstechnik	relativ neue Verbindungstechnik	bekannte Verbindungstechnik; Verschraubung kann gelöst und wieder angezogen werden	bekannte Verbindungstechnik; durch Klimatechnik auch bei Split-Wärmepumpen stark verbreitet

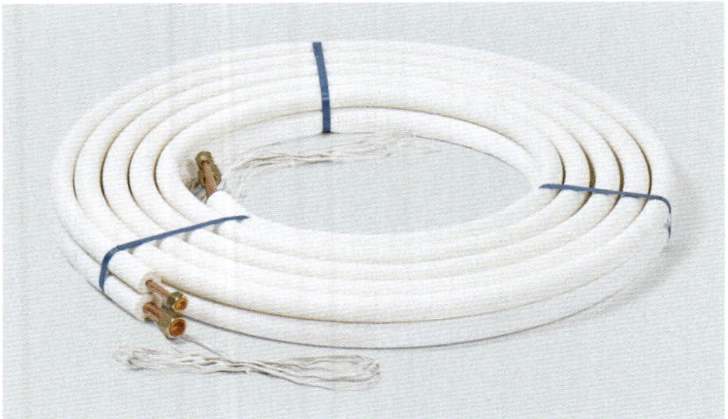

Abbildung 3.40: Kältemittelrohre als sogenannte Twin-Leitung mit Isolierung und Datenleitung

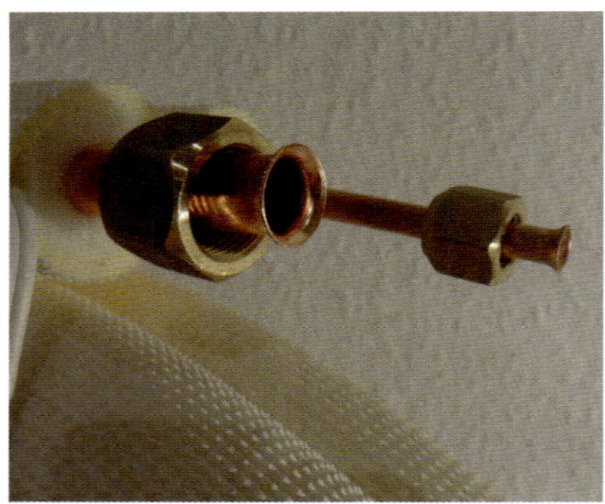

Abbildung 3.41: Anschlüsse mit Bördel und Überwurfverschraubung

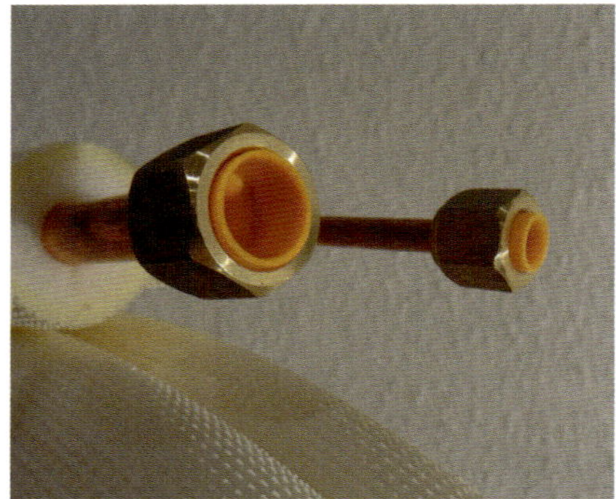

Abbildung 3.42: Auslieferungszustand mit Stopfen

Bauteile der Wärmenutzung

3.7.18 Warmwasser-Umschaltventil

Das Drei-Wege-Umschaltventil befindet sich in der Regel im Heizungsrücklauf. Im Heizbetrieb wird der Ventilschaft nach oben gefahren und damit der Anschluss vom Heizungsrücklauf (B) freigegeben. Im Warmwasserbetrieb ist der Ventilschaft in der unteren Stellung und gibt somit den Speicherrücklauf (A) frei (Abbildung 3.43).

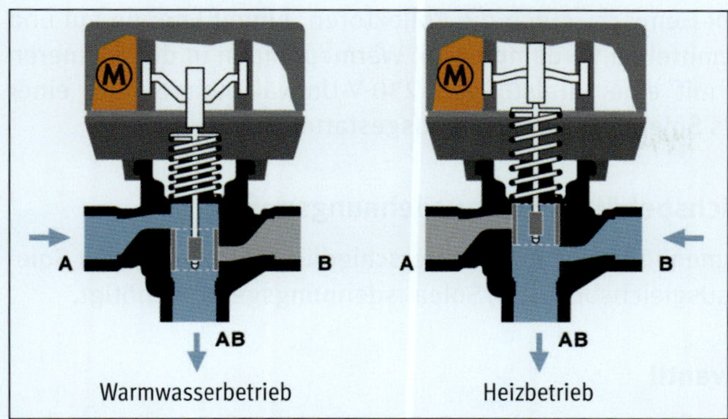

Abbildung 3.43: Darstellung Umschaltventil

3.7.19 Heizungsumwälzpumpe

Die Heizungsumwälzpumpe hat die Aufgabe, die im Kältemittel vorhandene Energie zur Wärmenutzungsanlage zu transportieren. Dabei zirkuliert das Heizungswasser durch den Verflüssiger, nimmt Energie auf und gibt diese an die Fußboden-/Radiatorheizung oder an einen Warmwasserspeicher ab. Die Wärmepumpen in kleineren Leistungsgrößen sind mit einer dreistufigen Heizungsumwälzpumpe oder einer Hocheffizienzpumpe ausgestattet.

3.7.20 Elektro-Zusatzheizung

Wärmepumpen können mit einer Elektro-Zusatzheizung ausgerüstet sein. Diese erfüllt folgende Aufgaben:

- Thermische Desinfektion eines Warmwasserspeichers (die maximal von der Wärmepumpe erzeugte Temperatur reicht in der Regel nicht aus)
- Unterstützung der Wärmepumpe bei der Estrichtrocknung
- Unterstützung der Wärmepumpe bei sehr kalten Außentemperaturen.

Die Elektro-Zusatzheizung ist mit einem separaten Sicherheitstemperaturbegrenzer ausgestattet, der verriegelnd abschaltet und manuell rücksetzbar ist.

Bauteile der Wärmequelle

3.7.21 Soleumwälzpumpe (bei Sole/Wasser-Wärmepumpen)

Eine Soleumwälzpumpe hat die Aufgabe, die Energie aus der Wärmequelle Erdreich zum Verdampfer in der Wärmepumpe zu transportieren. Dabei zirkuliert die

Sole, ein Wasser/Glykol-Gemisch, durch die Kollektoren, nimmt Energie auf und gibt diese an das Kältemittel im Verdampfer ab. Wärmepumpen in den kleineren Leistungsgrößen sind mit einer dreistufigen 230-V-Umwälzpumpe oder einer Hocheffizienzpumpe als Soleumwälzpumpen ausgestattet.

3.7.22 Soleausgleichsbehälter/Soleausdehnungsgefäß

Zur Aufnahme der Volumenänderung durch unterschiedliche Temperatur im Solekreislauf wird ein Soleausgleichsbehälter/Soleausdehnungsgefäß benötigt.

3.7.23 Sicherheitsventil

Ein 3-bar-Sicherheitsventil verhindert, dass ein Überdruck im Kreislauf entstehen kann (z. B. durch einen zu klein dimensionierten Soleausgleichsbehälter).

3.7.24 Flusswächter (nur bei Wasser/Wasser-Wärmepumpen)

Im Kälteträgerkreislauf der Wasser/Wasser-Wärmepumpen ist ein Flusswächter eingebaut, der die Funktion der Brunnenpumpe überwacht und dadurch ein Abschalten des LP-Pressostats verhindern soll. Ausgeführt als Paddelschalter mit Reed-Kontakt (elektromagnetischer Schaltkontakt), überwacht der Flusswächter den Durchfluss des Kälteträgermediums durch die Wärmepumpe (Abbildung 3.44).

Erst wenn die Brunnenpumpe genügend Wasser fördert (mindestens 12 l/min) und der Flusswächter seinen 230-V-Kontakt schließt, wird der Kompressor anlaufen.

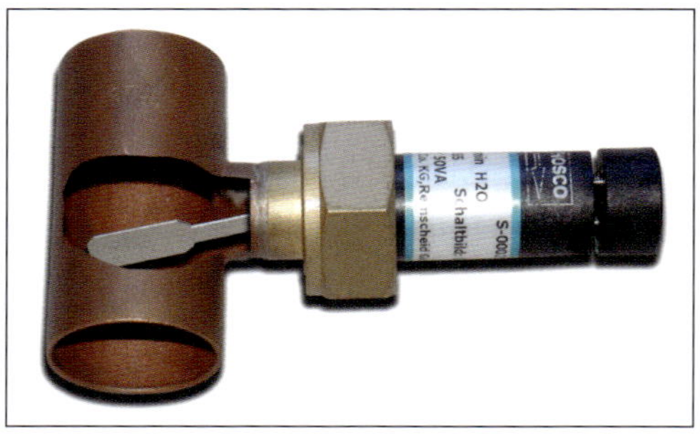

Abbildung 3.44: Flusswächter einer Wasser/Wasser-Wärmepumpe

3.7.25 Motorschutzschalter Brunnenpumpe (nur bei Wasser/Wasser-Wärmepumpen)

Der Motorschutzschalter unterbricht die Spannungsversorgung zur Brunnenpumpe, wenn diese einen zu hohen Strom aufnimmt. Zu große Stromaufnahme tritt vor allem bei einer Überlastung auf, z. B. durch Blockieren oder bei Fehlen einer Phase. Ein Motorschutzschalter ist so gebaut, dass man ihn nicht dauerhaft einschalten kann, solange die Ursache für sein Abschalten nicht beseitigt ist.

Der Motorschutzschalter muss vor Ort in Abhängigkeit von der maximalen Stromaufnahme der vorhandenen Brunnenpumpe eingestellt werden.

Übergeordnete Bauteile

3.7.26 Regelung

Wärmepumpen sind in der Regel mit witterungsgeführten Regelungen ausgestattet. Wichtig ist, dass der Regler auf die Bedürfnisse der Wärmepumpe zugeschnitten ist, d. h. ein Taktverhalten unterbindet, die maximalen Einschaltzeiten pro Stunde einhält, eine Mindestlaufzeit des Verdichters gewährleistet und das Zusammenspiel der Wärmepumpe mit der Elektro-Zusatzheizung beim Heizbetrieb regelt sowie die Warmwasserbereitung und Legionellenschutzfunktion reibungslos steuert.

Regelungen konventioneller Wärmeerzeuger (Kessel, Umlaufwasserheizer, Fernwärme etc.) sind zum Steuern einer Wärmepumpe nicht geeignet (Abbildung 3.45).

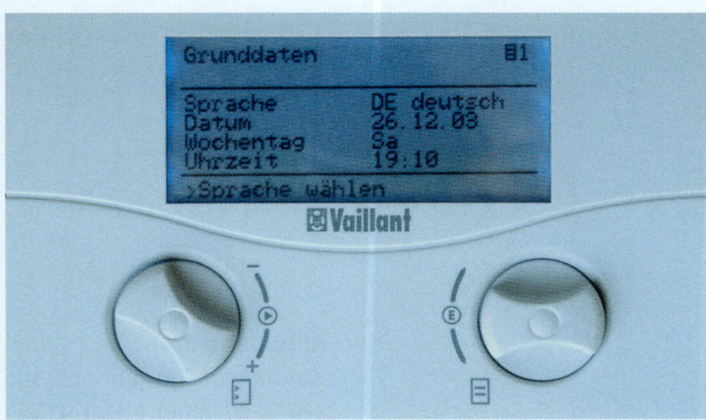

Abbildung 3.45: Display eines witterungsgeführten Energiebilanzreglers

3.7.27 Kondensatwannenheizung (bei außenaufgestellten Luft/Wasser-Wärmepumpen)

Beim Betrieb einer Luft/Wasser-Wärmepumpe kondensiert ab einer Außentemperatur von ca. +5 °C bis –7 °C die im Luftstrom befindliche Feuchtigkeit an der Verdampferoberfläche aus. Ist die Oberflächentemperatur des Verdampfers < 0 °C, erstarrt diese Feuchtigkeit zu Eis. Die in der Wärmepumpe enthaltene Regelungstechnik veranlasst ab einer bestimmten Vereisung eine Abtauung (Enteisung) des Verdampfers. Moderne Wärmepumpen haben dazu Regelstrategien, um mit möglichst wenig Energie das Eis abzutauen (z. B. Lüfterlauf bei einer Lufttemperatur > 0 °C, Kreislaufumkehr bei Lufttemperatur < 0 °C). Das Kondensat wird in der Regel in einer Kondensatwanne unterhalb des Verdampfers gesammelt und mit einem Rohr unterhalb der Erdoberfläche dem Erdreich zugeführt. Idealerweise kann das Kondensat dann in einem Schotterbett versickern.

Ist die Außentemperatur < 0 °C, muss mithilfe einer Wärmequelle verhindert werden, dass das Kondensat erneut (diesmal in der Kondensatwanne) vereist. Eine Kondensatwannenheizung verhindert das Einfrieren des Kondensates sowohl in der Wanne als auch im Abfluss.

Grundsätzlich gibt es zwei gängige Techniken für die Beheizung der Kondensatwanne:

- Auskopplung von Wärmeenergie aus dem Kältekreislauf mithilfe eines Unterkühlers
- Nutzung einer elektrischen Widerstandsheizung auf dem Boden der Kondensatwanne.

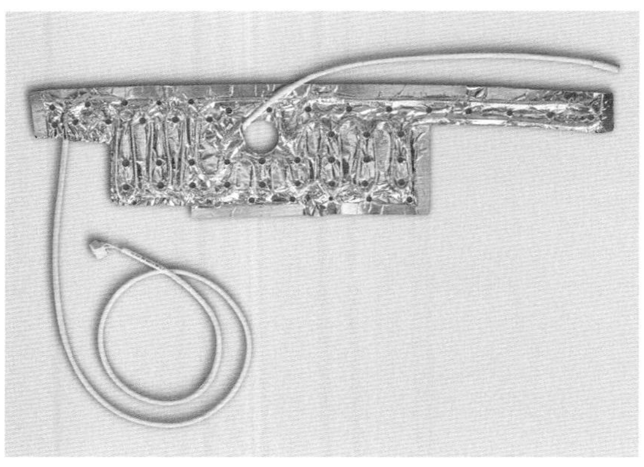

Abbildung 3.46: Kondensatwannenheizung auf Basis einer elektrischen Widerstandsheizung

Die Wärmepumpe im Ganzen

Heutige Wärmepumpen vereinen moderne Technik mit allen erforderlichen Bauteilen, die für den Betrieb einer Heizungsanlage benötigt werden. Häufig ist der Speicher für die Warmwasserbereitung (siehe Abbildung 3.47) bereits im Gerät integriert.

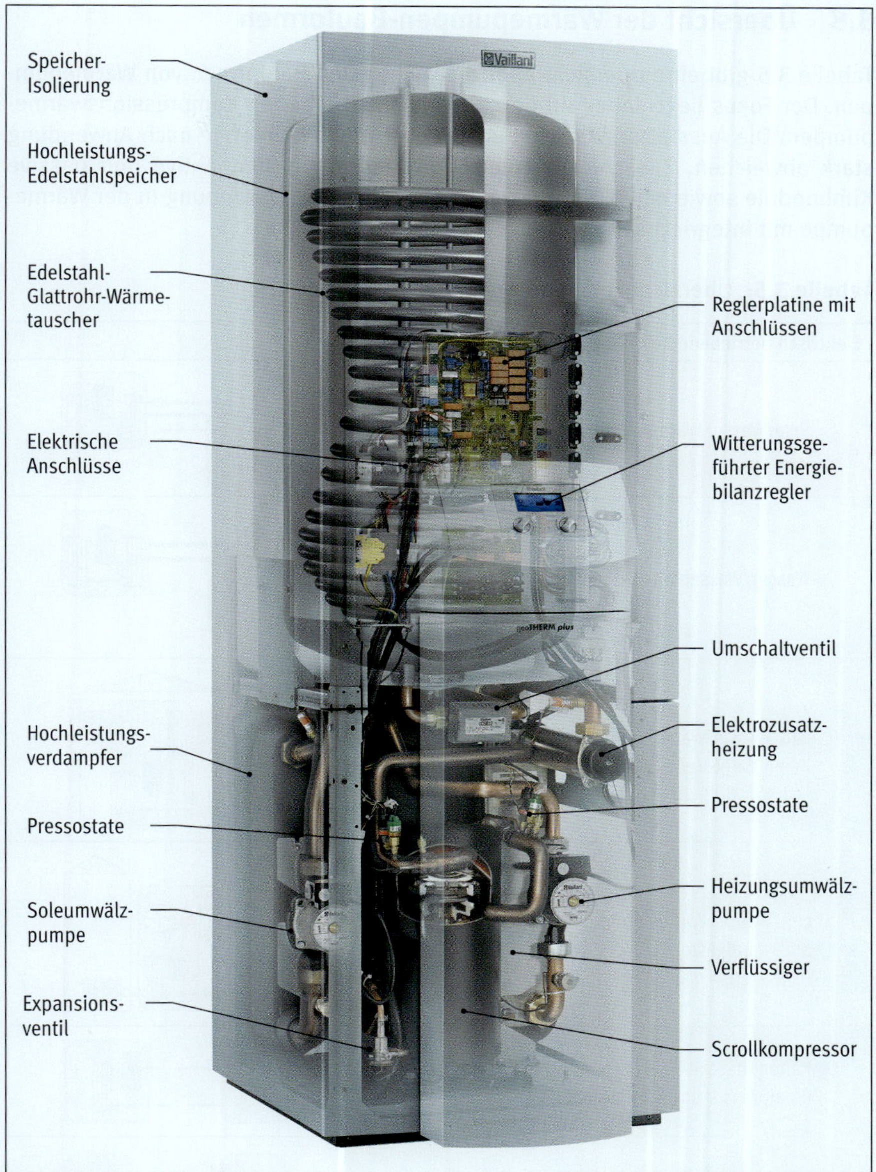

Abbildung 3.47: Sole/Wasser-Wärmepumpe mit integriertem Warmwasserspeicher für das moderne Einfamilienhaus

3.8 Übersicht der Wärmepumpen-Bauformen

Tabelle 3.5 gibt eine Übersicht über die wichtigsten Bauformen von Wärmepumpen. Der Fokus liegt dabei auf den elektrisch betriebenen Kompressionswärmepumpen. Die Ausstattungsgrade der Wärmepumpen können je nach Anwendung stark abweichen. Zusätzlich können Warmwasserspeicher, aktive und passive Kühlmodule sowie eine Lüftungsanlage mit Wärmerückgewinnung in der Wärmepumpe mit integriert sein.

Tabelle 3.5: Übersicht von Wärmepumpen-Bauformen

Elektrisch betriebene Kompressionswärmepumpen	
	Sole/Wasser-Wärmepumpen 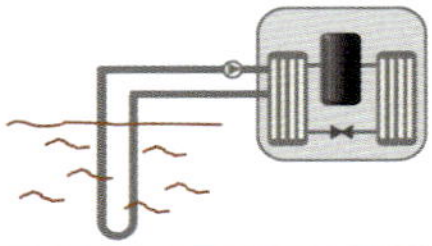
	Wasser/Wasser-Wärmepumpen 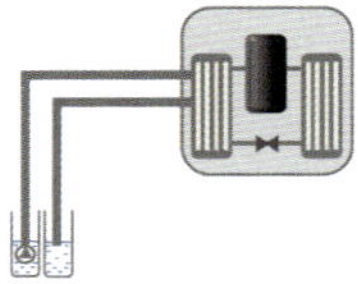
Luft/Wasser-Wärmepumpe	Luft/Wasser-Wärmepumpe innen aufgestellt 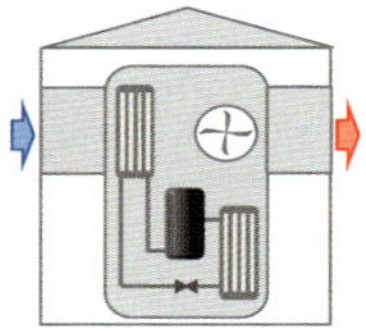
	Luft/Wasser-Wärmepumpe außen aufgestellt 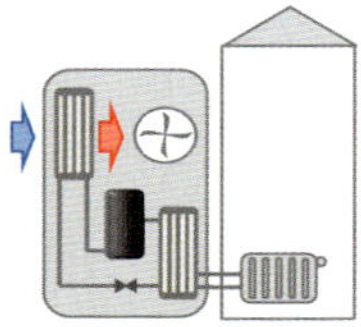
	Kältemittel-Split-Wärmepumpe (Kompressor und Verflüssiger im Innenteil) 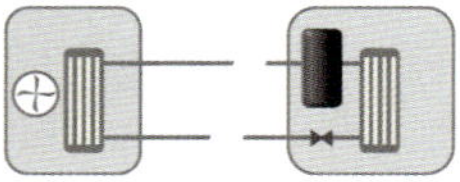
	Kältemittel-Split-Wärmepumpe (Kompressor und Verdampfer im Außenteil) außen 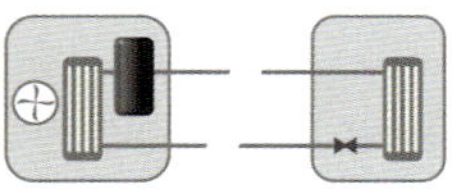

<table>
<tr><th colspan="2">Elektrisch betriebene Kompressionswärmepumpen</th></tr>
<tr><td rowspan="3">Luft/Wasser-Wärmepumpe</td><td>Split-Wärmepumpe mit Sole-Zwischenkreislauf</td></tr>
<tr><td>Luft/Luft-Wärmepumpen</td></tr>
<tr><td>Abluft-Wärmepumpen</td></tr>
<tr><td colspan="2">Gasmotorisch betriebene Kompressionswärmepumpe</td></tr>
<tr><td colspan="2">Sorptions-Wärmepumpen
Absorptions-Wärmepumpe
Adsorptions-Wärmepumpe</td></tr>
<tr><td colspan="2">Vuilleumier-Wärmepumpe</td></tr>
</table>

3.9 Spezielle Kältekreisläufe

Die Nutzung regenerativer Energie und die Anhebung dieser Energie in einem Kältekreislauf auf ein für die Heiztechnik nutzbares Temperaturniveau können auf mehrere Weise erfolgen.

Nachfolgend werden die wichtigsten Kältekreisläufe vorgestellt.

Kältekreislauf Elektro-Wärmepumpe

Im Kältekreis der Wärmepumpe sind immer mindestens folgende Hauptbauteile integriert (Abbildung 3.48):

- Kompressor
- Verflüssiger
- Expansionsventil
- Verdampfer

In der Regel sind die heutigen Wärmetauscher (Verflüssiger, Verdampfer) als Edelstahl-Plattenwärmetauscher ausgeführt. Als Kompressoren werden bereits speziell für Wärmepumpen konzipierte Versionen eingesetzt.

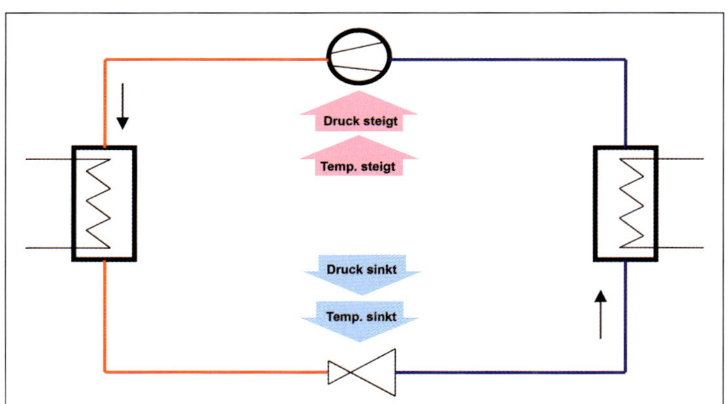

Abbildung 3.48: Kältekreislauf mit den vier Hauptbauteilen Verdampfer, Verflüssiger, Kompressor und Expansionsventil

Kältekreislauf mit zusätzlichem Unterkühler (Abbildung 3.49)

Durch einen separaten Unterkühler bleibt im Vergleich zum flächenmäßig gleich großen Verflüssiger die Strömungsgeschwindigkeit gleichmäßig hoch, wodurch der Wärmeübergang ohne Flüssigkeitsstau optimal bleibt. Dem Kältemittel wird zusätzliche Energie entzogen, wodurch der Wirkungsgrad steigt.

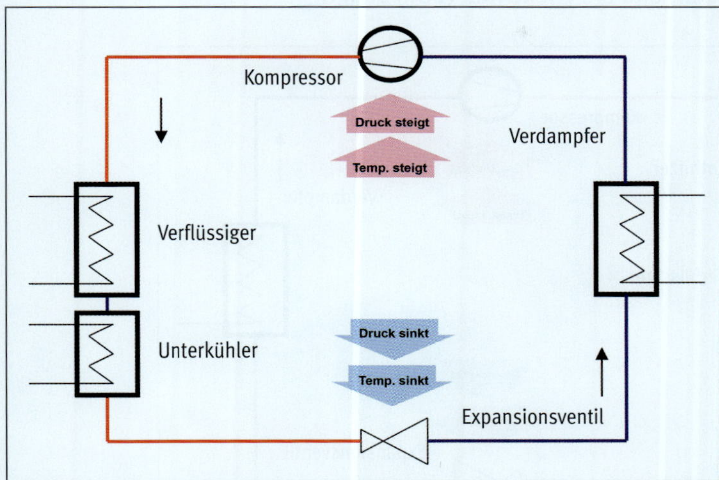

Abbildung 3.49: Kältekreislauf mit zusätzlichem Unterkühler

Kältekreislauf mit zusätzlichem Enthitzer (Abbildung 3.50)

Bei Bedarf kann an einem Enthitzer ein zusätzlicher Wärmeabnehmer mit einem höheren Temperaturniveau angeschlossen werden.

Wird keine separate Hochtemperaturauskopplung betrieben (beide Wärmetauscher werden also auf der Nutzungsseite „in Reihe" betrieben), sinkt die Kondensationstemperatur, und die Effektivität (COP) steigt.

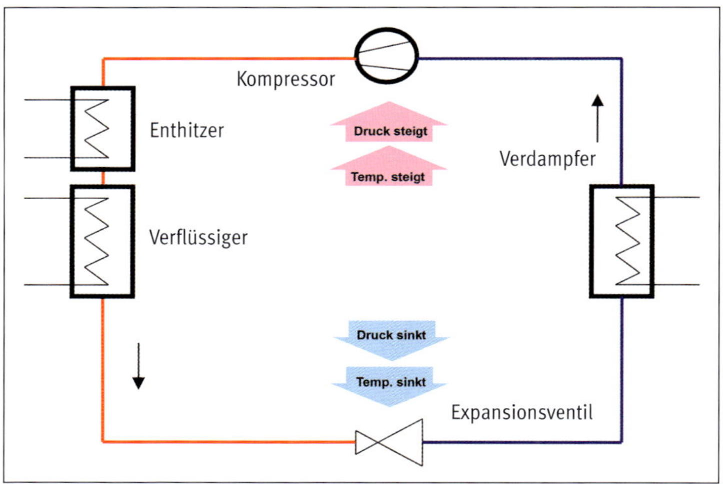

Abbildung 3.50: Kältekreislauf mit zusätzlichem Enthitzer

Kältekreislauf mit internem Überhitzer/Unterkühler (Abbildung 3.51)

Um einen sicheren und dauerhaften Betrieb des Kompressors zu gewährleisten, sollte die Überhitzung des Kältemittels vor dem Kompressor gewährleistet sein (ca. 4 K). Damit ist sichergestellt, dass das Kältemittel vollständig verdampft ist und keine Flüssigkeitströpfchen vom Kompressor angesaugt werden können. Dieses kann z. B. durch einen internen Überhitzer/Unterkühler sichergestellt werden. Im Unterschied zum Überhitzer/Unterkühler in Reihe zum Verflüssiger erhöht der interne Überhitzer/Unterkühler nicht den Druckverlust im Heizkreis. Die größere Unterkühlung führt zu einem höheren COP.

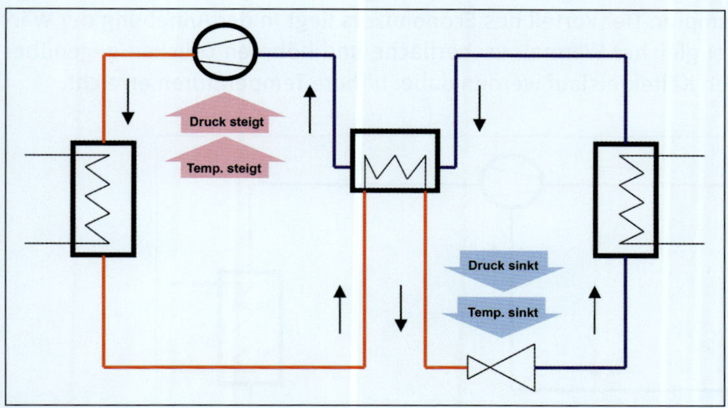

Abbildung 3.51: Kältekreislauf mit internem Überhitzer/Unterkühler

Economizer-Schaltung – EVI (Enhanced Vapour Injection)
(Abbildung 3.52)

Bei der Economizer-Schaltung wird flüssiges Kältemittel nach dem Kondensator abgezweigt und in einem Economizer-Wärmetauscher verdampft. Das verdampfte Kältemittel wird dem Kompressor bei höherem Druck zugeführt und erhöht damit die ausgestoßene Kältemittelmenge. Gleichzeitig erfolgt eine Zwischenkühlung im Kompressor, wodurch die Temperatur des Druckgases hinter dem Kompressor sinkt. Die angesaugte Kältemittelmenge bleibt praktisch gleich. Die Verdampfung des Kältemittels für den Economizer erfolgt am flüssigeren Kältemittel und vergrößert damit gleichzeitig die Unterkühlung und die spezifische Kältemenge im Hauptverdampfer. Der Vorteil des Economizers liegt in der Anhebung der Wärmeleistung. Bei gleicher Wärmetauscherfläche und höheren Drücken gegenüber einem normalen Kältekreislauf werden dabei höhere Temperaturen erreicht.

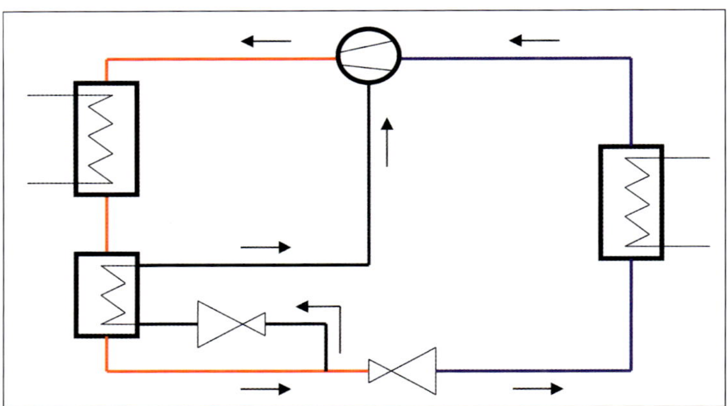

Abbildung 3.52: Economizer-Schaltung

Flash-Gas-Einspritzung (Abbildung 3.53)

Grundsätzlich muss das zu verdampfende Kältemittel immer kälter sein als die Temperatur der Wärmequelle. Sinkt die Wärmequellentemperatur, muss auch die Verdampfungstemperatur sinken. Mit sinkender Verdampfungstemperatur sinkt der Druck und damit die Dichte des Kältemittels. Bei gleicher Drehzahl des Kompressors sinkt die Heizleistung und die Gefahr der Überhitzung des Kompressors durch eine zu hohe Heißgastemperatur wächst. Durch Einspritzen eines Flüssigkeit/Gas-Gemisches wird einerseits der Kompressor gekühlt und die Heizleistung kann andererseits durch Erhöhung der Kompressordrehzahl selbst bei niedrigen Wärmequellentemperaturen konstant gehalten werden. Dieses von Mitsubishi patentierte Verfahren beginnt mit der Einspritzung bedarfsabhängig ab 3 °C.

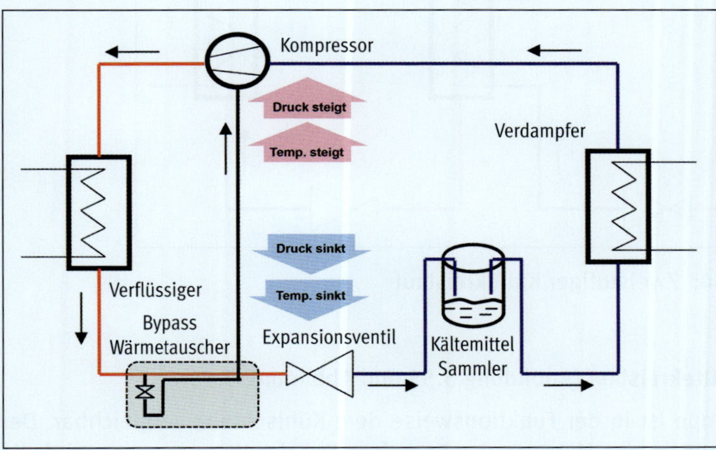

Abbildung 3.53: Kältekreislauf mit Flash-Gas-Einspritzung von Mitsubishi

Zweistufiger Kältekreislauf (Abbildung 3.54)

Eine Möglichkeit, um Temperaturen jenseits von 55 °C zu erreichen, liegt im Einsatz von zweistufigen Kältekreisläufen. Der erste Kältekreislauf realisiert den ersten Temperaturhub. Die Wärmeenergie wird an den zweiten Kältekreislauf übergeben, der wiederum einen weiteren Temperaturhub vollzieht, um die Endtemperatur an den Heizkreis zu übergeben.

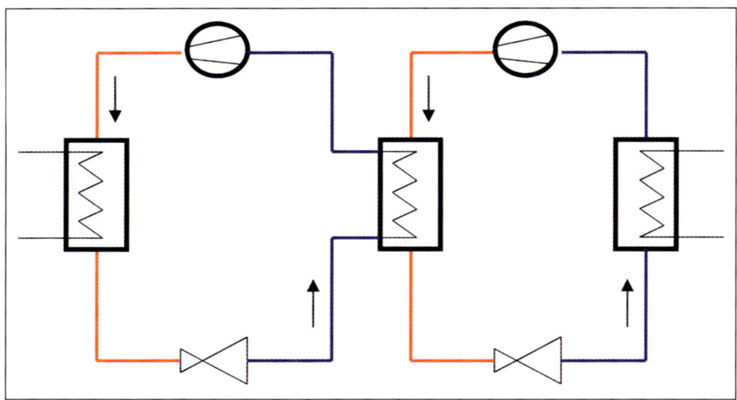

Abbildung 3.54: Zweistufiger Kältekreislauf

Reversibler Kältekreislauf (Abbildung 3.55 und Abbildung 3.56)

Die Wärmepumpe ist in der Funktionsweise dem Kühlschrank vergleichbar. Der Unterschied liegt in der Nutzung der Energien. Bei der Wärmepumpe wird die anfallende Wärme zum Heizen genutzt. Bei Kältemaschinen steht die produzierte Kälteleistung im Fokus. Eine Wärmepumpe mit interner Umschaltung des Kältekreislaufes kann beide Anforderungen erfüllen. Ohne zusätzlichen Installationsaufwand ist es möglich, über eine Fußbodenheizung oder Gebläsekonvektoren Räume zu kühlen. Nachteil (gegenüber dem „natural cooling"): Ähnlich wie eine Klimaanlage benötigt die Wärmepumpe beim Betrieb elektrischen Strom für den Kompressor.

Oft werden auch für die Umschaltung statt eines 3-Wege-Umschaltventils zwei Magnetventile eingesetzt.

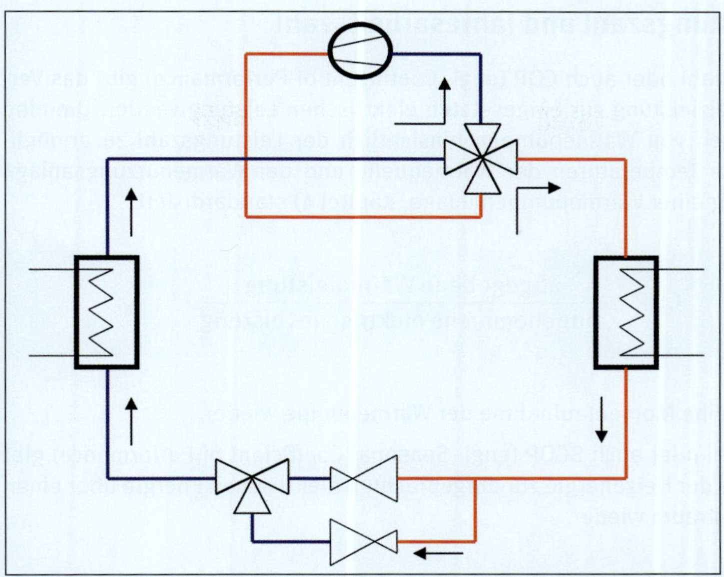

Abbildung 3.55: Reversibler Kältekreislauf – Betrieb Kühlung

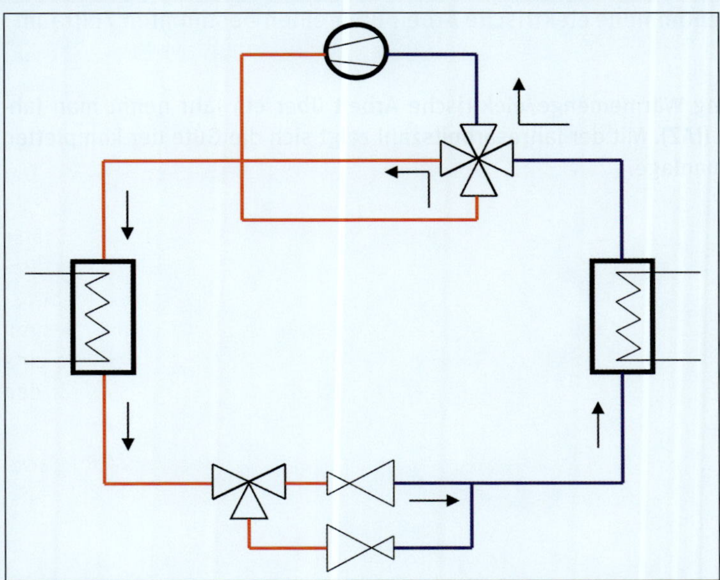

Abbildung 3.56: Reversibler Kältekreislauf – Betrieb Heizen

3.10 Leistungszahl und Jahresarbeitszahl

Die Leistungszahl oder auch COP (engl. Coefficient of Performance) gibt das Verhältnis der Heizleistung zur eingesetzten elektrischen Leistung wieder. Um eine Vergleichbarkeit von Wärmepumpen hinsichtlich der Leistungszahl zu ermöglichen, sind die Temperaturen der Wärmequelle und der Wärmenutzungsanlage (siehe Planung einer Wärmepumpenanlage, Kapitel 4) standardisiert.

$$\mathrm{COP} = \frac{\text{abgegebene Wärmeleistung}}{\text{aufgenommene elektrische Leistung}}$$

Der COP gibt eine Momentaufnahme der Wärmepumpe wieder.

Die Arbeitszahl oder auch SCOP (engl. Seasonal Coefficient of Performance) gibt das Verhältnis der Heizenergie zur aufgebrachten elektrischen Energie über einen definierten Zeitraum wieder.

$$\mathrm{SCOP} = \frac{\text{abgegebene Wärmeleistung}}{\text{aufgenommene elektrische Arbeit über einen bestimmten Zeitraum}}$$

Die Betrachtung Wärmemenge/elektrische Arbeit über ein Jahr nennt man Jahresarbeitszahl (JAZ). Mit der Jahresarbeitszahl zeigt sich die Güte der kompletten Wärmepumpenanlage.

3.11 Betriebsarten der Wärmepumpe

Die Betriebsweise einer Wärmepumpe kann in folgende Gruppen unterteilt werden:

– **monovalente Betriebsweise** (Abbildung 3.57)

Die Wärmepumpe ist der alleinige Wärmeerzeuger für Heizung und Warmwasserbereitung. Die Wärmequelle muss für den ganzjährigen Betrieb der Anlage ausgelegt sein.

– **monoenergetische Betriebsweise** (Abbildung 3.58)

Die Wärmeversorgung wird über zwei Wärmeerzeuger realisiert, die mit demselben Energieträger versorgt werden. Die Wärmepumpe wird mit einer Elektro-Zusatzheizung zur Deckung der Spitzenlast kombiniert. Die Elektro-Zusatzheizung ist dabei im Vorlauf der Nutzungsanlage installiert und wird vom Regler bei Bedarf mit hinzugeschaltet. Der Anteil des Wärmebedarfes, der von der Elektro-Zusatzheizung abgedeckt wird, sollte 15 % nicht übersteigen.

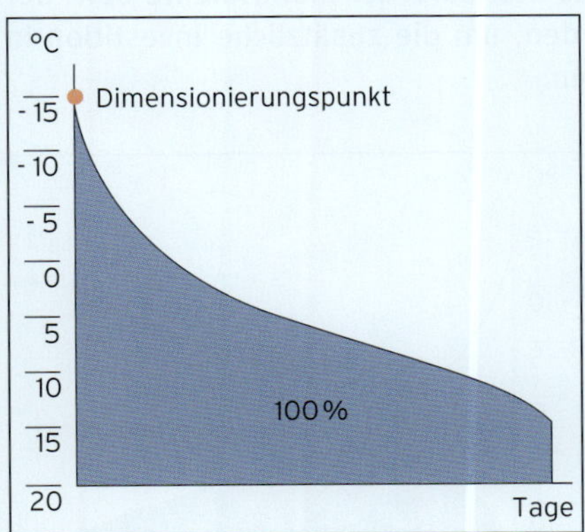

Abbildung 3.57: Monovalente Betriebsweise

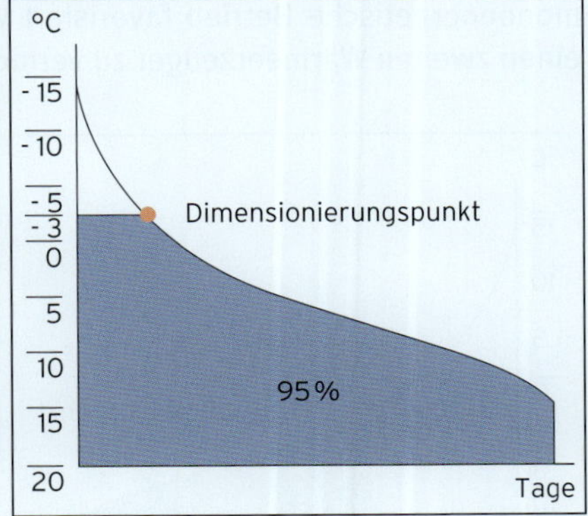

Abbildung 3.58: Monoenergetische Betriebsweise

– **bivalente alternative Betriebsweise** (Abbildung 3.59)

Neben der Wärmepumpe ist ein zweiter Wärmeerzeuger mit einem anderen Energieträger als der Wärmepumpe zur Deckung des Wärmebedarfes installiert. Dabei arbeitet die Wärmepumpe nur bis zum sogenannten Bivalenzpunkt (z. B. 0 °C Außentemperatur), um bei tieferen Außentemperaturen die Wärmeversorgung an den zweiten Wärmeerzeuger (z. B. Gas- oder Ölkessel) zu übergeben. Häufige Anwendung findet diese Betriebsweise bei Wärmenutzungsanlagen mit hohen Vorlauftemperaturen. Die Wärmepumpe kann dabei 60–70 % der Jahresheizarbeit (Klimaverhältnisse Mitteleuropa) abdecken.

– **bivalente parallele Betriebsweise** (Abbildung 3.60)

Neben der Wärmepumpe ist ein zweiter Wärmeerzeuger mit einem anderen Energieträger als der Wärmepumpe zur Deckung des Wärmebedarfes installiert. Ab einer bestimmten Außentemperatur wird der zweite Wärmeerzeuger mit zur Deckung des Wärmebedarfes zugeschaltet. Diese Betriebsweise setzt voraus, dass die Wärmepumpe bis zur tiefsten Außentemperatur in Betrieb bleiben kann.

Bei der Planung einer Neuanlage sollte als Standard der monovalente bzw. der monoenergetische Betrieb favorisiert werden, um die zusätzliche Investition in einen zweiten Wärmeerzeuger zu vermeiden.

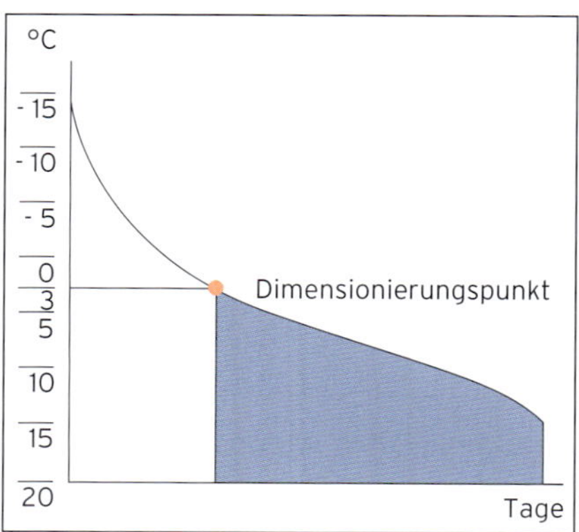

Abbildung 3.59: Bivalente alternative Betriebsweise

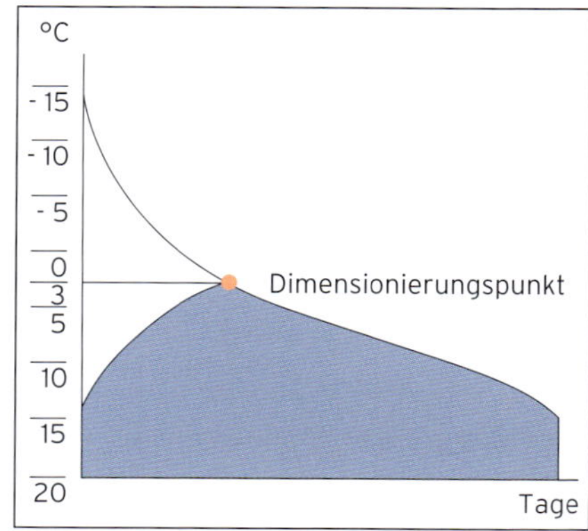

Abbildung 3.60: Bivalente parallele Betriebsweise

4 Planung einer Wärmepumpenanlage

4.1 Bauteile einer Wärmepumpenanlage

Eine Wärmepumpenanlage (WPA) besteht aus drei Hauptkomponenten. Um einen wirtschaftlichen und störungsfreien Betrieb der Anlage zu gewährleisten, müssen alle Anlagenteile optimal aufeinander abgestimmt werden. Eine Wärmepumpenanlage (WPA) besteht im Wesentlichen aus folgenden Komponenten:

- Die Wärmequellenanlage (WQA) nutzt die im Erdreich, dem Grundwasser und der Umgebungsluft enthaltene Sonnenenergie und führt diese der Wärmepumpe zu.
- Die Wärmepumpe (WP) bringt diese Energie auf ein für die Heizung nutzbares Temperaturniveau.
- Die Wärmenutzungsanlage (WNA) gibt die Wärmeenergie an den Raum ab. Um einen guten Wirkungsgrad (der sog. SCOP) zu erzielen, sollte eine Flächenheizung (üblicherweise Fußbodenheizung) genutzt werden. In Verbindung mit gut ausgelegten Radiatorenheizungen (maximale Vorlauftemperatur kleiner 45 °C) werden kaum schlechtere SCOP erreicht.

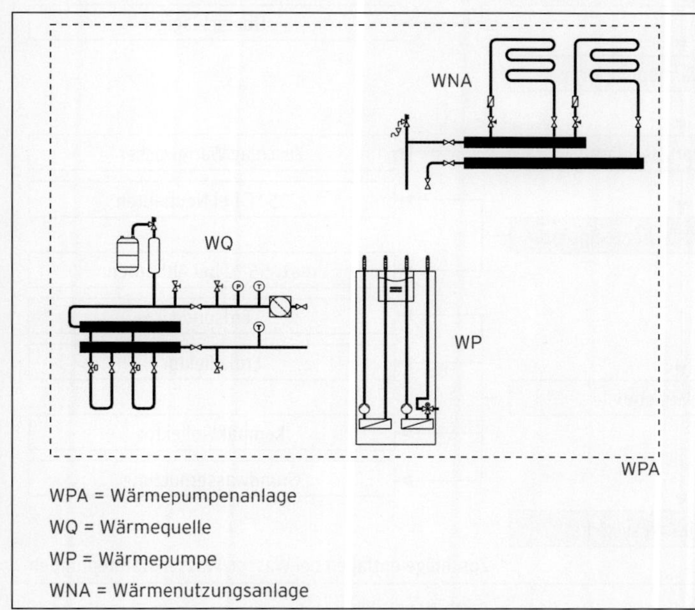

Abbildung 4.1: Komponenten einer Wärmepumpenanlage (WPA)

4.2 Planungsablauf

Die nachfolgenden zwei Ablaufdiagramme zeigen den Planungsablauf für Sole/ Wasser-, Wasser/Wasser- und Luft/Wasser-Wärmepumpenanlagen. Sie fragen sich, warum der Ablauf von Luft/Wasser-Wärmepumpen anders ist? Ganz einfach – im Unterschied zu Sole/Wasser- und Wasser/Wasser-Wärmepumpen muss (wenn auch erst bei niedrigen Außentemperaturen) ein alternativer Wärmeerzeuger (meist eine Elektro-Zusatzheizung) „mithelfen", die Wärmeversorgung sicherzustellen.

Im Folgenden werden wir Punkt für Punkt des Planungsablaufes ansprechen (Abbildung 4.2 und Abbildung 4.3).

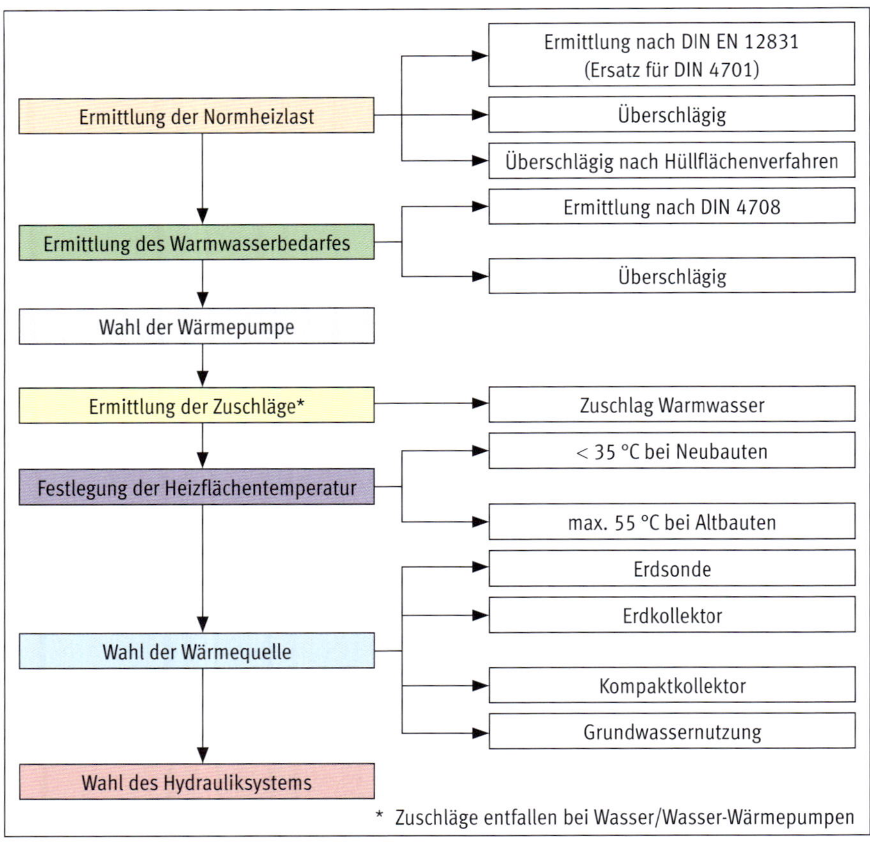

Abbildung 4.2: Planungsablauf von Sole/Wasser- und Wasser/Wasser-Wärmepumpenanlagen

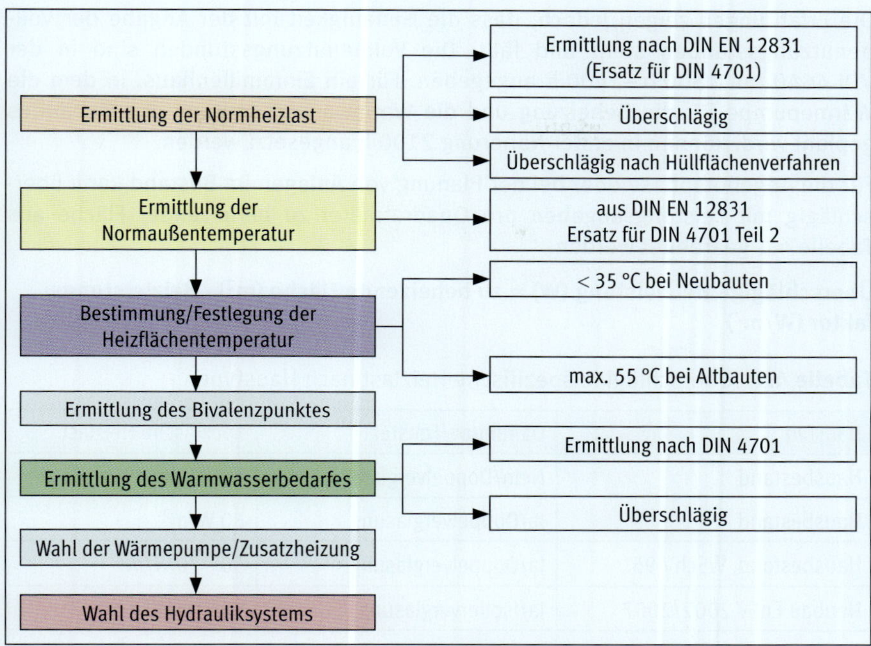

Abbildung 4.3: Planungsablauf von Luft/Wasser-Wärmepumpenanlagen

4.3 Ermittlung Heizbedarf

Es gibt verschiedene Verfahren mit unterschiedlicher Genauigkeit zur Ermittlung der Heizlast eines Gebäudes.

Eine genaue Berechnung des Wertes ermöglicht die Norm DIN 4701, „Regeln für die Berechnung des Wärmebedarfes von Gebäuden" bzw. die europäische Nachfolgenorm DIN EN 12831 „Heizungsanlagen in Gebäuden – Verfahren zur Berechnung der Norm-Heizlast".

Gemäß der Energieeinsparverordnung (EnEV) wird im Energiepass eines Hauses dessen Jahres-Heizwärmebedarf (kWh/m²a) ausgewiesen. Mithilfe dieses Wertes wird nach dem Hüllflächenverfahren der Wärmebedarf wie folgt berechnet:

$\mathbf{Q_N = Q_H \cdot A / b_{VH}}$

Q_N = Wärmebedarf in kW

Q_H = Jahres-Heizwärmebedarf kWh/m²a

A = Heizfläche in m²

b_{VH} = Vollbenutzungsstunden (1800–2100 h/a)

Die Erfahrungen zeigen jedoch, dass die Genauigkeit mit der Angabe der Vollbenutzungsstunden steht und fällt. Die Vollbenutzungsstunden sind in der VDI 4640 mit 1800 h – 2400 h angegeben. Für ein Einfamilienhaus, in dem die Wärmepumpe für die Beheizung und die Warmwasserbereitung des Gebäudes geplant wird, können in erster Näherung 2100 h angesetzt werden.

Für die Angebotsphase oder bei der Planung von Anlagen im Bestand kann überschlägig mit Leistungsangaben pro Quadratmeter zu beheizender Fläche aus Tabelle 4.1 gearbeitet werden.

Überschlägige Heizleistung (W) = zu beheizende Fläche (m^2) · Heizleistungsfaktor (W/m^2)

Tabelle 4.1: Überschlägige spezifische Heizlast nach Haustypen

Haustyp	Dämmung/Fenster	spezifische Heizlast
Hausbestand	Nein/Doppelverglasung	100 W/m^2
Hausbestand	Ja/Doppelverglasung	80 W/m^2
Hausbestand, WSchV 95	Ja/Doppelverglasung	50 – 70 W/m^2
Neubau EnEV 2002/2007	Ja/Isolierverglasung	35 – 45 W/m^2
Niedrigenergiehaus (KfW 40)	Ja/Isolierverglasung	15 – 25 W/m^2
Passivhaus	Ja/Dreifachverglasung	10 – 15 W/m^2

Wärmebrücken und hohe Luftundichtigkeiten des Hauses sind gesondert zu berücksichtigen.

4.4 Ermittlung der Norm-Außentemperatur θ_e nach DIN EN 12831-1

Tabelle 4.2 enthält auszugsweise die Norm-Außentemperaturen θ_e für Städte mit mehr als 20.000 Einwohnern (tiefstes Zweitagesmittel der Lufttemperatur, das 10-mal in 20 Jahren erreicht oder unterschritten wird). Für Orte, die hier nicht enthalten sind, ist als Außentemperatur der Wert des nächstgelegenen in der Tabelle aufgeführten Ortes ähnlicher klimatischer Lage anzusetzen. Oder nutzen Sie die Klimakarte des Bundesverbandes Wärmepumpe (www.waermepumpe.de). Eine Hilfe zur Festlegung der Norm-Außentemperatur bietet auch eine Isothermenkarte. Die tiefste Außentemperatur wird für den Eintrag in das Leistungsdiagramm der Luft/Wasser-Wärmepumpe benötigt.

Tabelle 4.2: Ermittlung Norm-Außentemperatur θe nach DIN/TS 12831-1:2020-04. Städte mit mehr als einer Postleitzahl sind mit der niedrigsten PLZ eingetragen.

Ort	PLZ	Klimazonen nach DIN	Norm-Außen-temperatur θ_e [°C]	Jahresmittel der Außentemperatur
Aachen	52062	6	−7,1	11,5
Berlin	10117	4	−11,3	10,9
Bochum	44787	5	−7,3	11,5
Braunschweig	38100	3	−11,3	9,8
Bonn	53111	5	−8,2	11,1
Bremen	28195	3	−8,6	10,1
Chemnitz	09111	9	−13	9,7
Dortmund	44135	5	−7,5	11,4
Düsseldorf	40210	5	−6,8	11,9
Eisenach	99817	7	−12,2	9,5
Erfurt	99084	9	−11,9	10,2
Frankfurt/Main	60311	12	−9,2	11,2
Frankfurt/Oder	15230	4	−13,7	9,6
Gelsenkirchen	45881	5	−7,6	11,3
Gera	07545	9	−13,3	9,9
Hamm, Westf.	59063	5	−9	10,8
Hanau	63450	10	−9,4	11,3
Hannover	30159	3	−10,0	10,9
Jena	07743	9	−12,8	9,7
Karlsruhe	76131	12	−10,1	11
Kassel	34117	7	−10,1	10,3
Köln	50667	5	−7,7	11,4
Königstein, Taunus	61462	7	−10,9	9
Konstanz	78464	13	−9,4	10,1
Leipzig	04103	4	−12,2	10,2
Magdeburg	39104	4	−12	9,9
Mannheim	68159	12	−10,5	11,3
München	80331	13	−11,1	10,2

Ort	PLZ	Klimazonen nach DIN	Norm-Außentemperatur θ_e [°C]	Jahresmittel der Außentemperatur
Münster, Westf.	48143	5	-7,9	11,3
Nürnberg	90402	13	-11,3	10,6
Passau	94032	13	-10,9	9,8
Remscheid	42853	6	-8,8	9,8
Saarbrücken	66111	6	-8,5	11,2
Stuttgart	70173	12	-9,3	11,5
Ulm, Donau	89073	13	-12,1	9,4

4.5 Planung Warmwasserbedarf

Die Anforderungen der Warmwasserversorgung sind im Vergleich zur Raumbeheizung anders gelagert. Die Warmwasserversorgung wird das ganze Jahr über mit relativ gleichen Mengen und Temperaturen genutzt. Das Temperaturniveau ist dabei höher als für die Wärmeversorgung einer Fußbodenheizung. Durch diesen höheren Temperaturhub ist die Jahresarbeitszahl einer Wärmepumpe für Heizung und Warmwasserbereitung niedriger als die bei einer Wärmepumpe, die alleinig für die Heizung eingesetzt wird.

In der Regel wird bei der Planung der Wärmepumpenanlage die Warmwasserbereitung mit durch die Wärmepumpe realisiert. Fast alle Hersteller haben abgestimmte Speicher als Kombination mit der Wärmepumpe im Programm.

Wichtig: In der Regel können Warmwasserspeicher, die mit Gas- oder Ölkesseln kombiniert werden, nicht zur Warmwasserbereitung mit einer Wärmepumpe herangezogen werden. Da Wärmepumpen nur eine Vorlauftemperatur von ca. 60 °C erreichen, sind Systeme zu nutzen, welche diese Temperatur mit möglichst geringen Verlusten auf das Warmwasser übertragen. Durch die großzügige Dimensionierung der Wärmetauscher des Warmwassersystems wird eine ausreichende Warmwassertemperatur gewährleistet. Gleichzeitig wird hierdurch ein zu häufiges Einschalten der Wärmepumpe vermieden.

Für einen Haushalt bis zu 4 Personen ist ein Speicherinhalt von 175–300 l ausreichend.

Mit der Norm DIN 4708 „Zentrale Warmwassererwärmungsanlagen“ kann der Wärmebedarf für die zentrale Erwärmung von Trinkwasser berechnet werden. In Verbindung mit Wärmepumpen ist die Berechnung des Wärmebedarfs für die Warmwasserbereitung nur eingeschränkt einsetzbar.

Zusätzlich bietet die Norm DIN EN 15450 „Planung von Heizungsanlagen mit Wärmepumpen" Grundlagen zur Erstellung der Warmwasseranlage.

Im Folgenden werden die gängigsten Techniken zur Warmwasserbereitung beschrieben.

Indirekt beheizte Speicher mit innen liegendem Wärmetauscher

Um einen störungsfreien Betrieb der Warmwasserbereitung mit der Wärmepumpe zu realisieren, ist überschlägig eine Tauscherfläche von ca. 1 m^2 pro 3–4 kW Heizleistung der Wärmepumpe zu veranschlagen. Ist die Wärmetauscheroberfläche zu klein dimensioniert, können niedrige Warmwassertemperaturen (und damit eine erhöhte Anforderung der Wärmepumpe für Warmwasserbereitung) oder eine Störabschaltung der Wärmepumpe über den Hochdruckpressostat die Folge sein. Bei Warmwasserspeichern mit großen Tauscherflächen ist unbedingt der Druckverlust des Wärmetauschers mit der Restförderhöhe der Umwälzpumpe in der Wärmepumpe zu vergleichen und ggf. abzustimmen (Abbildung 4.4).

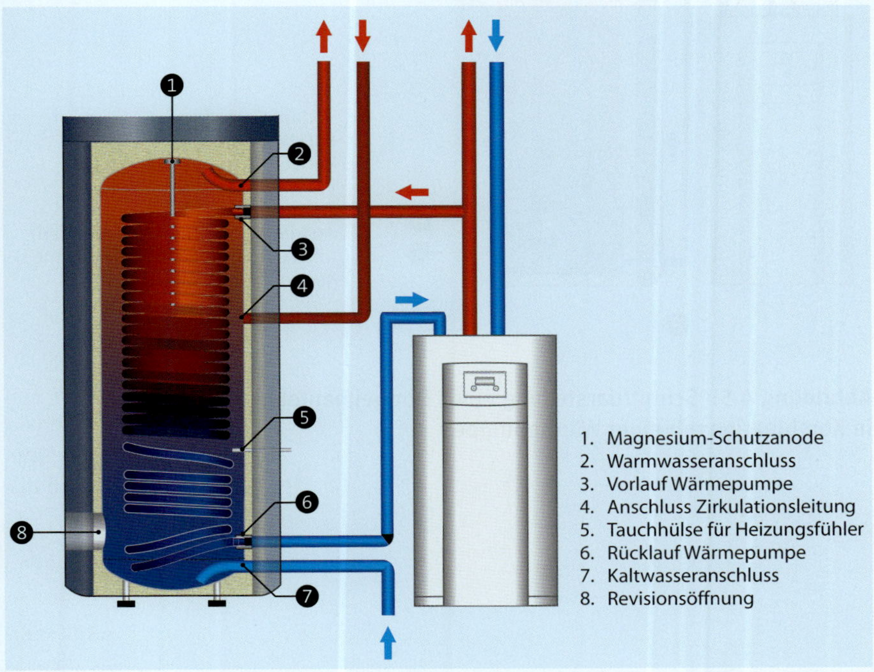

Abbildung 4.4: Schnittdarstellung eines Speichers mit innen liegendem, groß dimensioniertem Wärmetauscher

Doppelmantelspeicher

Als Warmwasserbereiter wird ein spezieller Doppelmantelspeicher mit hohem Wasservolumen im Heizungskreisbehälter (Primärvolumen) eingesetzt, da durch die große Oberfläche des Heizungswassers/Warmwassers eine hohe Temperatur des Warmwasserbehälters (Sekundärvolumen) erzielt werden kann. Ein weiterer Vorteil ist die Auskopplung von Heizungswasser für einen Radiatorenkreis. Bei einem 300-l-Doppelmantelspeicher können Radiatorenheizkörper bis zu einer Leistung von 3 kW angeschlossen werden (Abbildung 4.5).

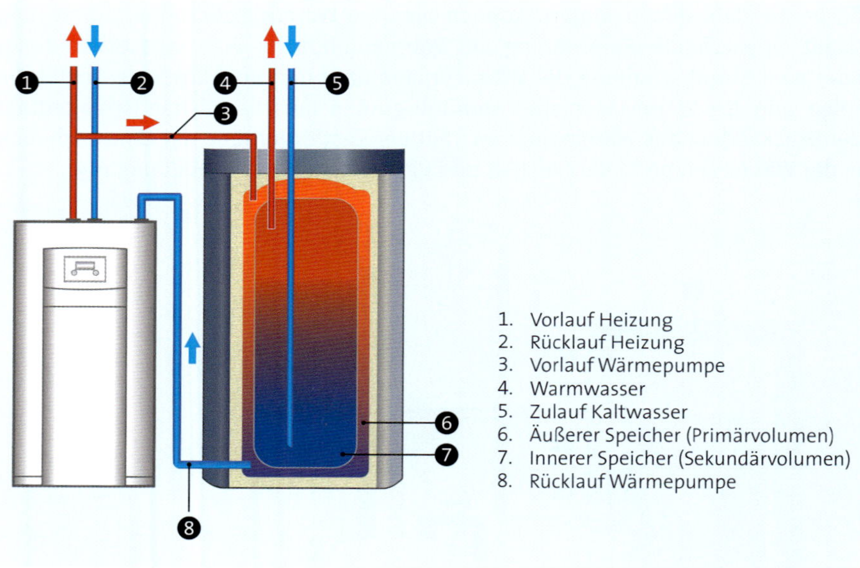

Abbildung 4.5: Schnittdarstellung eines Doppelmantelspeichers in Kombination mit einer Wärmepumpe

Multifunktionsspeicher

Im Unterschied zu den o.g. Speichern wird bei Multifunktionsspeichern Heizungswasser gepuffert. Im Inneren des Speichers sorgt ein Edelstahl-Wellrohr für eine hygienische und keimfreie Warmwasserbereitung im Durchflussprinzip.

Multifunktionsspeicher können mit Wärmepumpen, Gas-, Öl-, Pellet- bzw. Festbrennstoffkesseln und Blockheizkraftwerken für Heizung und Warmwasserbereitung kombiniert werden. Aufgrund ihrer vielfältigen Anschlussmöglichkeiten eignen sich Multifunktionsspeicher perfekt für Ein- und Mehrfamilienhäuser, Pensionen und Hotels, Campingplätze, Sport- und Betriebsstätten.

Werden Multifunktionsspeicher zusätzlich mit einem Solarwärmetauscher ausgerüstet, kann zusätzlich auch solare Wärme für die Warmwasserbereitung und Heizungsunterstützung eingekoppelt werden (Abbildung 4.6).

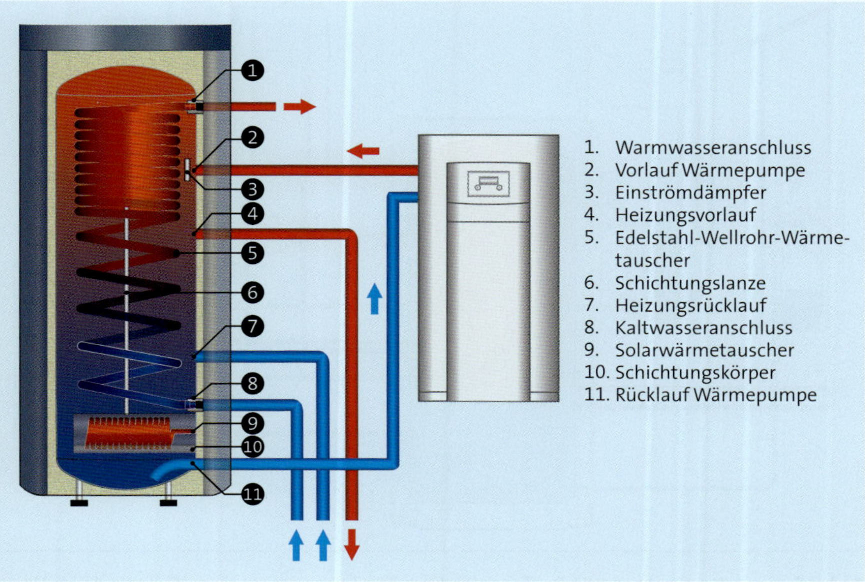

Abbildung 4.6: Schnittdarstellung eines Multifunktionsspeichers mit Solarwärmetauscher

Speicherladesysteme

Bei Speicherladesystemen wird die Speicherladung über einen externen Wärmetauscher in Verbindung mit einer Ladepumpe und einem temperaturgesteuerten Ventil realisiert. Durch die individuelle Anpassung dieses Systems an die eingesetzte Wärmepumpe können auch kleinere Speicher mit Wärmepumpen größerer Leistung geladen werden. Die Dimensionierung des Plattenwärmetauschers hat aufgrund der Heizleistung der Wärmepumpe und der Wassertemperaturen primär und sekundär zu erfolgen. Bei der Auslegung größerer Ladesysteme für Mehrfamilienhäuser hat das DVGW Arbeitsblatt W 551 (Technische Maßnahmen zur Verminderung des Legionellenwachstums in Neuanlagen) Anwendung zu finden (Abbildung 4.7).

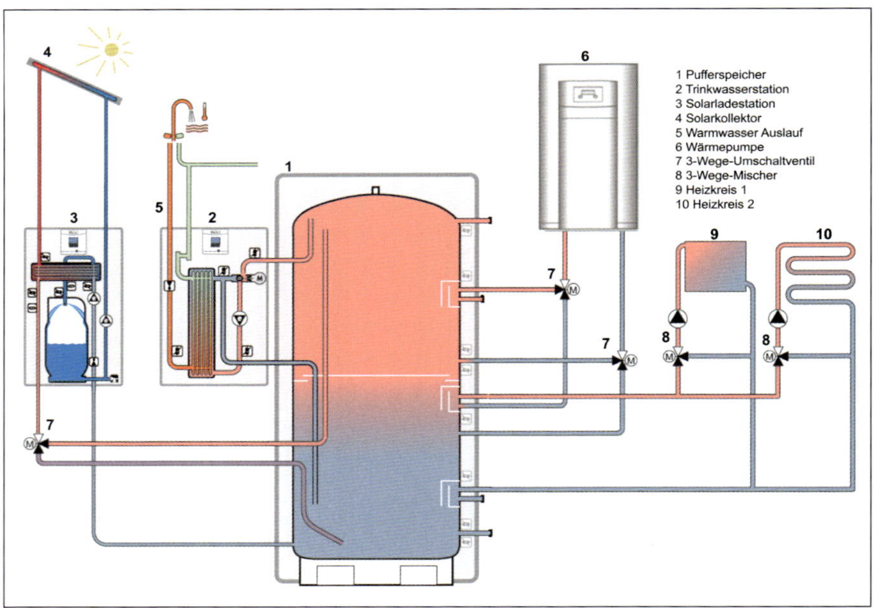

Abbildung 4.7: System mit Pufferspeicher, Trinkwasserstation, Solarladestation

Warmwasserwärmepumpe

Eine Warmwasserwärmepumpe nutzt die Umgebungswärme im Aufstellraum als Wärmequelle. Der Nachfluss von Wärme geschieht über die Kellerwände und von Geräten, die Wärme abgeben (z. B. Kühl- oder Gefriergeräte). Über Rohrsysteme besteht die Möglichkeit, Abluft aus Küchen oder Badezimmern der Warmwasserwärmepumpe zuzuführen und diese als Energiequelle zu nutzen (Abbildung 4.8 und Abbildung 4.9).

Ferner kann die heruntergekühlte Luft in Räume geleitet werden, um diese zu kühlen, z. B. Weinlager, Obst-/Gemüselagerung etc.

Während der Sommermonate sind aufgrund der höheren Lufttemperaturen die höheren Wirkungsgrade zu erzielen. Durch das in der Warmwasserwärmepumpe häufig verwendete Kältemittel R 134a sind Warmwassertemperaturen von bis zu 65 °C zu erzielen. Bei Unterschreitung der Umgebungstemperatur von 0 – 8 °C wird die Warmwasserversorgung durch die serienmäßig eingebaute Elektro-Zusatzheizung oder durch die Heizungswärmepumpe übernommen.

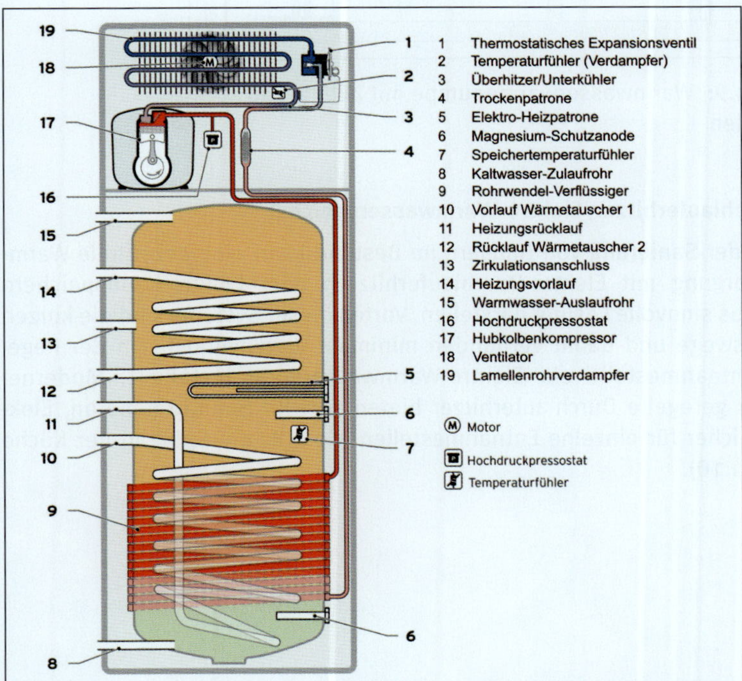

Abbildung 4.8: Schnittdarstellung einer Warmwasserwärmepumpe

Die Trocknung der Luft und damit die Entfeuchtung der Räume ist eine zusätzliche Eigenschaft beim Betrieb einer Warmwasserwärmepumpe.

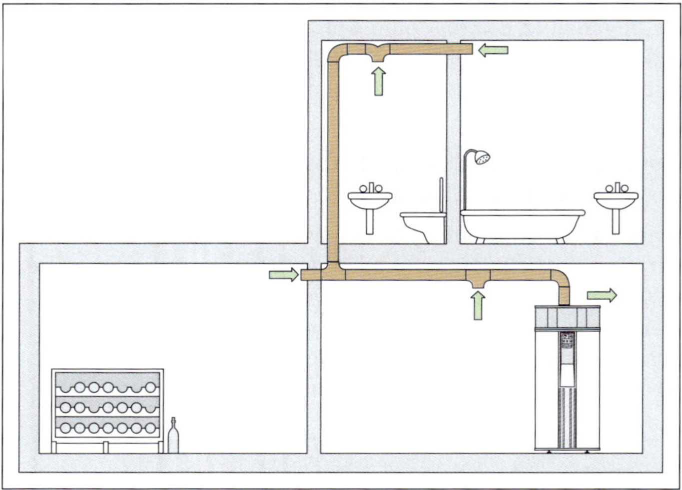

Abbildung 4.9: Warmwasserwärmepumpe mit Zuluft- und Abluft-Kanälen

Elektro-Durchlauferhitzer/Elektro-Warmwasserspeicher

Gerade bei der Sanierung von Häusern im Bestand kann eine dezentrale Warmwasserversorgung mit Elektro-Durchlauferhitzern oder Elektro-Kleinspeichern eine durchaus sinnvolle Lösung darstellen. Vorteil dieser Systeme sind die kurzen Rohrleitungswege und damit verbunden minimale Verteilverluste. In der Regel wird pro Entnahmestelle ein Elektro-Warmwassergerät installiert. Moderne, elektronisch geregelte Durchlauferhitzer bieten sich für Sanitärräume an, Elektro-Kleinspeicher für einzelne Entnahmestellen wie z. B. die Spüle in der Küche (Abbildung 4.10).

Abbildung 4.10: Elektronisch geregelter Durchlauferhitzer mit Fernbedienung

Tabelle 4.3: Vergleich der unterschiedlichen Techniken zur Warmwasserbereitung

Art der Warmwasserbereitung	Investitionskosten	Betriebskosten	Warmwasserleistung	Sonstige Informationen
Speicher mit innen liegendem Wärmetauscher	mittel	niedrig	mittel	gutes Preis-Leistungs-Verhältnis
Doppelmantelspeicher	höher	niedrig	höher	Versorgung eines Radiatorkreises über den Doppelmantel
Multifunktionsspeicher	hoch	niedrig	mittel	Einbringung von Solarthermie möglich
Speicherladesysteme	hoch	niedrig	hoch	hohe Warmwasserleistung auch für MFH
Warmwasserwärmepumpe	höher	sehr niedrig	mittel	sehr hohe Effizienz
Elektrodurchlauferhitzer, -speicher	niedrig	hoch	niedrig	niedrige Investition

4.6 Wahl der Wärmepumpe

Bei monovalenter Betriebsweise muss die Wärmepumpe alleine die Heizleistung des Hauses realisieren. Wird die Wärmepumpe in Verbindung mit der Elektro-Zusatzheizung monoenergetisch betrieben, sollte die Zusatzheizung max. 15 % des Wärmebedarfes aufbringen.

Bei der Wahl einer Luft/Wasser-Wärmepumpe ist die Abhängigkeit der Heizleistung (im Winter steigend) im Bezug zur sinkenden Wärmequellentemperatur zu berücksichtigen. Die genaue Ermittlung der Heizleistung ist im Kapitel 4.12.7 *Planung der Wärmequelle Luft* erläutert.

4.7 Ermittlung der Zuschläge

Die Wärmequelle einer Sole/Wasser-Wärmepumpe kann man sich wie einen Akku vorstellen. Ist der Akku ausreichend groß dimensioniert, kann er die Anforderungen (z. B. den Betrieb einer Taschenlampe für eine festgesetzte Zeit) erfüllen. Genauso verhält es sich mit der Wärmequelle – ist die Wärmequelle groß genug, kann sie über den Winter der Wärmepumpe die Energie liefern. Im Sommer wird sie durch die Sonne bzw. durch die geothermische Wärme wieder „aufgeladen". Um zusätzliche Verbraucher wie z. B. die Warmwasserversorgung durch die Wärmequelle mitzuversorgen, sind Zuschläge erforderlich (Abbildung 4.11).

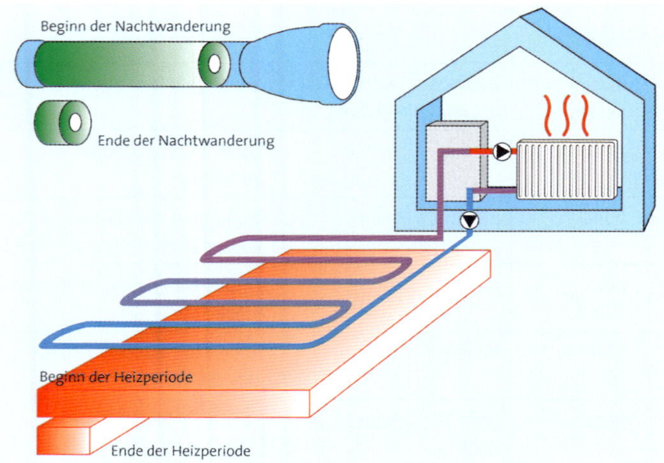

Abbildung 4.11: Reichweite eines Erdkollektors im Vergleich zu einem Akkumulator

Grundsätzlich gilt: Je großzügiger die Wärmequellenanlage dimensioniert wird, desto wirtschaftlicher wird der Betrieb der Wärmepumpenanlage. Werden zusätzlich zur Wohnraumbeheizung auch andere Wärmeverbraucher versorgt, sind diese bei der Auslegung der Wärmequelle zu berücksichtigen. Bei der Warmwasserversorgung durch die Wärmepumpe ist bei ganzjähriger Nutzung ein Zuschlag zur Heizleistung für die Kollektorauslegung von 0,25 kW/Person zu veranschlagen. Zuschläge werden nur bei Sole/Wasser-Wärmepumpen veranschlagt, da die Kollektorgröße unmittelbar von der benötigten Energie abhängt.

Zuschlag Warmwasser = Personenzahl × Zuschlagsfaktor Warmwasser

Zuschlagsfaktor Warmwasser = 250 W/Person

Bezieht die Wärmepumpe ihren Strom innerhalb eines Sondertarifes (günstigerer Stromtarif, der über einen separaten Zähler abgerechnet wird), kann der Versorgungsnetzbetreiber (VNB, früher EVU, also die Stadtwerke o. Ä., die den Strom liefern) die Wärmepumpe bis zu 3 × 2 h täglich vom Stromnetz nehmen.

Wird die Wärmepumpe durch den VNB gesperrt, so ist zusätzlich eine Erhöhung der Heizleistung nach folgender Formel zu bemessen:

Zuschlag VNB = Heizlast des Hauses × Zuschlagsfaktor VNB

Tabelle 4.4: Zuschlagsfaktoren in Abhängigkeit von Sperrzeiten

Sperrzeit (h)	Zuschlagsfaktor
2	0,08
2 × 2	0,1
3 × 2	0,12

Die Zuschläge Warmwasser und VNB beeinflussen nur die Auslegung der Wärmequelle (Erdsonde und Erdkollektor). Auf die Dimensionierung der Wärmepumpe haben die Zuschläge keinen Einfluss.

4.8 Ermittlung der Gesamtheizleistung der Wärmequelle

Damit der Akku Wärmequelle auch funktioniert, müssen alle Zuschläge zur Heizlast des Gebäudes addiert werden.

Heizlast des Gebäudes

+ Zuschlag Warmwasser (optional)

+ Zuschlag VNB (optional)

= Gesamte Heizleistung zur Dimensionierung des Kollektors

4.9 Radiatoren oder Flächenheizung – was geht?

Der Wärmepumpe ist es grundsätzlich egal, welcher Nutzungsanlage sie die Wärme „übergeben" darf – wichtig ist nur, dass mit möglichst niedrigen Temperaturen gearbeitet werden kann. Werden nun Radiatoren für die Beheizung des Objektes eingesetzt (z. B. weil die Wärmepumpe zur Sanierung in ein vorhandenes Objekt mit Radiatoren eingesetzt wird), ist nach Möglichkeit mit Vorlauftemperaturen unter 50 °C bei tiefsten Norm-Außentemperaturen die Beheizung des Objektes zu veranschlagen.

Zu unterscheiden sind zwei Einsatzgebiete:

a) Neubau
   - Hier sollte in jedem Fall auf eine Flächenheizung (Fußbodenheizung, Wandheizung o. Ä.) gesetzt werden, um den Temperaturhub von der Wärmequelle zur Wärmenutzung möglichst klein zu halten.
   - Die Kosten für eine Fußbodenheizung sind gleich oder nur geringfügig teurer als eine Radiatorenheizung.
   - Die Warmwasserbereitung erfolgt in der Regel durch die Wärmepumpe.

b) Sanierung
   - In der Regel sind Radiatoren vorhanden.
   - Bevor die Heizungsanlage auf eine Wärmepumpe umgestellt wird, sollte die Gebäudehülle saniert werden, d. h. die Dämmung der Außenwände, des Daches, der Fenster und der Kellerdecke optimiert werden.
   - Dadurch sinken die Heizleistung und die maximale Vorlauftemperatur des Hauses.
   - Oftmals können die vorhandenen Heizkörper bestehen bleiben; ggf. kann der Austausch einzelner Heizkörper erforderlich sein.

- Die Wärmepumpe und die Wärmequellenanlage können dadurch kleiner ausgelegt werden.
- Die Jahresarbeitszahl (JAZ) der Wärmepumpenanlage steigt.

In beiden Einsatzgebieten können alternativ auch Klimakonvektoren eingesetzt werden. Diese haben den Vorteil, auch sehr effektiv die Kühlung eines Objektes zu realisieren (siehe auch Kapitel 4.11 *Kühlung mit Wärmepumpen*)

4.10 Wärmepumpe und Solarthermie

Die Kombination einer Wärmepumpenanlage mit einer Solarthermieanlage ist die Kombination, die die geringsten Betriebskosten verursacht (Abbildung 4.12).

Wird für die Speicherung der über die Solaranlage eingespeisten Wärmeenergie ein Multispeicher eingesetzt, kann in der Übergangszeit auch die Solaranlage zur Beheizung des Objektes herangezogen werden. In den Sommermonaten übernimmt die Solaranlage die komplette Warmwasserbereitung.

Die Investitionskosten der Anlage liegen über der einer Wärmepumpenanlage oder einer Gas-Brennwertanlage mit einer Solaranlage (siehe Kapitel 10 *Wirtschaftlichkeitsbetrachtungen*). Die Amortisation ist gegenüber o.g. Anlagen nur schwer darzustellen.

Hinsichtlich der Entwicklung der Energiepreise garantiert die Kombination von Wärmepumpe und Solaranlage allerdings die größte Unabhängigkeit.

Abbildung 4.12: Solarthermieanlage mit drei Flachkollektoren

4.11 Kühlung mit Wärmepumpen

Raumkühlung über Raumflächen – Fußboden, Wand, Decke

In modernen Gebäuden (Niedrigenergiehaus-Standard oder besser) ist die Kühlung über die Fußbodenheizung mit relativ hohen Temperaturen ohne Weiteres möglich. So können die benötigten Vorlauftemperaturen von ca. 16 °C bis 20 °C durch Flächenkollektoren oder Tiefensonden ohne Kompressorbetrieb (die sog. passive Kühlung) realisiert werden. Bei der Fußbodenkühlung ist jedoch nur eingeschränkt die Regelung der Raumtemperatur zu realisieren, da die Energieabgabe eines Fußbodensystems begrenzt ist. Eine Kühllastberechnung ist zur Abschätzung der Kühlleistung bei Einsatz von Wänden oder Decken zur Raumkühlung empfehlenswert. Der Wärmeübergangskoeffizient (Konvektion und Strahlung) unterscheidet sich für die verschiedenen Flächen bei Heizung und Kühlung (siehe Tabelle 4.5).

Tabelle 4.5: Wärmeübergangskoeffizient, maximale Oberflächentemperaturen und maximale Leistungen in Abhängigkeit von den Zonen

	Wärmeübergangskoeffizient W/m² · K		Oberflächentemperatur °C		Maximale Leistung W/m²	
	Heizung	**Kühlung**	**Max. Heizung**	**Min. Kühlung**	**Heizung**	**Kühlung**
Boden Randzone	11	7	35	20	165	42
Aufenthalt	11	7	29	20	99	42
Wand	8	8	ca. 50	17	160	72
Decke	6	11	ca. 27	17	42	99

Wärmeübergang und deren Einflussfaktoren

Die Wärmeleistung, die bei Kühlung durch den Fußboden vom Raum abgeführt werden kann, wird grundsätzlich vom Wärmeübergang der Raumluft auf die Fußbodenoberfläche und von der Fußbodenoberfläche auf die Rohre im Estrich beeinflusst. Damit haben der Rohrdurchmesser der Rohre, der Verlegeabstand, die Überdeckung der Rohre mit Estrich und das Material des Fußbodenbelages Einfluss auf die spezifische Kühlleistung des Fußbodens. Die meisten Rohre, die heute verwendet werden, sind Kunststoffrohre, bei denen der Unterschied in der Wärmeleitfähigkeit der Materialien kaum Auswirkungen auf den Wärmeübergang hat. Ein größerer Durchmesser der Rohre wirkt sich auf die Kühlleistung jedoch positiv aus.

Einen bedeutenden Einfluss auf die spezifische Kälteleistung hat jedoch der Verlegeabstand der Rohre. Verkleinert man den Verlegeabstand, so wird die Kälteleistung vergrößert, da die mittlere Fußbodenoberflächentemperatur sinkt. Heutige Systeme für Wärmepumpenheizungen mit einem Verlegeabstand von 10 cm sind für Bodenkühlung bestens geeignet. Ein bedeutender Faktor für den Wärmeübergang ist der Bodenbelag (im Unterschied zur Überdeckung mit Estrich). Ein Fußboden mit einem schweren Teppich verringert die Kühlleistung gegenüber einem Fußboden mit Fliesen erheblich (siehe Abbildung 4.13).

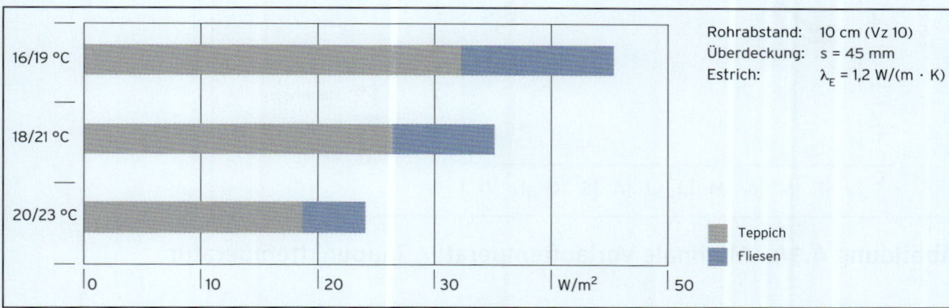

Abbildung 4.13: Wärmeübergang in Abhängigkeit von Temperatur und Bodenbelag

Minimale Vorlauftemperatur, Taupunkttemperatur

Aufgrund der natürlichen Begrenzung der Kühlleistung wird ein Fußbodensystem nicht immer in der Lage sein, die Raumtemperatur auf einen festen Wert zu regeln. Grundsätzlich muss aber auf jene Vorlauftemperatur geregelt werden, die das Risiko der Tauwasserbildung vermeidet. Die Abbildung 4.14 zeigt, dass im Sommer der Feuchtigkeitsanteil der Luft etwas mehr als 9 g/kg Luft erreicht. Bei diesem Wasserdampfgehalt ergibt sich ein Taupunkt von ca. 13 °C (bei einer relativen Luftfeuchte von ca. 55 %). Bei dem Einsatz von Flächensystemen zum Kühlen ist es wichtig, die Oberflächentemperaturen oder Wassertemperaturen zu begrenzen, um Kondensation zu vermeiden. Eine Möglichkeit besteht darin, eine Mindesttemperatur für die Vorlaufwassertemperatur vorzusehen. In vielen Anwendungen werden Flächenheiz-/-kühlsysteme mit einem mechanischen Lüftungssystem kombiniert. Über die Lüftung kann eine Entfeuchtung möglich sein, um Kondensation auszuschließen und damit die Leistung zu erhöhen. Für die Behaglichkeit liegt nach DIN 1946, Teil 2 die obere Grenze des Feuchtegehaltes der Luft bei 11,5 g Wasser/kg trockene Luft. Dies entspricht einem Taupunkt von 16 °C. Mit einer Lüftungsanlage mit Wärmerückgewinnung wird die Einhaltung der Grenze garantiert. Das bedeutet, dass der Taupunkt nicht über 16 °C steigt. Hier

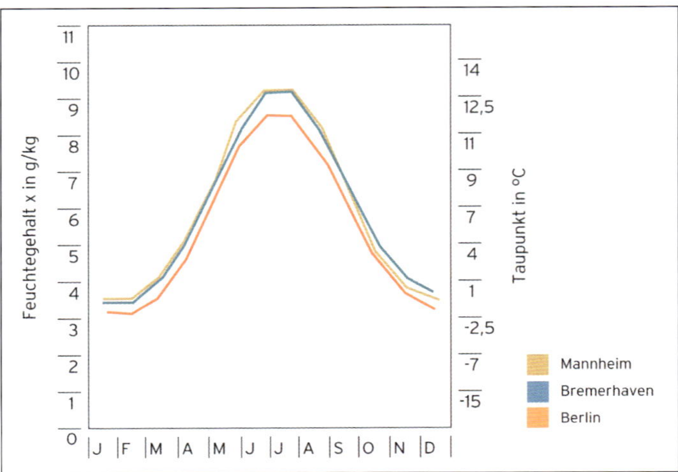

Abbildung 4.14: Minimale Vorlauftemperatur, Taupunkttemperatur

ist keine Kondensation zu erwarten. Ist keine Lüftungsanlage vorgesehen, ist die Luftfeuchtigkeit im Gebäude abhängig von der Außenluftfeuchte und den internen Lasten. Nur sehr wenige Stunden pro Jahr wird die Außenluft-Feuchtigkeit von 13 g/kg (18 °C Taupunkt) überschritten. Bei im Estrich verlegten Rohren ist es möglich, durch eine gewisse Erwärmung des Wassers zwischen Mischer und Verteiler die Vorlauftemperatur um ca. 1 °C bis 2 °C tiefer zu wählen. Hierbei ist es wichtig, alle Stellen von möglicher Kondensation außerhalb des Estrichs zu isolieren. Bei trocken verlegten Systemen soll die Vorlauftemperatur grundsätzlich nicht tiefer als die Taupunkttemperatur sein. Da die absolute Feuchtigkeit in einem Haus in allen Räumen durch die Luftbewegung annähernd gleich ist, genügt es, eine gemeinsame Vorlauftemperatur für alle Räume zu wählen.

Systemlösungen

Als besonders wirtschaftliche und kompakte Lösung bieten sich Wärmepumpen an, die eine Kühlfunktion bereits integriert haben. Sie sind mit allen Komponenten für Heizen, Kühlen und ggf. die Warmwasserbereitung ausgestattet. Sollen zusätzlich die Räume mit einer Raumregelung ausgestattet werden (Raumregler muss für Kühlfunktion geeignet sein), sind eine hydraulische Weiche und eine Heizungsumwälzpumpe zu installieren. Bei ungünstiger Lage kann eine diffusionsdichte Isolierung der hydraulischen Weiche und der Heizkreisverteiler erforderlich sein. Der Einsatz eines konventionellen Pufferspeichers ist aufgrund von Schwitzwasserbildung und Korrosion **nicht** möglich. Wärmepumpen, die nicht mit einer integrierten Kühlfunktion ausgerüstet sind, können mit bauseitigen Komponenten kombiniert werden. Die Auslegung des Wärmetauschers erfolgt auf die mögliche Kühlleistung der Anlage (= ca. Heizleistung der Wärmepumpe) bei den Temperaturen primär 18 °C/21 °C, sekundär 21 °C/18 °C.

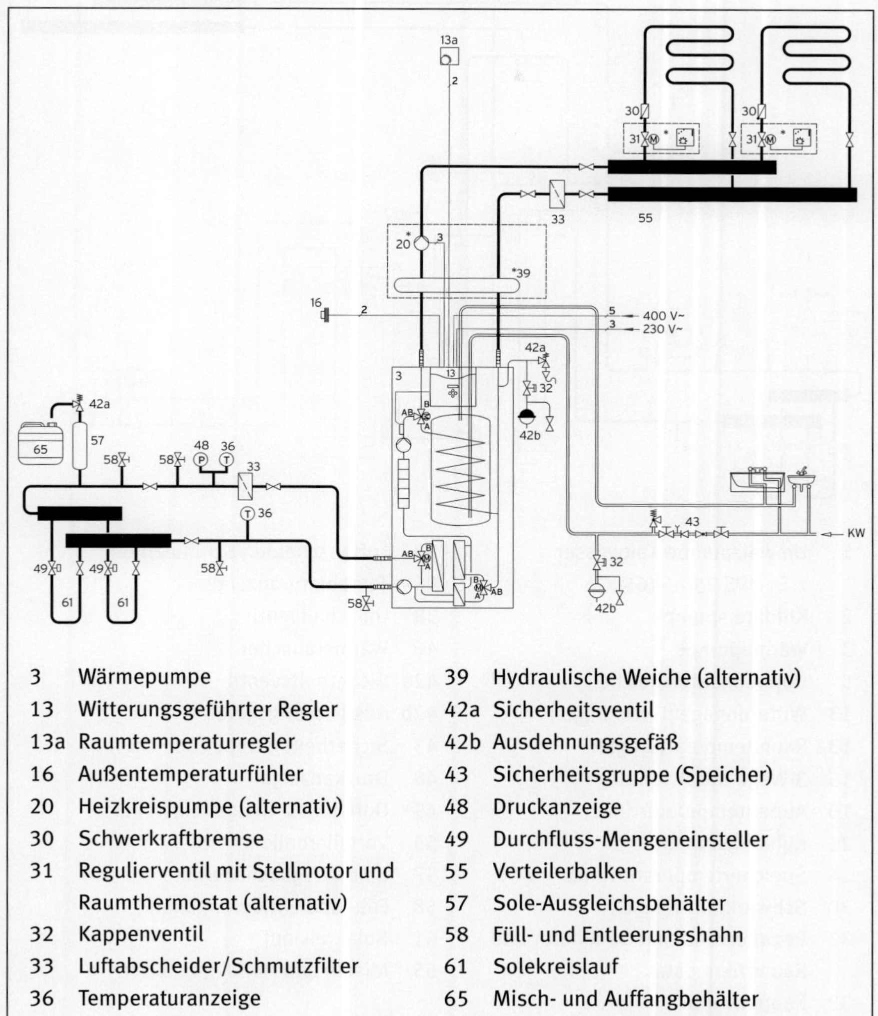

Abbildung 4.15: Wärmepumpe als Kompaktgerät für Heizen, Kühlen und Warmwasserbereitung

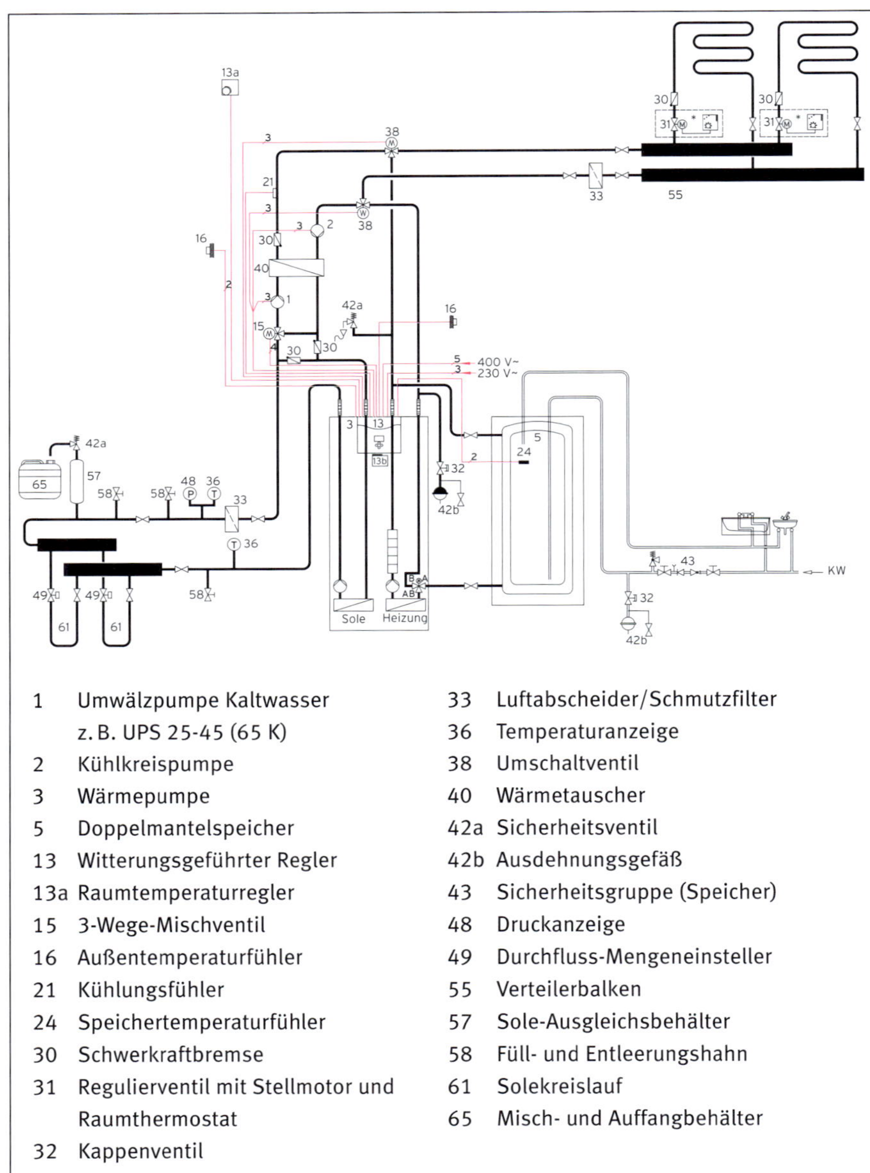

Abbildung 4.16: Wärmepumpe mit hydraulisch extern aufgebauter Kühlung

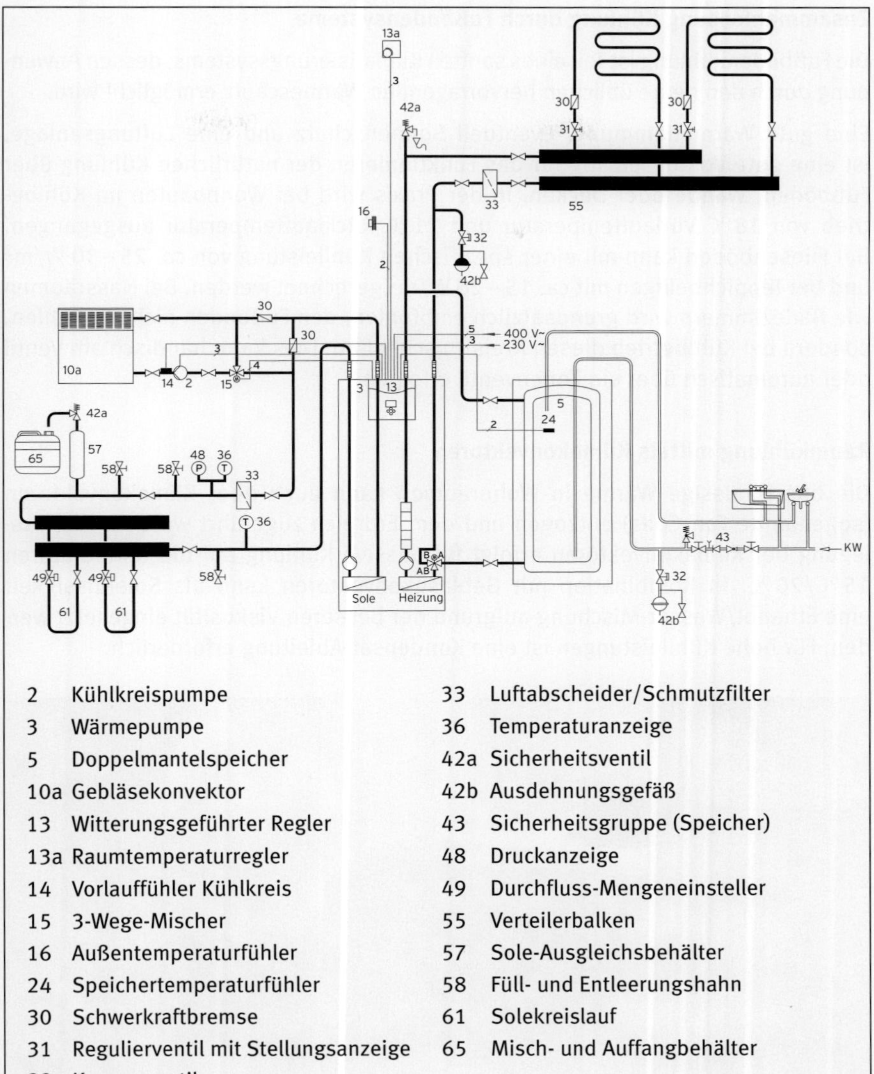

2 Kühlkreispumpe
3 Wärmepumpe
5 Doppelmantelspeicher
10a Gebläsekonvektor
13 Witterungsgeführter Regler
13a Raumtemperaturregler
14 Vorlauffühler Kühlkreis
15 3-Wege-Mischer
16 Außentemperaturfühler
24 Speichertemperaturfühler
30 Schwerkraftbremse
31 Regulierventil mit Stellungsanzeige
32 Kappenventil
33 Luftabscheider/Schmutzfilter
36 Temperaturanzeige
42a Sicherheitsventil
42b Ausdehnungsgefäß
43 Sicherheitsgruppe (Speicher)
48 Druckanzeige
49 Durchfluss-Mengeneinsteller
55 Verteilerbalken
57 Sole-Ausgleichsbehälter
58 Füll- und Entleerungshahn
61 Solekreislauf
65 Misch- und Auffangbehälter

Abbildung 4.17: Wärmepumpe in Kombination mit einer Fußbodenheizung (zum Heizen) und Gebläsekonvektoren (zum Kühlen)

Zusammenfassung Kühlung durch Fußbodensysteme

Die Fußbodenkühlung ist Teil eines sanften Klimatisierungssystems, dessen Anwendung durch den heute üblichen hervorragenden Wärmeschutz ermöglicht wird.

Eine gute Wärmedämmung, eventuell Sonnenschutz und eine Lüftungsanlage, ist eine gute Voraussetzung für das Funktionieren der natürlichen Kühlung über Fußböden, Wände oder Decken. In der Praxis wird bei Wohnbauten im Kühlbetrieb von 18 °C Vorlauftemperatur und 21 °C Rücklauftemperatur ausgegangen. Bei Fliesenböden kann mit einer spezifischen Kühlleistung von ca. 25 – 30 W/m^2 und bei Teppichbelägen mit ca. 15 – 20 W/m^2 gerechnet werden. Bei Nassräumen wie Badezimmern wird grundsätzlich empfohlen, den Fußboden nicht zu kühlen, sondern bei Kühlbetrieb diesen Kreis zu schließen. Dies kann händisch am Ventil oder automatisch über ein Zonenventil erfolgen.

Raumkühlung mittels Klimakonvektoren

Die überschüssige Wärme in Wohnräumen kann auch über Klimakonvektoren (sogenannte Fan Coils) entzogen und dem Erdreich zugeführt werden. Die Auslegung der Klimakonvektoren erfolgt für passive Kühlung auf die Temperaturen 15 °C/20 °C. In Kombination mit Gebläsekonvektoren kann als Soleflüssigkeit eine Ethanol/Wasser-Mischung aufgrund der besseren Viskosität eingesetzt werden. Für hohe Kühlleistungen ist eine Kondensat-Ableitung erforderlich.

Abbildung 4.18: Installationsbeispiel eines Gebläsekonvektors

4.12 Planung der Wärmequellenanlage

Um ein abgestimmtes System, bestehend aus Wärmequelle, Wärmepumpe und Wärmenutzungsanlage, zu erstellen, ist es wichtig, im Vorfeld die Bedürfnisse und wichtige Parameter möglichst genau zu ermitteln. In der nachfolgenden Übersicht werden die wichtigsten Wärmequellen mit Vor- und Nachteilen angegeben. Die einzelnen Wärmequellen-Systeme unterscheiden sich in Effektivität, Kosten, Bauform etc.

Am weitesten Verbreitung findet in Deutschland die Luft/Wasser-Wärmepumpe mit der Wärmequelle Umgebungsluft, gefolgt von der Sole/Wasser-Wärmepumpe in Kombination mit der Erdsonde.

In diesem Kapitel werden die gängigsten Wärmequellen detailliert erläutert (Tabelle 4.6).

Tabelle 4.6: Übersicht von Wärmequellen und ihren Bauformen

Wärmequelle	Wärmeübertrager	Wärmepumpe	Medium Heizungsanlage	Vorteile	Nachteile	Grafik
Erdreich	Erdkollektor	Sole/Wasser-Wärmepumpe	Wasser	– geschlossenes System – Medium ungefährlich (lebensmittelechtes Glykol)	– geringere Wärmekapazität als Grundwasser – passive Kühlung nur eingeschränkt möglich	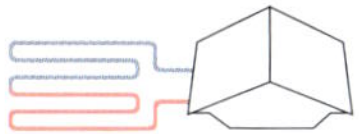
	Erdsonde	Sole/Wasser-Wärmepumpe	Wasser	– geringerer Platzbedarf im Vergleich zum Erdkollektor – sonst Vorteile wie oben	– relativ hohe Bohrkosten – in einigen Ländern Genehmigung schwierig	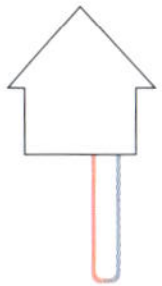
	Kompaktkollektor	Sole/Wasser-Wärmepumpe	Wasser	– geschlossenes System – geringer Platzbedarf – einfache Einbringung	– Estrichtrocknung und gehobener Warmwasserbedarf nicht möglich	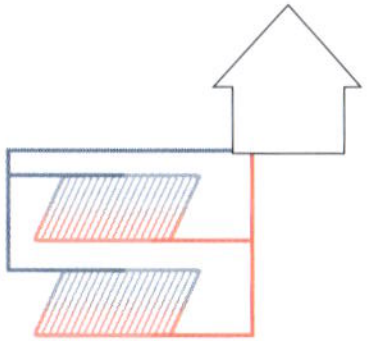
	Grabenkollektor	Sole/Wasser-Wärmepumpe	Wasser	– geringerer Platzbedarf im Vergleich zum Erdkollektor – sonst Vorteile wie oben	– technisch komplizierter Erdaushub (bis zu 3 m tief)	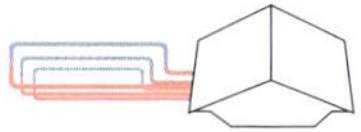
	Energiekörbe	Sole/Wasser-Wärmepumpe	Wasser	– geringer Platzbedarf (10 m^2 pro Korb)	– Zufahrt für einen Bagger muss vorhanden sein – auch ein Energiekorb kann nur zweidimensional die gespeicherte Umweltenergie/Sonne nutzen	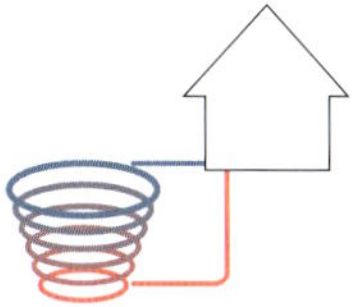

Wärmequelle	Wärmeübertrager	Wärmepumpe	Medium Heizungsanlage	Vorteile	Nachteile	Grafik
Erdreich	Erdpfahl	Sole/Wasser-Wärmepumpe	Wasser	– Gründungspfähle können als Energiepfahl ohne Mehraufwand genutzt werden – keine Zusatzkosten für Bohrungen	– nur möglich, wenn durch unsichere Geologie Gründungspfähle erforderlich sind – Umsetzung nur bei der Errichtung des Hauses möglich	
Wasser	Grundwasser erschlossen über Brunnenanlage	Wasser/Wasser-Wärmepumpe	Wasser	– höchste Effizienz durch konstant hohe Temp. um 10 °C	– offenes System – Gefahr der Verockerung des Schluckbrunnens – Gefahr der Korrosion des Wärmetauschers (Verdampfer)	
	Abwasser über Kanalwärmetauscher	Sole/Wasser-Wärmepumpe	Wasser	– Nutzung von Abwasser mit hohem Temperaturniveau (> 12 °C)	– erhöhter Investitionsaufwand – nur bei Kanälen mit größerer Wassermenge einsetzbar – erhöhter Genehmigungsaufwand	

Wärme-quelle	Wärme-übertrager	Wärmepumpe	Medium Heizungs-anlage	Vorteile	Nachteile	Grafik
Luft	Außenluft	Luft/Wasser-Wärmepumpe	Wasser	– kostengünstig in der Realisation – im Sommer hohe WQ-Temperaturen	– Wärmequellen mit den größten Temperaturschwankungen	
	Außenluft	Luft/Luft-Wärmepumpe	Luft	– kostengünstig in der Realisation – raumweise Beheizung möglich – aktive Kühlung möglich	– große Temperaturschwankungen in der Wärmequelle	
	Abluft	Luft/Wasser-Wärmepumpe	Wasser	– hohe WQ-Temperaturen	– WQ nur in kleinem Leistungsbereich verfügbar – zusätzliche Entfeuchtung möglich	
	Absorber	Sole/Wasser-Wärmepumpe	Wasser	– indirekte Verdampfung über einen Zwischenkreislauf – große Gestaltungsmöglichkeit z. B. Kegel, Fassade, Zaun	– große Temperaturschwankungen in der Wärmequelle	
	Energie-zaun	Sole/Wasser-Wärmepumpe	Wasser	– kein zusätzlicher Platzbedarf, wenn der Zaun als Umfriedung genutzt wird – wird der Energiezaun noch teilweise in Erdreich eingebracht, kann ein Teil der Umweltwärme gespeichert werden	– höhere Temperaturschwankungen als beim Erdkollektor	

4.12.1 Planung einer Erdsondenanlage

Einführung

Für die Gewinnung der Erdwärme haben sich die Erdsonden als ausgereifte und zuverlässige Lösung bewährt (Abbildung 4.19). Dieser Kollektor ist besonders für kleine Grundstücksflächen geeignet, auf denen nicht genügend Platz für die Installation eines Erdkollektors vorhanden ist. Das Rohrsystem der Erdsonde wird über Tiefenbohrungen bis zu ca. 100 m senkrecht in den Boden eingebracht. Bei Bedarf kann die Sondenlänge auf mehrere Bohrungen aufgeteilt werden. Die Erdsonden werden vertikal in das Bohrloch eingebracht. Es können mehrere Sonden kombiniert werden, um eine höhere Entzugsleistung zu erzielen.

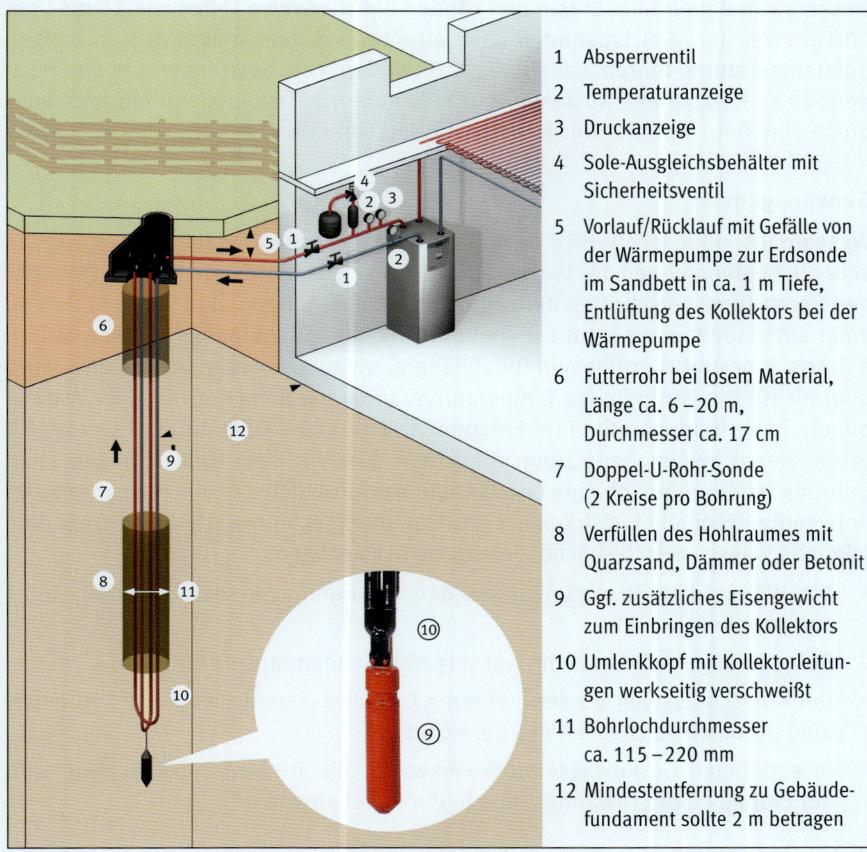

Abbildung 4.19: Schema einer Erdsonde

Grundlegendes

Die Auslegung und Ausführung einer Erdwärmesondenanlage muss gemäß der VDI-Richtlinie 4640 (Thermische Nutzung des Untergrundes) und nach dem Stand der Technik unter Einhaltung der geltenden rechtlichen Vorschriften durchgeführt werden. Bei erdgekoppelten Wärmepumpen ist eine hohe Wärmeleitfähigkeit des Untergrundes erwünscht, um so die Wärme des Erdreiches gut zum Kollektor gelangen zu lassen. Das Wärmetransportvermögen kann im stationären Bereich durch die Wärmeleitfähigkeit λ beschrieben werden (Einheit = W/m·K). Erdsonden erlangen ihre Wärmeenergie durch den geothermischen Wärmestrom (vom Erdinneren zur Oberfläche) und den Grundwasserfluss. Lediglich in einer Tiefe von bis zu 20 m ist der Einfluss der Sonnenstrahlung und des Sicker- bzw. Regenwassers von Bedeutung. Erdsonden können üblicherweise Tiefen von 10 bis über 200 m erreichen. Bei Erdsonden kann eine Unterdimensionierung zu niedrigen Soletemperaturen führen. Langfristig kann dadurch die Soletemperatur von Heizperiode zu Heizperiode absinken. Die Erdsonde friert zunehmend ein und muss durch eine Betriebsunterbrechung regeneriert werden.

Genehmigungen

Wasserhaushaltgesetz (WHG): Beim Bau von thermischen Anlagen im Untergrund sind die Bestimmungen des Wasserhaushaltgesetzes (WHG) und die dazu erlassenen Verwaltungsvorschriften der Länder zu beachten. Durch den Bau und Betrieb einer Erdsondenanlage kann ein erlaubnispflichtiger Benutzungstatbestand nach § 3 Abs. 2 des WHG erfüllt sein (unabhängig, ob auf Grundwasser gestoßen wird oder nicht). Die geringfügige Temperaturveränderung beim Betrieb einer Wärmepumpe in Verbindung mit einer Erdsonde in Ein- und Zweifamilienhäusern stellt in der Regel keinen Benutzungstatbestand dar. Vor dem Niederbringen einer Bohrung ist zu prüfen, ob eine Genehmigung erforderlich ist. Eine Bohranzeige ist notwendig, wenn ein Einwirken auf das Grundwasser zu erwarten ist. Ferner sind folgende wasserwirtschaftliche Ziele zu berücksichtigen:

- Die Wärmeträgerflüssigkeit muss den Anforderungen der VDI 4640, Teil 1 entsprechen.
- Bohrspülungen dürfen keine wassergefährdenden Stoffe enthalten.
- Der Kurzschluss von 2 oder mehreren Grundwasserstockwerken ist zu unterbinden (durch Verpressen des Bereiches).
- In ergiebigen Grundwasserstockwerken für die Trinkwassergewinnung wird der Einbau einer Erdwärmesonde in der Regel abgelehnt.

Bundesberggesetz (BBergG): Für die Aufsuchung und Gewinnung von Erdwärme im Bereich von 0–99 m wird das Bergrecht nicht angewendet. Gegebenenfalls greift hier das WHG (siehe Absatz oben). Ab 100 m sind die Bestimmungen des BBergG für das Aufsuchen und Gewinnen von Erdwärme anzuwenden. Einzelne Bundesländer wie Bayern, Baden-Württemberg, NRW, Hessen und Rheinland-Pfalz haben Leitfäden zur Nutzung der Erdwärme mit Wärmepumpen herausgebracht, um eine Vereinfachung der Genehmigung zu erzielen.

Sondenmaterial

Für Erdsonden und Rohrleitungen im Untergrund sind Kohlenwasserstoff-Polymere wie Polyethylen (PE), Polypropylen (PP) oder Polybutylen als Material nach DIN 8074/8075 zu wählen.

Wärmeträgermedium

Wärmeträgermedien dürfen im Fall einer Leckage keine Verschmutzung des Grundwassers oder des Bodens nach sich ziehen. Es sollten Substanzen gewählt werden, die ungiftig und biologisch abbaubar sind. Nach der Verordnung über Anlagen zum Umgang mit wassergefährdenden Stoffen AwSV 04/2017 dürfen nur noch nicht wassergefährdende Stoffe oder Gemische der Wassergefährdungsklasse 1, deren Hauptbestandteile Ethylen- oder Propylenglykol sind, verwendet werden. Wärmeträger, die diese Anforderung erfüllen, sind in der sogenannten Positivliste der Bund/Länder-Arbeitsgemeinschaft Wasser (LAWA) aufgeführt. Zusätzlich werden nur Wärmeträger in dieser Liste aufgeführt, die Additive der WGK 1 mit weniger als 3 Massenprozent enthalten. Im Sicherheitsdatenblatt des jeweiligen Stoffes ist diese Eingruppierung aufgeführt. Folgende Frostschutzmittel sind gebräuchlich:

– Ethandiol (als Synonym wird häufig Ethylenglykol verwandt, $C_2H_6O_2$)
– 1,2-Propandiol (als Synonym wird häufig Propylenglykol verwandt, $C_3H_8O_2$)
– Ethanol (als Synonym wird häufig Äthylalkohol verwandt, C_2H_5OH)

Das von Vaillant in den Ländern Deutschland, Österreich und Schweiz verwendete Frostschutzmittel 1,2-Propylenglykol wird mit Wasser im Verhältnis 1 : 2 gemischt und weist dann einen Frostschutz bis –15 °C auf. Die Mischung mit einem anderen Frostschutzmittel auf 1,2-Propylenglykol-Basis stellt kein Problem dar. Die Mischung mit einem Ethylenglykol darf nicht vorgenommen werden, da die Frostschutzgrenze nicht mehr prüfbar ist.

Auslegung

Die Temperatur der Soleflüssigkeit, die zur Wärmepumpe geleitet wird, sollte eine Temperaturänderung von +/–11 K gegenüber der ungestörten Erdreichtemperatur nicht überschreiten. Der Einfluss der Erdsonden auf das umgebende Erdreich ist dann gering.

Berechnung der Gesamtheizleistung

Gesamtheizleistung (kW) = Heizleistung Objekt (kW) + Zuschlag Warmwasser (kW)

Berechnung der Kälteleistung (Wärmepumpen-Verdampferleistung)

Kälteleistung (kW) = Gesamtheizleistung – elektrische Leistung Kompressor

Gesamtbohrtiefe

Gesamtbohrtiefe (m) = Kälteleistung (W)/spez. Entzugsleistung (W/m)

Anzahl der Tiefenbohrungen

Anzahl der Tiefenbohrungen = Gesamtbohrtiefe (m)/max. Bohrtiefe (m)

Gesamte Solerohrlänge

Solerohrlänge (m) = Gesamtbohrtiefe (m) × 4
(Berechnung beruht auf der Verwendung von Doppel-U-Rohr-Sonden)

Verteiler-/Sammlergröße

Verteiler-/Sammlergröße = 2 × Anzahl Tiefenbohrungen

Tabelle 4.7: Wärmeentzugsleistungen der verschiedenen Bodenklassen

Bodenbeschaffenheit	Spezifische Entzugsleistung (W/m)	
	für 1800 h	für 2400 h
Trockenes Sediment	25 W/m	20 W/m
Normales wassergesättigtes Sediment	60 W/m	50 W/m
Mittelwert normales Sediment	50 W/m	40 W/m
Kies, Sand trocken	< 25 W/m	< 20 W/m
Kies, Sand wasserführend	65–80 W/m	55–65 W/m
Ton, Lehm feucht	35–50 W/m	30–40 W/m
Kalkstein	55–70 W/m	45–60 W/m
Sandstein	65–80 W/m	55–65 W/m
Granit	65–85 W/m	55–70 W/m
Basalt	40–65 W/m	35–55 W/m
Gneis	70–85 W/m	60–70 W/m

Die Angaben beruhen auf folgenden Voraussetzungen:

- Abstand zwischen zwei Erdsonden mindestens 5 m
- Kollektor als Doppel-U-Rohr-Sonde aufgebaut
- Max. Tiefe der Erdsonde ist 100 m
- Die Werte können durch Klüftung, Verwitterung etc. schwanken
- Werte beruhen auf einer Leistungszahl von 4

(Geo)Thermal Response Tests (GRT, TRT)

Um einen Thermal Response Test durchzuführen, ist eine sog. Pilotbohrung zu erstellen, die möglichst die gleiche Tiefe wie das spätere Feld aufweist. Die Sonde in dieser Pilotbohrung ist später problemlos mitzunutzen. Mit GRT-Modulen, die eine Umwälzpumpe, einen Wärmeerzeuger, Volumen- und Temperatursensoren und einen Datenlogger beinhalten, wird zunächst ein Fluid (in der Regel Wasser) bis zur ungestörten Untergrundtemperatur durch die Sonde gepumpt. Danach wird das Fluid durch den Wärmeerzeuger erwärmt und durch die Sonde gepumpt. Das Fluid gibt dabei Wärmeenergie an das Erdreich ab, die Temperatur des abgekühlten Fluids wird im GRT-Modul erfasst und gespeichert.

Der Test gibt Aufschlüsse über die mittlere Wärmeleitfähigkeit, die Untergrundtemperaturen und den Bohrlochwiderstand. Die Messungen sollten über mindestens 3 Tage laufen und bilden die Grundlage für die Planung von Erdwärmesondenfeldern.

Durch den Thermal Response Test kann sehr genau die benötigte Bohrmetertiefe ermittelt werden, wodurch eine präzise Kostenaufstellung realisiert werden kann (Abbildung 4.20).

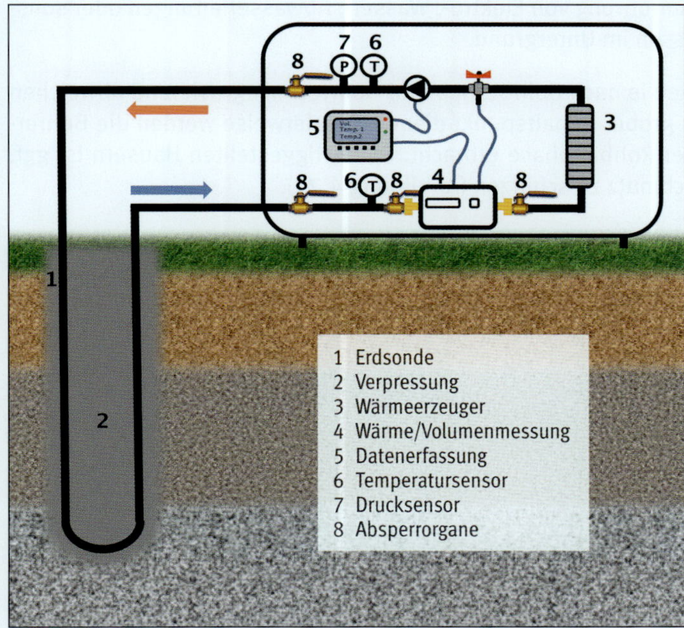

Abbildung 4.20: Geothermal Response Test

Bohrarbeiten

Der ausführende Bohrfachbetrieb sollte nach DVGW Arbeitsblatt W 120 qualifiziert sein. Die Planung sollte in Zusammenarbeit mit dem Auftraggeber erfolgen. Das Bohrunternehmen erstellt einen Durchführungsplan, in dem alle Genehmigungen und Einschränkungen festgehalten werden. Folgende Vorkehrungen sollten zur Einrichtung der Baustelle getroffen werden:

- Zufahrt für das Bohrgerät sollte befestigt sein und der Schwenkradius berücksichtigt werden.
  Überschlägig benötigte Zufahrtsbreite für das Bohrgerät:
  Mindestens 1,5 m für kleine Raupenfahrzeuge.
  Mindestens 2,5 m für Lkw-Bohrgerät.
- Platzbedarf für Bohrgerät, ggf. Spülteich oder Spülwanne und restliches Material:
  Mindestens 6 m × 5 m bei kleinen Raupenfahrzeugen.
  Mindestens 8 m × 5 m bei Lkw-Bohrgeräten.
- 400-V-Elektroanschluss
- Kaltwasseranschluss
- Lageplan mit Aufführung von Elektro-, Wasser-, Abwasserleitungen oder sonstigen Hindernissen im Untergrund.

Die Angaben können je nach Bohrbetrieb und Bohrtechnik gravierend abweichen und sollen nur als grober Anhaltspunkt dienen. Idealerweise werden die Bohrarbeiten während der Rohbauphase erbracht. Bei fertiggestellten Häusern ist ggf. das Haus gegen Schmutz zu schützen (Abbildung 4.21).

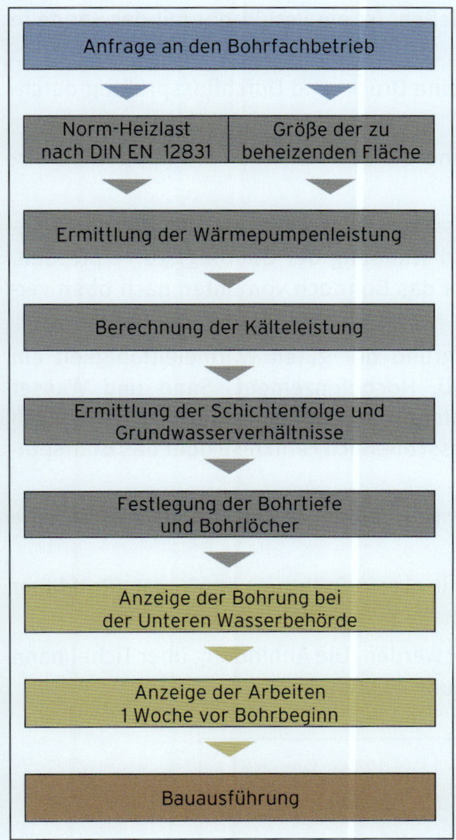

Abbildung 4.21: Vorgehensweise beim Erstellen einer Erdsonde

Einbau der Sonde

Die Erdsonde und deren Vor- und Rücklauf sind von Wasser-, Abwasser- und anderen Versorgungsleitungen in mindestens 70 cm Abstand zu verlegen. Bei Kreuzung von Versorgungsleitungen ist das Kollektorrohr im Bereich der Kreuzung zu isolieren. Erdwärmesonden werden vorgefertigt zur Baustelle geliefert und sollten mit größter Sorgfalt gehandhabt werden, um eine Beschädigung zu vermeiden. Folgende Punkte sind darüber hinaus zu beachten:

- Um das Einbringen der Sonde zu erleichtern, ist sie vorher mit Wasser zu befüllen.
- Über geeignete Vorrichtungen (Haspel etc.) ist die Sonde ohne Kraft in das Bohrloch zu verbringen.

- Um den Ringspalt schlüssig zu schließen, ist ein Verfüllrohr mit der Sonde in das Bohrloch einzubringen.
- Nach der Einführung der Sonde ist eine Druck- und Durchflussprüfung durchzuführen.
- Vor der Verfüllung des Bohrlochs sind die Sondenenden mit Kappen zu verschließen.
- Um einen einwandfreien Wärmefluss sicherzustellen, ist der Bohrlochringraum (Freiraum zwischen Sonde und Wandung der Bohrung) zu verpressen. Dabei kann mittels des Verfüllrohres das Bohrloch von unten nach oben verpresst werden.
- Als Verfüllsuspension hat sich aufgrund der guten Wärmeleitfähigkeit ein Gemisch aus Bentonit (Tonmineral), Hochofenzement, Sand und Wasser bewährt. Je nach Eigenschaft des Untergrundes können als Zusätze aber auch Quarzmehl, Quarzsand oder auch ausschließlich Feinkiese oder das Bohrspülgut zum Einsatz kommen.
- Tritt das Verfüllmaterial aus dem Bohrlochmund, ist dies das Zeichen für eine vollkommene Verfüllung.
- Die Funktionsdruckprüfung sollte mit einem Prüfdruck von 6 bar (Prüfdauer 60 min, Vorbelastung 30 min, maximaler Druckabfall 0,2 bar) erfolgen.
- Alle Kreise sollten parallel geschaltet werden. Die Anbindung über Tichelmann oder Verteiler/Sammler ist in Abbildung 4.32 dargestellt.

Abbildung 4.22: Schema von Doppel-U-Rohr-Sonden

Formblatt zur Dimensionierung einer Erdsonde

Projekt:

Norm Heizlast nach DIN EN 12831:

Zuschlag VNB (EVU) Sperrzeiten: ☐ kW

Zuschlag Warmwasser: ☐ kW

Gesamtheizleistung: ☐ kW

Kälteleistung: ☐ kW

Erforderliche Gesamtbohrtiefe:

Bodenverhältnisse	Spezifische Entzugsleistung für 1800 h		für 2400 h	
Trockenes Sediment	25 W/m	☐	20 W/m	☐
normales, wassergesättigtes Sediment	60 W/m	☐	50 W/m	☐
Mittelwert normales Sediment	50 W/m	☐	40 W/m	☐

Hinweis: Die maximale Bohrtiefe ist 100 m. Es besteht die Möglichkeit, die einzelnen Bohrungen parallel zu schalten.

Gesamtbohrtiefe (m) = Kälteleistung (W) / spez. Entzugsleistung (W/m)

Ergebnis: ______

Anzahl der Tiefenbohrungen:

Anzahl der Tiefenbohrungen = Gesamtbohrtiefe (m) / max. Bohrtiefe (m)

Ergebnis: ______ gewählt ______ Kreise a ______ m

Gesamte Solerohrlänge

Solerohrlänge (m) = Gesamtbohrtiefe (m) * 4

Ergebnis: ______

(Die Berechnung beruht auf der Verwendung von Doppel-U-Rohr-Sonden)

Bedarf Soleflüssigkeit

Bedarf für Erdsonde

Rohr*		Soleflüssigkeit
25 x 2,3 mm*	☐	0,327 l/m
32 x 2,9 mm*	☐	0,539 l/m
40 x 3,7 mm*	☐	0,835 l/m
50 x 4,6 mm*	☐	1,307 l/m

Bedarf für Verteiler/Sammler

Verteiler/Sammler		Soleflüssigkeit***
4/5 fach	☐	3 l**
6/7 fach	☐	5 l*
8/9 fach	☐	7,5 l**

Bedarf für Anbindeleitung Verteiler/Sammler - Wärmepumpe

Verteileranbindung		Soleflüssigkeit**
bis 15 m	☐	40 l**
16 - 20 m	☐	80 l**

Bedarf Soleflüssigkeit (l) = gesamte Solerohrlänge (m) * Soleflüssigkeit (l/m) + Verteiler/Sammlerinhalt + Bedarf Anbindeleitung

Ergebnis: ______

* Rohrmaterial bezogen auf PE-HD, PE 100, PN 16, SDR 11

** Die Angaben beziehen sich auf eine Verteile/Sammler Kombination

*** Die Angaben beziehen sich auf eine Vorlauf- Rücklaufleitung

Abbildung 4.23: Formblatt zur Dimensionierung einer Erdsonde

4.12.2 Planung einer Erdkollektoranlage

Einführung

Der Erdkollektor besteht aus einem Rohrsystem, das großflächig ca. 20 cm unterhalb der Frostgrenze verlegt wird. Das Rohrsystem wird in 1,0–1,4 m Tiefe verlegt. In dieser Tiefe herrschen das ganze Jahr über relativ konstante Temperaturen von 5–15 °C. Der Kollektor eignet sich besonders für Häuser mit einer ausreichend großen Grundstücksfläche. Die Wärmeentzugsleistung ist abhängig von der Bodenbeschaffenheit. Je feuchter der Boden, desto höher ist diese Leistung. Hier dargestellt ist ein System mit zwei Kreisen. Mehrere Kreise werden nötig, wenn mit nur einem Kreis die maximale Solerohrlänge überschritten wird (Abbildung 4.24).

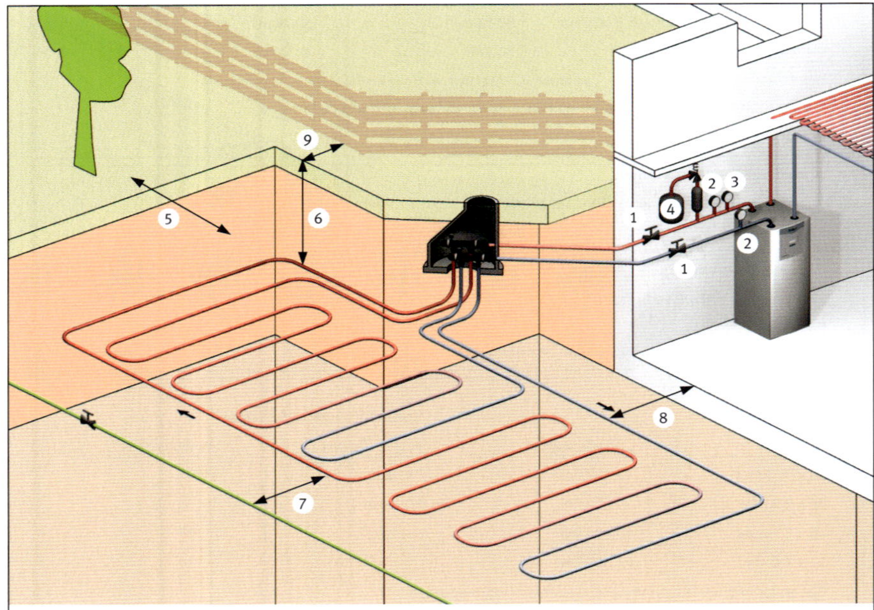

1 Absperrventil
2 Temperaturanzeige
3 Druckanzeige
4 Sole-Ausgleichsbehälter mit Sicherheitsventil
5 0,5 m Abstand zum äußeren Rand der Baumkrone
6 1,0 m–1,4 m Verlegetiefe
7 1,5 m Abstand zu Trink-, Schmutz- und Regenwasserleitungen
8 1,5 m Abstand zu Gebäudefundamenten
9 1 m Abstand zu Zaunfundamenten und Ähnlichem

Abbildung 4.24: Schema eines Erdkollektors

Grundlegendes

Bei korrekter Dimensionierung von Erdkollektoren sind die Einflüsse auf das umgebende Erdreich sehr gering. Die Abkühlung durch den Betrieb der Wärmepumpe ist nur vorübergehend. Im Sommer sind die Temperaturen identisch mit denen des unbeeinflussten Erdreiches (überwiegender Einfluss der Sonneneinstrahlung und Sickerwasser). Bei erdgekoppelten Wärmepumpen mit Erdkollektor kann eine Unterdimensionierung zu örtlich begrenzten negativen Auswirkungen auf die Vegetation führen. Eine kleinere Jahresarbeitszahl β ist die Folge. Im Extremfall kann die untere Einsatzgrenze der Wärmepumpe erreicht werden. Ein richtig dimensionierter Erdkollektor ist für einen störungsfreien Betrieb deshalb von äußerster Wichtigkeit. Im Allgemeinen sind die Kosten zur Erstellung des Erdkollektors günstiger als die Kosten zur Erschließung einer Erdsonde.

Genehmigungen

Durch den Bau und Betrieb einer Wärmepumpe mit Erdkollektor kann in Ausnahmefällen ein erlaubnispflichtiger Benutzungstatbestand erfüllt sein. Eine Anzeige nach WHG in Verbindung mit der landesrechtlichen Regelung kann erforderlich sein. Arbeiten, die über eine bestimmte Tiefe hinausgehen, können durch die Länder überwacht werden. In der Regel ist der Bau eines Erdkollektors jedoch nicht anzeigepflichtig. Ferner sind folgende wasserwirtschaftliche Ziele zu berücksichtigen:

- Die Wärmeträgerflüssigkeit muss den Anforderungen der VDI 4640, Teil 1 entsprechen.
- Auch wenn der Erdkollektor im Grundwasserbereich installiert wird, kann dem Einbau zugestimmt werden.

Kollektormaterial

Siehe Erläuterungen Sondenmaterial Erdsonde.

Wärmeträgermedium

Siehe Erläuterungen Wärmeträgermedium Erdsonde.

Auslegung

Für Wärmepumpen kann in einfachen Fällen mit Wärmepumpen-Betriebszeiten von 1800 – 2400 h gerechnet werden. Wird die Warmwasserbereitung durch die Wärmepumpe realisiert, so muss dies durch den Zuschlag Warmwasser berücksichtigt werden.

Berechnung der Gesamtheizleistung

Gesamtheizleistung (kW) = Heizleistung Objekt (kW) + Zuschlag Warmwasser (kW)

Verlegefläche

Verlegefläche (m^2) = Gesamtheizleistung (kW) × Verlegefaktor (m^2/kW)

Solerohrlänge

Gesamte Solerohrlänge = Verlegefläche (m^2)/Verlegeabstand (m)

Solekreisläufe

Anzahl der Solekreisläufe = gesamte Solerohrlänge (m)/max. Kreislänge (m)

Beim Rohrtyp 25 × 2,3 mm ist die maximale Kreislänge 100 m, beim Rohrtyp 32 × 2,9 mm und 40 × 3,7 mm ist die maximale Kreislänge 200 m.

Tabelle 4.8: Verlegeabstand im Verhältnis zur Beschaffenheit des Erdreiches

Bodenbeschaffenheit	Verlegeabstand	Rohrdimension
trockenes Erdreich	0,5 m	DA 25
normales Erdreich	0,7 m	DA 32
feuchtes Erdreich	0,8 m	DA 40

Tabelle 4.9: Verlegefaktor im Verhältnis zur Bodenbeschaffenheit

Bodenbeschaffenheit	Verlegefaktor	Entzugsleistung
Mittelwert: bindiger Boden mit Restfeuchtegehalt	25 m^2/kW	30 W/m^2
Trockener, nicht bindiger Boden	75 m^2/kW	10 W/m^2
Bindiger Boden, feucht	25 m^2/kW	20–30 W/m^2
Wassergesättigter Sand, Kies	20 m^2/kW	40 W/m^2

Die Angaben beruhen auf folgenden Voraussetzungen (in Anlehnung an die VDI 4640):

- 1800 Jahresbetriebsstunden
- Arbeitszahl der Wärmepumpenanlage von 4
- Der Erdkollektor darf nicht überbaut sein.
- Die Oberfläche über dem Erdkollektor darf nicht versiegelt sein.
- Verlegetiefe im Bereich 1,0 –1,4 m

Verlegung des Erdkollektors (Abbildung 4.25)

- Die erforderliche Verlegefläche ergibt sich aus der berechneten Heizleistung und Zuschlägen des Objektes und nicht nach der Heizleistung der Wärmepumpe.
- Bei einem Erdaushub mit Gestein ist der Kollektor in ein Sandbett einzubringen, um eine Beschädigung zu vermeiden.
- Alle Kreise gleich lang wählen bzw. bei ungleicher Länge Strangregulierventile (Tacosetter) einsetzen.
- Bei Hanglage muss am höchsten Punkt im Kreis eine Entlüftung vorgesehen werden.
- Der Verlegeabstand der Vorlauf-/Rücklaufleitung von der Wärmepumpe zum Schacht für den Verteiler/Sammler sollte mindestens 70 cm betragen.
- Die Bepflanzung kann, von tiefwurzelnden Bäumen abgesehen, normal erfolgen.
- Wegen der Schwitzwasserbildung sind alle Bauteile korrosionsfest auszulegen und wenn möglich außerhalb der Gebäudehülle zu installieren.
- Alle Kreise sollten parallel geschaltet werden. Die Parallelanbindung ist in Abbildung 4.32 dargestellt.
- Die Befüllung der Kollektoranlage darf nur mit dem fertig gemischten Wärmeträgermedium vorgenommen werden.
- Die Kreise sind einzeln bis zur kompletten Blasenfreiheit über ein offenes Gefäß zu spülen (siehe hierzu auch zur Befülleinrichtung der Wärmepumpe in Kapitel 5.6).

Abbildung 4.25: Verlegung eines Erdkollektors

Bei überschlägiger Auslegung mit einer Entzugsleistung des Erdreiches von 25 W/m² kann mit Tabelle 4.10 geplant werden. Die Pakete für den Kollektor werden hier beispielhaft vom Hersteller Haka Gerodur dargestellt.

Tabelle 4.10: Kombination von Vaillant-Wärmepumpen geoTHERM mit Erdkollektoren von Haka Gerodur bei einem Verlegeabstand von 0,5 bzw. 0,7 m. Die Kühlfunktion bei Erdkollektoren ist im Vergleich zu Erdsondenanlagen geringer.

Angaben aus Projektierungshandbuch von Vaillant GmbH, D-Remscheid								GERODUR MPM		
WP Typ	**Heizleistung kW**	**Kälteleistung kW**	**Kollektor mm**	**Verlegeabstand m**	**Entzugsleistung W/m²**	**Min. Fläche m²**	**Anz. Kreise (à 100m)**	**KIT Outside Art. Nummer**	**Anz. Kreise (à 150m)**	**KIT Outside Art. Nummer**
VWS 61/62/63	5,9	4,5	DE 25 × 2.3	0,5	25	180	4	06,8344	3	06,8343F
VWS 81/82/83	8	6,1	DE 25 × 2.3	0,5	25	244	5	06,8345	4	06,8344F
VWS 101/102/103/2	10,4	8	DE 25 × 2.3	0,5	25	320	7	06,8347	5	06,8345F
VWS 141/2	13,8	10,6	DE 25 × 2.3	0,5	25	424	9	06,8349	6	06,8346F
VWS171/2	17,9	13,2	DE 25 × 2.3	0,5	25	528	–	–	8	06,8348F
VWS 61/62/63/2	5,9	4,5	DE 32 × 2.9	0,7	25	180	3	06,8355	-	–
VWS 81/82/83/2	8	6,1	DE 32 × 2.9	0,7	25	244	4	06,8356	3	06,8355F
VWS 101/102/103/2	10,4	8	DE 32 × 2.9	0,7	25	320	5	06,8357	4	06,8356F
VWS 141/2	13,8	10,6	DE 32 × 2.9	0,7	25	424	7	06,8359	5	06,8357F
VWS 171/2	17,9	13,2	DE 32 × 2.9	0,7	25	528	8	06,8360	6	06,8358F

Durch die Benutzung der Kupplung ist es möglich, zwei Systeme miteinander zu verbinden und den Kollektor zu vergrößern.

Formblatt zur Dimensionierung eines Erdkollektors

Projekt: ____

____

Norm Heizlast nach DIN EN 12831:

Zuschlag VNB (EVU) Sperrzeiten: ☐ kW

Zuschlag Warmwasser: ☐ kW

Gesamtheizleistung: ☐ kW

Erforderliche Verlegefläche:

Bodenbeschaffenheit	Verlegefaktor	Entzugsleistung
Mittelwert: bindiger Boden mit Restfeuchte	25 m² / kW	30 W/m²
Trockener, nicht bindiger Boden	75 m² / kW	10 W/m²
Bindiger Boden, feucht	25 m² / kW	20 - 30 W/m²
Wassergesättigter Sand, Kies	20 m² / kW	40 W/m²

Erforderliche Verlegefläche A (m²) = Gesamtheizleistung (kW) x Verlegefaktor m²/kW

Ergebnis: ____

Erforderliche gesamte Solerohrlänge

Bodenverhältnisse	Verlegeabstand	Rohrdimension
Trockenes Erdreich	0,5 m	25 x 2,3 mm*
Normales Erdreich	0,7 m	32 x 2,9 mm*
Feuchtes Erdreich	0,8 m	40 x 3,7 mm*

Gesamte Solerohrlänge (m) = Verlegefläche A (m²) / Verlegeabstand (m)

Ergebnis: ____

Anzahl der Solekreisläufe (Verteilergröße)

Anzahl der Solekreisläufe**** (Stk.) = Solerohrlänge (m) / max. Kreislänge (m)

Ergebnis: ____

Beim Rohrtyp 25 x 2,3 mm* ist die max. Kreislänge 100m,
beim Rohrtyp 32 x 2,9 mm* ist die max. Kreislänge 200m.

Bedarf Soleflüssigkeit

Bedarf für Erdsonde

Rohr*		Soleflüssigkeit
25 x 2,3 mm*	☐	0,327 l/m
32 x 2,9 mm*	☐	0,539 l/m
40 x 3,7 mm*	☐	0,835 l/m
50 x 4,6 mm*	☐	1,307 l/m

Bedarf für Verteiler/Sammler

Verteiler/Sammler		Soleflüssigkeit***
4/5 fach	☐	3 l**
6/7 fach	☐	5 l*
8/9 fach	☐	7,5 l**

Bedarf für Anbindeleitung Verteiler/Sammler - Wärmepumpe

Verteileranbindung		Soleflüssigkeit**
bis 15 m	☐	40 l**
16 - 20 m	☐	80 l**

Bedarf Soleflüssigkeit (l) = gesamte Solerohrlänge (m) * Soleflüssigkeit (l/m) + Verteiler/Sammlerinhalt + Bedarf Anbindeleitung

Ergebnis: ________________

* Rohrmaterial bezogen auf PE-HD, PE 100, PN 16, SDR 11

** Die Angaben beziehen sich auf eine Verteile/Sammler Kombination

*** Die Angaben beziehen sich auf eine Vorlauf- Rücklaufleitung

**** Bei Kommawerten ist aufzurunden

Abbildung 4.26: Formblatt zur Dimensionierung eines Erdkollektors

4.12.3 Planung eines Kompaktkollektors

Einführung

Der Kompaktkollektor ist eine platzsparende Lösung, um die Wärmequelle Erdreich zu erschließen. Er besteht aus mehreren Kollektormatten, die horizontal in das Erdreich eingebracht werden. Die einzelnen Kollektormatten werden über eine Verteiler/Sammler-Kombination parallel verschaltet. Das System wird dabei ca. 20 cm unterhalb der Frostgrenze in 1,2 – 1,5 m Tiefe verlegt. Dieses System wird mittlerweile von einigen Anbietern als komplettes Set angeboten (Abbildung 4.27).

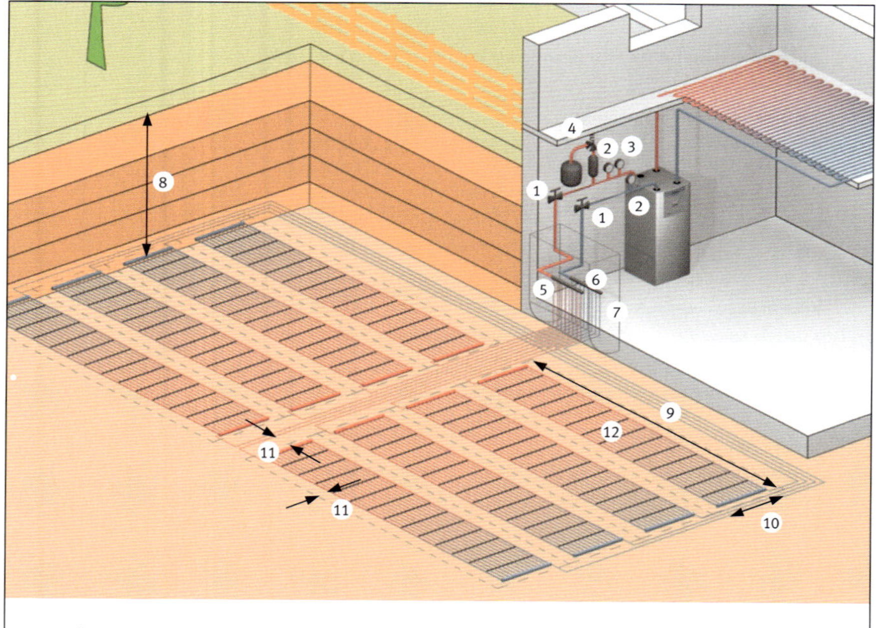

1 Absperrventil
2 Temperaturanzeige
3 Druckanzeige
4 Sole-Ausgleichsbehälter
5 Sammler
6 Verteiler
7 Lichtschacht
8 Verlegetiefe 20 cm unter der Frostgrenze in 1,2 m – 1,5 m
9 Kollektormattenlänge 6 m
10 Kollektormattenbreite 1 m
11 Sicherheitsabstände
12 Kollektormatte

Abbildung 4.27: Schema eines Kompaktkollektors

Wichtig: Bei der Planung und Installation sind unbedingt die Angaben des Herstellers zu beachten, da ansonsten die Einsatzgrenzen dieser Sonderanwendung eines Erdwärmekollektors überschritten werden können.

Grundlegendes

Bei Wärmepumpenanlagen mit kleinen Grundstücken bietet sich die Möglichkeit, den Kompaktkollektor als platzsparende Lösung einzusetzen. Um hierbei eine monovalente/monoenergetische Betriebsweise der Wärmepumpe zu ermöglichen, müssen die vom Hersteller ausgelegten Systemkomponenten vollständig und fachgerecht installiert werden. Ein Kompaktkollektor hat gegenüber dem Erdkollektor folgende Vorteile:

- Geringerer Platzbedarf (Grundfläche)
- Weniger Erdbewegungen
- Geringere Kosten (im Vergleich zu Erdsonde oder Erdkollektor)
- Eigene Umsetzung durch den Fachhandwerksbetrieb möglich
- Besondere Eignung findet diese Technik im Niedrigenergiehaus (NEH) oder Passivhaus mit Flächenheizsystemen.

Für folgende Anwendungen ist der Kompaktkollektor ungeeignet:

- Hochheizen und Trockenheizen des Estrichs bzw. des Gebäudes (für Bautrocknungsprozesse muss ein alternativer Wärmeerzeuger eingesetzt werden)
- Anwendung in trockenem und/oder sandigem Erdreich
- Radiatorsysteme mit einer Vorlauftemperatur > 50 °C
- Schwimmbadbeheizung
- alle Hochtemperaturprozesse

Genehmigungen

Für den Kompaktkollektor gelten die gleichen Aussagen wie für den Bau und Betrieb eines Erdkollektors (siehe Kapitel 4.12.2).

Kollektormaterial

Als Material wird Polypropylen eingesetzt.
Länge (L): 6000 mm
Breite (B): 1000 mm
Austauschfläche: 8,142 m^2
Wasserinhalt: 4 l/m^2
Betriebsdruck max.: 20 bar
Der Kollektor wird durch Muffenschweißen mit dem Vorlauf/Rücklauf verbunden.

Auslegung

Der Kompaktkollektor kann für die Wärmepumpen bis 10 kW Heizleistung eingesetzt werden. Bei größerer Heizleistung der Wärmepumpe werden die Druckverluste in den Kollektormatten zu groß.

Tabelle 4.11: Auswahltabelle Wärmepumpen (Vaillant) mit Zuordnung der Kollektorsets (Vaillant)

Wärmepumpentyp	Heizleistung[1]	Kollektorset	Anzahl Abgänge Verteiler/Sammler	Anzahl der Matten	Platzbedarf
VWS 62/2, 61/2	5,9 kW	VWZ KK 8	8	8	ca. 115 m^2
VWS 82/2, 81/2	8,0 kW	VWZ KK 8	8	8	ca. 115 m^2
VWS 102/2, 101/2	10,4 kW	VWZ KK 10	12	12	ca. 170 m^2

[1] B0/W35 bei ΔT = 5 K nach EN 14511

Verlegung des Kompaktkollektors (Abbildung 4.28)

Der Boden der Verlegefläche ist einzusanden, um den Kollektor gegen Beschädigung (z. B. durch scharfkantige Steine) zu schützen. Die einzelnen Kollektormatten werden vor Ort mittels Muffenschweißverfahren an die Verteiler/Sammler-Kombination angeschlossen. Vor dem Verfüllen des Kollektorfeldes sind die Kollektoren mit einer dünnen Sandschicht zu überdecken. Angaben über Abstände, Bodenverhältnisse, Bezug etc. sind der Verlegeanleitung des Herstellers zu entnehmen.

Hydraulik

Jede einzelne Matte wird an den Verteiler angeschlossen und muss hydraulisch mittels Durchflussmengenregler abgeglichen werden. Für die Versorgungsleitungen vom Verteiler zur Wärmepumpe kann als Material Polyethylen verwendet werden. Die jeweilige Länge ist großzügig zu dimensionieren. Die Verteilergröße ist bei einem 8er-Kollektormattenfeld DA 40 und bei einem 12er-Kollektormattenfeld DA 50. Die Verwendung von bronze- oder dauerhaft beschichteten Solepumpen wird empfohlen, da die Kollektormatten nicht diffusionsfest sind. Auf der Baustelle ist nach Fertigstellung der Montagearbeiten eine Druckprüfung mit 10 bar über 4 Stunden verbindlich vorgeschrieben (Abbildung 4.29 bis Abbildung 4.31).

Abbildung 4.28: Verlegung der Kollektormatten

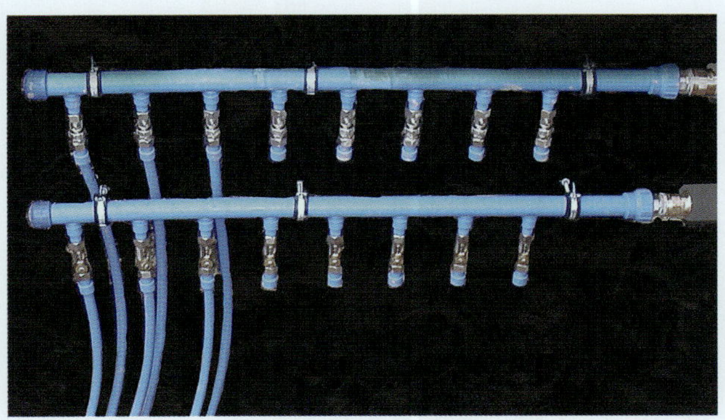

Abbildung 4.29: Detailansicht der Verteiler/Sammler-Kombination

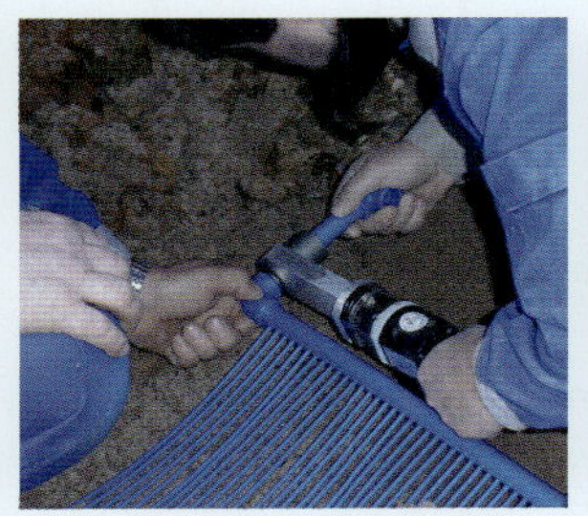

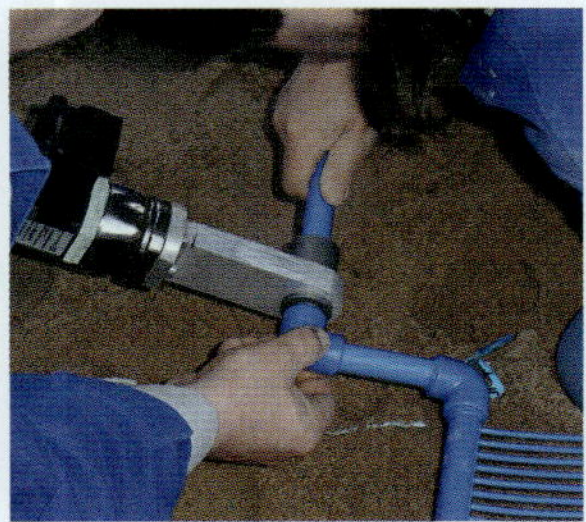

Abbildung 4.30 und **Abbildung 4.31:** Anschluss einer Kollektormatte mittels Muffenschweißverfahren

4.12.4 Hydraulische Anbindung von Erdreichkollektoren

Die Anbindung von Solekreisläufen kann über Verteiler/Sammler oder nach der sogenannten Tichelmann-Verrohrung erfolgen (Abbildung 4.32).

Vorteile Anbindung der Kreise an Verteiler/Sammler:

- Kreise können durch Absperrorgane einzeln befüllt werden.
- Bei unterschiedlichen Kreislängen kann mittels Durchflussmengenbegrenzern die Durchflussmenge eingestellt werden.

Vorteile Anbindung der Kreise durch Tichelmann:

- Geringere Kosten gegenüber Anbindung mit Verteiler.
- Kein Schacht, da T-Stücke/Hosenstücke dauerhaft im Erdreich verbleiben.
- Tichelmann-Anbindung kann jedoch nur bis zu 4 Kreisen empfohlen werden.

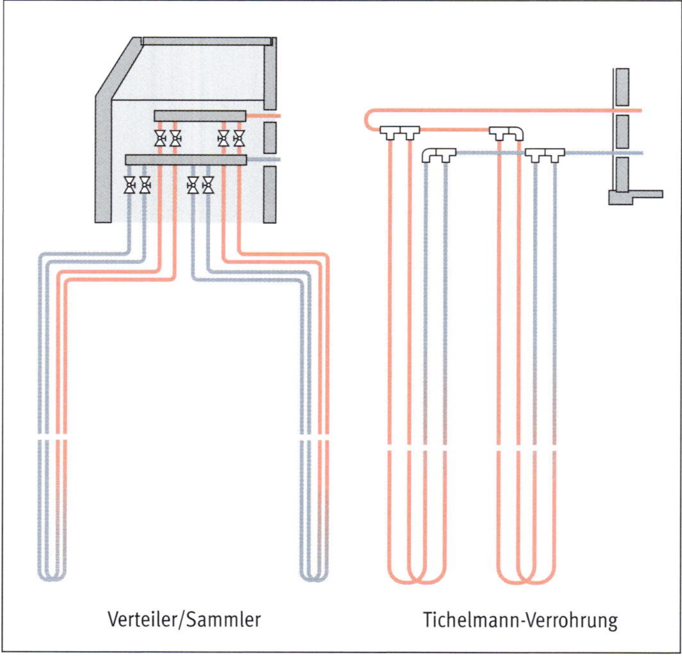

Abbildung 4.32: Anschlussschemata für die Anbindung der Kollektoren

Tabelle 4.12: Minimale Zuleitungsrohrdimension von der Wärmepumpe bis zum Verteiler/Sammler

Heizleistung der Wärmepumpe	Bis 20 m	Bis 60 m
6 kW	DA 32 × 2,9 mm*	DA 32 × 2,9 mm*
8 kW	DA 32 × 2,9 mm*	DA 40 × 2,9 mm*
10 kW	DA 40 × 2,9 mm*	DA 50 × 2,9 mm*
12 kW	DA 40 × 2,9 mm*	DA 50 × 2,9 mm*

* PE 100, PN 16, SDR 11

DA = Außendurchmesser

SDR = Verhältnis Außendurchmesser zur Wandstärke

PE 100 = 10 N/mm², Leistungsklasse MRS 10 (minimum required strength) Mindestfestigkeit in N/mm²

PN 16 = zulässiger Betriebsdruck (Nenndruck in bar bei 50 Jahren Betriebsdauer und 20 °C)

4.12.5 Planung der Wärmequelle Grundwasser

Einführung

Grundwasser ist die ergiebigste Wärmequelle. Durch die über das Jahr konstante Temperatur von 8 –10 °C lassen sich die im Vergleich aller Systeme höchsten Wärmeentzugsleistungen erzielen. Diverse Messungen im Feld haben jedoch ergeben, dass die Jahresarbeitszahl gegenüber Sole/Wasser-Wärmepumpen mit Erdwärmesonden nicht immer höher ist. Als Grund kann zum einem die Tauchpumpe genannt werden. Diese ist hinsichtlich ihrer elektrischen Anschlussleistung nicht optimiert. Zum anderen kann die Temperatur des Grundwassers gravierend nach unten schwanken (z. B. durch Schmelzwassereinfluss).

Über einen Saugbrunnen wird das Grundwasser mithilfe einer Förderpumpe der Wärmepumpe zugeführt und über einen Schluckbrunnen wieder in den Boden eingebracht. Saug- und Schluckbrunnen werden in einem Abstand von ca. 15 m installiert. Für die Installation einer Grundwasser-Wärmepumpe sind folgende Sachverhalte zu berücksichtigen:

Ein ausreichendes Grundwasservorkommen in einer Tiefe von maximal 15 m ist sicherzustellen. Die maximal entnehmbare Wassermenge und die Qualität des Grundwassers sind ebenfalls von entscheidender Bedeutung. Der Saugbrunnen für die Entnahme des Wassers muss in der Fließrichtung des Grundwassers vor dem Schluckbrunnen angeordnet sein. Der Kühlbetrieb (aktiv oder passiv) führt zu einer Erwärmung des Grundwassers und wird in der Regel durch die Untere

Wasserbehörde nicht zugelassen. Die Nutzung von Grundwasserwärme muss grundsätzlich durch die Untere Wasserbehörde (D) bzw. Wasserrechtsbehörde (AT) genehmigt werden (Abbildung 4.33).

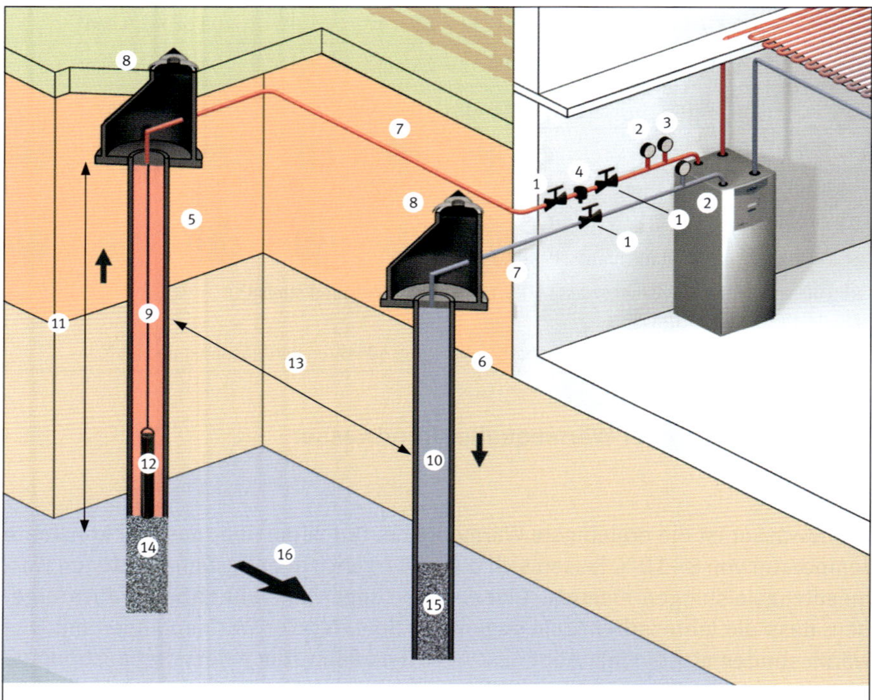

1 Absperrventil
2 Temperaturanzeige
3 Druckanzeige
4 Feinfilter (100–120 µm Maschenweite, große Filteroberfläche, rückspülbar)
5 Saugbrunnen
6 Schluckbrunnen
7 Verlegung der Leitungen mit Gefälle zum Brunnen in frostfreier Tiefe ca. 1,0 bis 1,5 m
8 Abdeckung mit Entlüfter. Eindringen von Kleintieren und Oberflächenwasser muss verhindert werden.
9 Förderrohr und
10 Fallrohr luftdicht und korrosionsgeschützt in den Wasserspiegel eingeführt
11 Maximale Tiefe des Grundwassers sollte 15 m nicht überschreiten.
12 Tauchpumpe
13 Abstand zum Brunnen mind. 15 m
14 Filterrohr mit Kiesschüttung
15 Filterrohr
16 Grundwasserströmungsrichtung vom Saugbrunnen zum Schluckbrunnen

Abbildung 4.33: Schema einer Grundwasser-Brunnenanlage

Grundlegendes

Da mit der Wärmequelle Grundwasser die höchsten mittleren Temperaturen zur Verfügung stehen, sind die Leistungszahl und damit die Jahresarbeitszahl im Vergleich zu anderen Wärmepumpenanlagen häufig höher. In den meisten Regionen ist eine Abkühlung des Grundwassers eher erwünscht (bis auf ca. 5 °C), da die Grundwassertemperaturen durch Kultureinflüsse vielerorts angestiegen sind.

Genehmigungen

Die Entnahme und Wiedereinleitung von Grundwasser ist eine Benutzung nach § 3 Abs. 1 WHG. Folgende wasserwirtschaftliche Ziele sind aus dem WHG abgeleitet:

- In der Regel ist das genutzte Wasser wieder in den Grundwasserleiter einzuleiten, aus dem es entnommen worden ist.
- Eine schädliche Verunreinigung des Grundwassers muss ausgeschlossen sein.
- Es dürfen nur Arbeitsmittel eingesetzt werden, die keine Stoffe in Konzentrationen enthalten, die bei Leckagen oder Unglücksfällen für Mensch und Umwelt schädlich sein können.
- Grundsätzlich muss die Wiedereinleitung des lediglich abgekühlten bzw. erwärmten Wassers über eine zweite Bohrung (Dublettenlösung) in den genutzten Grundwasserleiter sichergestellt werden.
- Wenn mehrere Grundwasserhorizonte durchfahren werden müssen, so ist eine dem ursprünglichen Zustand entsprechende hydraulische Abdichtung zu gewährleisten.
- Bohrspülungen dürfen nicht grundwassergefährdend sein; es ist möglichst nur reines Wasser zu verwenden.
- Das ursprüngliche hydraulische Druck- und Strömungssystem im genutzten Aquifer ist durch Reinjektion des lediglich abgekühlten bzw. erwärmten Wassers zu erhalten.

Planung

Bei der Auslegung einer Wärmepumpenanlage mit Grundwasser als Wärmequelle sind drei Faktoren zu berücksichtigen:

- Grundwassermenge
- Maximale Tiefe der zu nutzenden Grundwasserader
- Grundwassergüte

Die erforderliche Grundwassermenge kann nach folgender Formel berechnet werden:

$$V_{GW} = (Q_{th} - P_{el}) \times 860/\Delta T_{GW}$$

V_{GW} = erforderliche Grundwassermenge (l/h)

Q_{th} = Heizleistung der Wärmepumpe (kW)

P_{el} = Leistungsaufnahme der Wärmepumpe (kW)

ΔT_{GW} = gewählte Abkühlung des Grundwassers (K)

Abkühlung

In der Praxis wird das Grundwasser um ca. 3 K abgekühlt, was ca. 240 l/h je kW Heizleistung entspricht.

Maximale Tiefe der zu nutzenden Grundwasserader

Grundwasser sollte für Ein- und Zweifamilienhäuser aufgrund der elektrischen Anschlussleistung der Tauchpumpe nicht tiefer als 15 m liegen.

Grundwassergüte

Das entscheidende, die Brunnenlebensdauer am stärksten beeinflussende Phänomen ist die Verockerung. Unter dem Begriff der Verockerung versteht man die Ab- bzw. Anlagerung von unlöslichen Eisen- und Manganverbindungen. Voraussetzung für die Verockerung ist das Vorhandensein von Eisen- und Manganionen in Form von wassergelösten Verbindungen im Grundwasser. Die chemische Verockerung erfolgt durch Sauerstoffzufuhr ins Grundwasser z. B. im Bereich der Grundwasserwiedereinleitung in den Sickerschacht. Aus diesem Grund muss das Wiedereinleitungsrohr im Sickerschacht in den Grundwasserspiegel hineinreichen. Die Korrosion ist ein komplexer Vorgang und wird von unterschiedlichen Faktoren beeinflusst. Der direkte Kontakt der Wärmepumpe mit Grundwasser birgt Korrosionsrisiken. Diese Risiken werden wesentlich durch die Wasserbeschaffenheit bestimmt. Tabelle 4.13 gibt Anhaltswerte über die benötigte Qualität von Grundwasser. Um eine Beschädigung der Wärmepumpe zu vermeiden, sind die Vorgaben der Hersteller zu beachten.

Tabelle 4.13: Richtwerte wichtiger Wasserinhaltsstoffe

Stoffbezeichnung	Grenzwert	Bemerkung
Partikeldurchmesser	< 1 mm	Ablagerungen im Wärmetauscher
pH-Wert	6,5 – 9	Mögliche Korrosion von Edelstahl bei zu hohen Anteilen (saures Wasser)
Sauerstoff (O_2)	< 2 mg/l	
Leitfähigkeit	< 500 µS/cm	
Gesamthärte	> 4° dH < 8,5° dH	
Eisen (Fe)	< 2 mg/l	Führt in Verbindung mit Sauerstoff zur Verockerung des Schluckbrunnens
Mangan (Mn)	< 1 mg/l	Führt in Verbindung mit Sauerstoff zur Verockerung des Schluckbrunnens
Aluminium (Al)	< 0,2 mg/l	Korrosionsgefahr für Kupfer
Ammoniak (NH_3)	< 2 mg/l	Korrosionsgefahr für Kupfer
Nitrat (NO_3)	< 70 mg/l	
Sulfat (SO_4)	< 70 mg/l	Mögliche Korrosion von Edelstahl bei zu hohen Anteilen
Chlorverbindungen (Cl)	< 300 mg/l	Mögliche Korrosion von Edelstahl bei zu hohen Anteilen
Gelöste Kohlensäuren (CO_2)	< 5 mg/l	Korrosionsgefahr für Kupfer
Ammonium	< 20 mg/l	

Für Wasser/Wasser-Wärmepumpenanlagen sind zwei Systemaufbauten möglich:

1. Direktbetrieb mit Grundwasser
2. Sole/Wasser-Wärmepumpe mit Zwischenwärmetauscher

Der Direktbetrieb mit Grundwasser bringt zwar höhere Wirtschaftlichkeit, es bestehen jedoch für den Anlagenbetreiber folgende Risiken:

1. Durch Verunreinigungen (z.B. Sande) im Grundwasser, die nicht ausgefiltert werden, können speziell die Ecken im Verdampfer der Wärmepumpe verlegt werden und damit der Verdampfer in diesen Bereichen einfrieren. Dieses partielle Einfrieren der Ecken muss nicht unbedingt zu einer Sicherheitsabschaltung des eingebauten Flusswächters führen, da noch immer eine ausreichen-

de Gesamtwassermenge über die Wärmepumpe fließen kann. Im schlimmsten Fall wird der Verdampfer undicht und muss ausgetauscht werden.

2. Auch wenn die Wasseranalyse zur Inbetriebnahme der Wärmepumpe eine gute Eignung des Grundwassers bestätigt, kann es vor allem während der ersten Betriebsjahre zu einer Veränderung der Eigenschaften durch die ständige Wasserentnahme kommen, die einen ordnungsgemäßen Betrieb der Wärmepumpe nicht mehr ermöglicht. Daher muss bei Wasser/Wasser-Anlagen seitens des Kunden die regelmäßige Wartung des Grundwasserfilters und auch eine Analyse der Grundwassereigenschaften vorgenommen werden. Da diese betriebsnotwendigen Wartungsarbeiten mit laufenden Kosten verbunden sind, empfiehlt sich, bei Wasser/Wasser-Anlagen eine Sole-Wärmepumpe mit einem Wärmetauscher im Grundwasserkreislauf zur Systemtrennung einzusetzen. Schäden, die bei Grundwasser-Direktbetrieb aufgrund unzureichender Wartung des Primärkreislaufes wie z.B. durch Verschlammung oder Frost entstehen, begründen daher keine Garantie- bzw. Gewährleistungsansprüche und werden vom Hersteller der Wärmepumpe in der Regel nicht übernommen. Kommt es aufgrund einer nicht ausreichenden Wartung des Wärmequellensystems zu einem Aufplatzen des Verdampfers und damit zu einem Eintritt von Wasser in den Kältekreislauf, entsteht an der Wärmepumpe ein Totalschaden. Hier trägt das volle Risiko der Kunde. Bei Einbau eines Zwischenwärmetauschers kann eine Verschmutzung zwar nicht verhindert werden, bei einem etwaigen Auffrieren des Zwischenwärmetauschers tritt jedoch kein Schaden an der Wärmepumpe ein. Diese Systemtrennung verringert geringfügig die Arbeitszahl (ca. 3 °C geringere Sole-Eintrittstemperatur in die Wärmepumpe als bei Grundwasser-Direktbetrieb sowie zusätzliche Solepumpe), ist aber wesentlich sicherer in der Anwendung.

Bau/Betrieb der Brunnenanlage

Bei direkter Nutzung des Grundwassers als Wärmequelle sind mindestens zwei Brunnen erforderlich. Geben geologische Karten oder geologische Dienste bzw. die Untere Wasserbehörde/Wasserrechtsbehörde keine Daten über das Grundwasservorkommen an, so ist mittels einer Probebohrung ein Pumpversuch durchzuführen. Dabei sind pro kW Heizleistung der Wärmepumpe 240 l Wasser über 24 h zu fördern. Das Absinken des Wasserspiegels und der Beharrungszustand sind zu beobachten.

Bohrunternehmen für die Planung und Arbeiten im Rahmen der oberflächennahen Geothermie (bis 400 m Tiefe) sollten als Fachfirma nach DVGW W 120 (Verfahren für die Erteilung der DVGW-Bescheinigung für Bohr- und Brunnenbauunternehmen) zugelassen sein. Bei Bohrungen und Bau von Grundwasserbrunnen muss die DVGW-Bescheinigung vorliegen. Material, das in den Untergrund eingebaut wird, muss ungiftig und korrosionssicher sein. Für den Brunnenausbau sind Vollrohre und Filterrohre zu verwenden, die korrosionsgeschützt sind. Rohre, Filterkies, Quellton, Zement usw. müssen für den Einsatz im Grundwasser geeignet und zugelassen sein.

Der Filter sollte eine Siebmaschenweite von 1 mm aufweisen (feinere Maschenweite = höherer Druckverlust; gröbere Maschenweite = Schmutz im Verdampfer).

Die Ansteuerung der Tauchpumpe erfolgt durch die Wärmepumpenregelung. Am Regler der Wärmepumpe ist die minimale Eintrittstemperatur in die Wärmepumpe so einzustellen, dass die Abkühlung (3 K bis 5 K) zu keinem Einfrieren des Verdampfers führt. Bei Unterschreiten der eingestellten Temperatur sollte die Wärmepumpe automatisch abschalten.

Dimensionierung der Tauchpumpe

Benötigte Förderhöhe = interner Druckverlust Wärmepumpe (m WS) + Druckverlust Rohrleitungen (m WS) + Brunnentiefe (m)

Tabelle 4.14: Vorschlag von Tauchpumpen; Annahme für die Auslegung:
max. Grundwasserspiegeltiefe = 15 m;
Druckverlust Filter/Rohrleitungen/Armaturen: 20 kPa = 2,04 m WS;
m WS = Meter Wassersäule; 1 kPa = 10 mbar = 102 mm WS

Heizleistung der Wärmepumpe (W 10/W 35) kW	Benötigte Förderhöhe der Pumpe m WS	Wassermenge l/h	Pumpentyp I	Pumpentyp II
< 7,5	18	1800	SP 2A-6	TWI 4-0206
< 9,5	20	2200	SP 3A-6	TWI 4-0306
< 13,5	20	3300	SP 3A-6	TWI 4-0407
< 20	20	4600	SP 5A-6	TWI 4-0706
< 23	20	5500	SP 5A-8	TWI 4-0706
< 29	20	6900	SP 8A-5	TWI 4-0709
< 36	21	8400	SP 8A-7	TWI 4-1205
< 48	22	11100	SP 14A-5	TWI 4-1208
< 56	22	13100	SP 14A-5	–

Abbildung 4.34: Schnitt durch eine Tauchpumpe

Projektbogen für die Grundwassernutzung

Projekt:

Heizlast des Gebäudes

Norm Heizlast nach DIN EN 12831: [ ] kW

el. Leistungsaufnahme der Wärmepumpe [ ] kW

Erforderliche Grundwassermenge:

gewählte Abkühlung des Grundwassers [ ] K

(die übliche Abkühlung des Grundwassers beträgt ca. 3 k)

Erforderliche Grundwassermenge = $\frac{\text{(Heizleistung Wärmepumpe (kW) - Leistungsaufnahme Wärmepumpe (kW)) *860}}{\text{gewählte Abkühlung des Grundwassers (K)}}$

= ________ l/h

Dimensionierung Unterwasserpumpe

Heizleistung der Wärmepumpe (W 10/W 35) kW	Benötigte Förderhöhe der Pumpe m WS	Wassermenge l/h	Pumpentyp I	Pumpentyp II
< 7,5	18	1800	SP 2A-6	TWI 4-0206
< 9,5	20	2200	SP 3A-6	TWI 4-0306
< 13,5	20	3300	SP 3A-6	TWI 4-0407
< 20	20	4600	SP 5A-6	TWI 4-0706
< 23	20	5500	SP 5A-8	TWI 4-0706
< 29	20	6900	SP 8A-5	TWI 4-0709
< 36	21	8400	SP 8A-7	TWI 4-1205
< 48	22	11100	SP 14A-5	TWI 4-1208
< 56	22	13100	SP 14A-5	-

Gewählte Tauchpumpe: ____________________

Annahme für die Auslegung: Grundwasserspiegeltiefe max. 15 m; Druckverlust für Filter/Rohrleitungen/Amaturen

Entfernung Förder- und Schluckbrunnen

Die Entfernung zwischen Förder- und Schluckbrunnen beträgt in der Praxis 15 m. Die Bestimmung der Mindestentfernung a kann auch nach folgender Formel berechnet werden.

entnommene Grundwassermenge V_{GW} = [ ] l/s

Grundwassergefälle J = [ ] %

Grundwasserfließgeschwindigkeit kf = [ ] m/s

Grundwassertiefe H = [ ] m

$$a = 0{,}6 * \frac{V_{GW}}{J * kf * H}$$

a = --------------

Abbildung 4.35: Formblatt zur Dimensionierung einer Wasser/Wasser-Wärmequelle

4.12.6 Wärmepumpenanlage mit Grundwasserbrunnenanlage und Zwischenwärmetauscher

Sind im Grundwasser Inhaltsstoffe in einer Konzentration vorhanden, die den Verdampfer der Wärmepumpe korrodieren/verschlammen (siehe Tabelle 4.13), so kann ein geschraubter Wärmetauscher zwischen der Grundwasser-Brunnenanlage und der Wärmepumpe installiert werden. Im Schadensfall ist der Wärmetauscher leicht zu zerlegen, um ihn zu reinigen, eventuell schadhafte Platten zu tauschen und wieder zusammenzubauen, ohne in den Kältekreis der Wärmepumpe eingreifen zu müssen. Der Schlupf von 3 K (Temperaturverlust über den Zwischenwärmetauscher) ist gegenüber einer Sole/Wasser-Wärmepumpe infolge der hohen Grundwassertemperatur zu vernachlässigen. Saug- und Schluckbrunnen werden in einem Abstand von ca. 15 m installiert. Der Saugbrunnen für die Entnahme des Wassers muss in der Fließrichtung des Grundwassers vor dem Schluckbrunnen angeordnet sein (Abbildung 4.36).

Bei Verwendung des Zwischenwärmetauschers ist eine Sole/Wasser-Wärmepumpe einzusetzen. Der Zwischenkreislauf wird wie bei einem Erdkollektor mit einem Gemisch aus 1,2-Propylenglykol und Wasser im Verhältnis von 1 : 2 gefüllt. Tabelle 4.15 gibt beispielhaft die Auslegung der Plattenwärmetauscher der Fa. Alfa Laval an. Der Wärmetauscher besteht aus profilierten Platten, die mittels Spannbolzen zwischen Stativ und Druckplatte zusammengepresst sind.

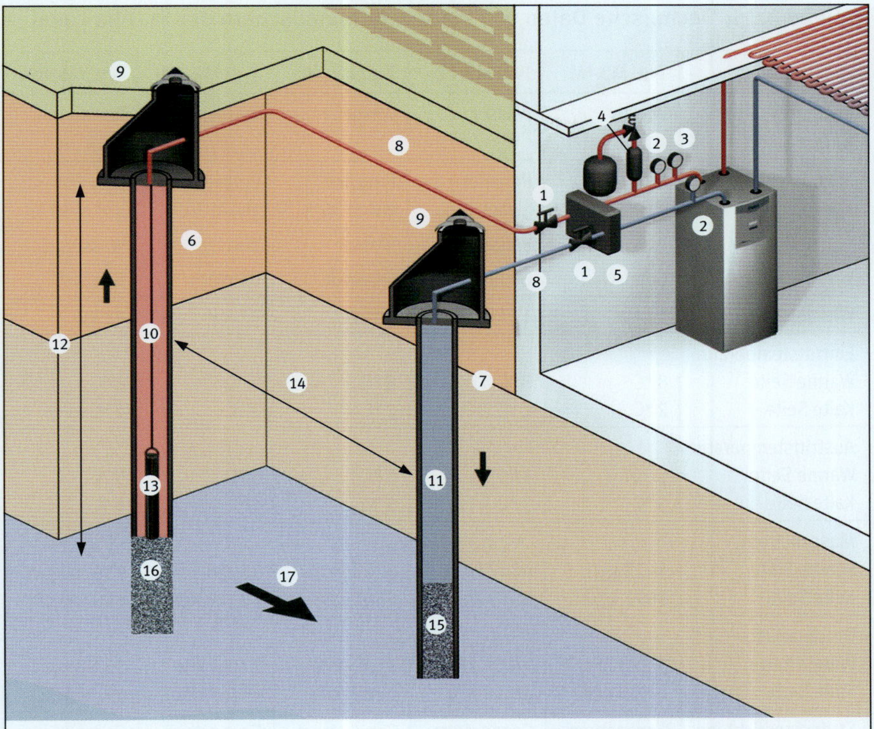

1 Absperrventil
2 Temperaturanzeige
3 Druckanzeige
4 Sole-Ausgleichsbehälter mit Sicherheitsventil
5 Zwischenwärmetauscher zur Entkopplung der Grundwasserbrunnenanlage
6 Saugbrunnen
7 Schluckbrunnen
8 Verlegung der Leitungen mit Gefälle zum Brunnen in frostfreier Tiefe ca. 1,0 bis 1,5 m
9 Abdeckung mit Entlüfter. Eindringen von Kleintieren und Oberflächenwasser muss verhindert werden.
10 Förderrohr und
11 Fallrohr luftdicht und korrosionsgeschützt in den Wasserspiegel eingeführt
12 Maximale Tiefe des Grundwassers sollte 15 m nicht überschreiten.
13 Tauchpumpe
14 Abstand Brunnen mind. 15 m
15 Filterrohr
16 Filterrohr mit Kiesschüttung
17 Grundwasserströmungsrichtung vom Saugbrunnen zum Schluckbrunnen

Abbildung 4.36: Schema einer Grundwasseranlage mit Zwischenwärmetauscher und Sole/Wasser-Wärmepumpe

Tabelle 4.15: Technische Daten von Plattenwärmetauschern der Fa. Alfa Laval

Tauschertyp	Typ: M3-FM-	Typ: M3-FM-	Typ: M3-FM-	Typ: M6-FM-	Typ: M6-FM-
Medium warme Seite	Wasser	Wasser	Wasser	Wasser	Wasser
Medium kalte Seite	Propylen-glykol 30 % Wasser Gemisch	Propylen-glykol 30 % Wasser Gemisch	Propylen-glykol 30 % Wasser Gemisch	Propylen-glykol 30 % Wasser Gemisch	Propylen-glykol 30 % Wasser Gemisch
Wärmeleistung	12 kW	17 kW	20 kW	42 kW	49 kW
Eintrittstemperatur					
Warme Seite	8 °C	8 °C	8 °C	8 °C	8 °C
Kalte Seite	2 °C	2 °C	2 °C	2 °C	2 °C
Austrittstemperatur					
Warme Seite	5 °C	5 °C	5 °C	5 °C	5 °C
Kalte Seite	5 °C	5 °C	5 °C	5 °C	5 °C
Massenstrom					
Warme Seite	3422 kg/h	4847 kg/h	5703 kg/h	11980 kg/h	13970 kg/h
Kalte Seite	3691 kg/h	5526 kg/h	6501 kg/h	12920 kg/h	15070 kg/h
Druckverlust					
Warme Seite	8,293 kPa	14,07 kPa	15,03 kPa	27,70 kPa	32,90 kPa
Kalte Seite	12,35 kPa	18,25 kPa	19,5B kPa	42,16 kPa	49,34 kPa
Strömungsrichtung	Gegenstrom	Gegenstrom	Gegenstrom	Gegenstrom	Gegenstrom
Plattenwerkstoff	AISI 316	AISI 316	AISI 316	AISI 316	AISI 316
Anschluss	ISO R 11/4"	ISO R 11/4"	ISO R 111/4"	IISO R G2"	ISO R G2"
Auslegungsdruck					
Warme Seite	10 bar	10 bar	10 bar	10 bar	10 bar
Kalte Seite	10 bar	10 bar	10 bar	10 bar	10 bar
Auslegungstemperatur					
max.	85 °C	85 °C	85 °C	85 °C	85 °C
min.	5 °C	5 °C	5 °C	5 °C	5 °C
Plattenpaketlänge	131 mm	145 mm	168 mm	65 mm	70 mm
Länge	300 mm	360 mm	360 mm	585 mm	585 mm
Breite	180 mm	180 mm	180 mm	320 mm	320 mm
Höhe	480 mm	480 mm	480 mm	920 mm	920 mm
Leergewicht	40,2 kg	411,4 kg	43 kg	99,5 kg	101 kg
Betriebsgewicht	44,2 kg	45,9 kg	48,3 kg	107 kg	1110 kg

4.12.7 Planung der Wärmequelle Luft

Einführung

Die Luft/Wasser-Wärmepumpe nutzt die von der Sonne erwärmte Außenluft. Diese steht überall und in unbegrenzter Menge zur Verfügung. Die Umgebungsluft unterliegt jahreszeitlich bedingt hohen Temperaturschwankungen. In der Regel wird deshalb eine Luft/Wasser-Wärmepumpe mit einem zweiten Wärmeerzeuger kombiniert. Luft/Wasser-Wärmepumpen sind nicht genehmigungspflichtig. Richtlinien, besonders im Bereich Lärm, sind jedoch zu berücksichtigen. Der große Vorteil von Luft/Wasser-Wärmepumpen liegt einerseits in den geringen Investitionskosten (siehe auch Kapitel 10, Wirtschaftlichkeitsbetrachtungen) und anderseits in der Möglichkeit der alleinigen Erschließung der Wärmequelle Luft durch den ausführenden Fachhandwerksbetrieb. Mit der Luft/Wasser-Wärmepumpe ist außerdem die Sanierung alter Heizungsanlagen ohne Probleme möglich.

Bei Luft/Wasser-Wärmepumpe als Innenaufstellung sind Servicearbeiten einfach durchzuführen. Die Wärmepumpe ist vor Witterungseinflüssen geschützt und bietet auch bei Stromausfall Schutz vor Frostschäden. Die Wärmepumpe sollte möglichst in einem Kellerraum installiert werden. Aufgrund der äußeren Schallemissionen sollte die Installation der Luftkanäle in Absprache mit den Nachbarn erfolgen.

Für die Luft/Wasser-Wärmepumpen als Außenaufstellung spricht die einfache Installation. Als Vorbereitung für die Installation ist lediglich eine Grundplatte aus Beton zu erstellen. Auf diesem Wege können alte Wärmeerzeuger einfach ersetzt werden.

Als letzte Variante wird noch die Kombination aus den beiden o. g. Typen angeboten – die Luft/Wasser-Wärmepumpe als Splitgerät. Der Kältekreislauf der Wärmepumpe ist dabei auf zwei Bauteile aufgeteilt. Der Verdampfer und der Lüfter sind als Außeneinheit, der Rest des Kältekreislaufes ist als Inneneinheit im Keller positioniert (siehe hierzu auch Tabelle 4.6).

Im Folgenden wird exemplarisch die Luft/Wasser-Wärmepumpe als Innenaufstellung detailliert erläutert.

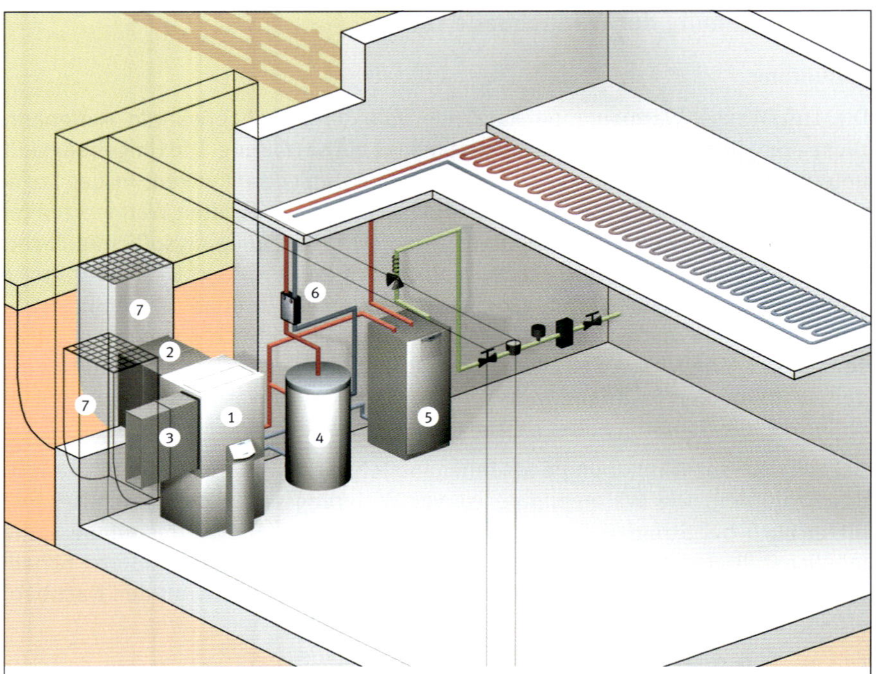

Wärmepumpe Innenaufstellung als Eckinstallation links, Lufteinlass von hinten, Luftauslass nach links (um 90° versetzt)

1 Luft/Wasser-Wärmepumpe
2 Lufteinlasskanal
3 Luftauslasskanal
4 Pufferspeicher
5 Warmwasserspeicher
6 Rohrgruppe
7 Lichtschacht

Abbildung 4.37: Schema Luft/Wasser-Wärmepumpe als Innenaufstellung

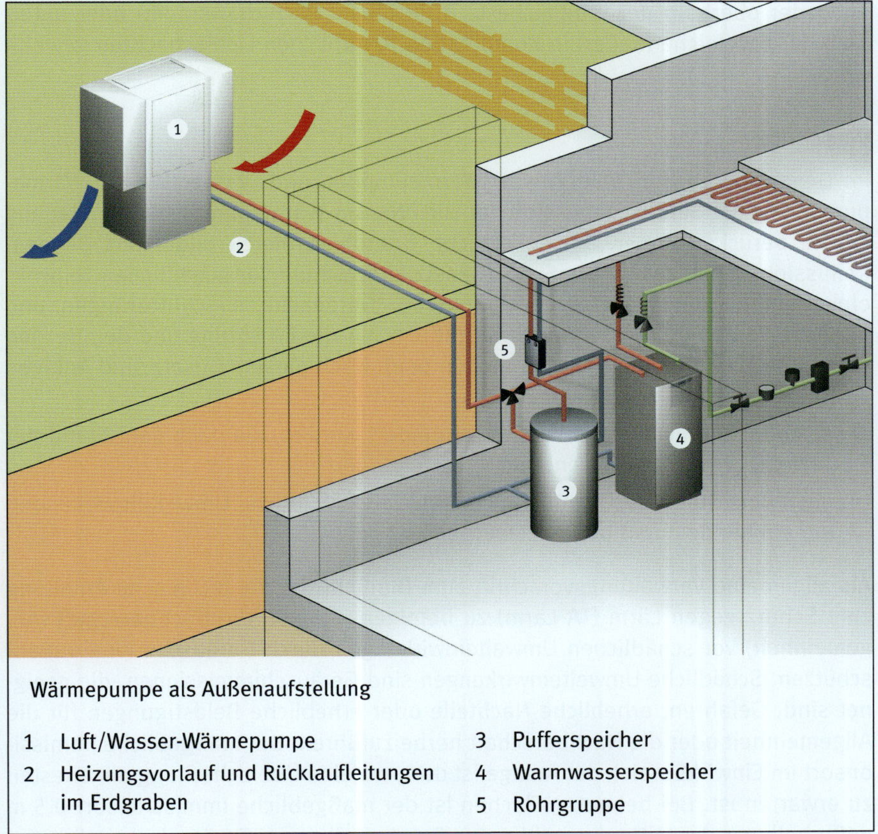

Wärmepumpe als Außenaufstellung

1 Luft/Wasser-Wärmepumpe
2 Heizungsvorlauf und Rücklaufleitungen im Erdgraben
3 Pufferspeicher
4 Warmwasserspeicher
5 Rohrgruppe

Abbildung 4.38: Schema Luft/Wasser-Wärmepumpe als Außenaufstellung

Grundlegendes

Außenluft erfordert den geringsten Aufwand zur Erschließung einer Wärmequelle. Die Luft wird über einen Kanal angesaugt, im Verdampfer der Wärmepumpe abgekühlt und anschließend über einen zweiten Kanal oder Schlauch wieder an die Umgebung abgegeben. Bis zu einer Außenlufttemperatur von –20 °C kann die Luft/Wasser-Wärmepumpe noch Heizwärme erzeugen. Allerdings wird bei einer optimierten Auslegung bei extrem niedrigen Außenlufttemperaturen der Wärmebedarf für die Beheizung des Gebäudes nicht mehr vollständig gedeckt. Eine in die Wärmepumpe integrierte Elektro-Zusatzheizung schaltet sich deshalb beim Erreichen des Bivalenzpunktes zu. Der Installationsort der Wärmepumpe kann entweder oberhalb der Erdgleiche (z.B. in einem Wirtschaftsraum) oder unterhalb der Erdgleiche (Keller) in Kombination mit üblichen Lichtschächten gewählt werden.

Vorschriften

Im Gegensatz zu den Sole/Wasser-Wärmepumpen und Wasser/Wasser-Wärmepumpen ist die Geräuschemission der Luft/Wasser-Wärmepumpe bei der Planung mit zu berücksichtigen. Die gesetzliche Grundlage hierzu bildet das Bundes-Immissionsschutzgesetz BImSchG (Gesetz zum Schutz vor schädlichen Umwelteinwirkungen durch Luftverunreinigungen, Geräusche, Erschütterungen und ähnliche Vorgänge). Diese Vorschrift gilt u. a. für die Errichtung und den Betrieb von Anlagen (somit auch von Wärmepumpen). Nach diesem Gesetz sind Anlagen so zu errichten und zu betreiben, dass

a) schädliche Umwelteinwirkungen verhindert werden, die nach dem Stand der Technik vermeidbar wären, und
b) nach dem Stand der Technik unvermeidbare schädliche Umwelteinwirkungen auf ein Mindestmaß begrenzt werden.

Als allgemeine Verwaltungsvorschrift zum BImSchG ist die technische Anleitung zum Schutz gegen Lärm (TA Lärm) zu befolgen. Sie soll die Nachbarschaft (Allgemeinheit) vor schädlichen Umwelteinwirkungen durch Geräusche (von außen) schützen. Schädliche Umwelteinwirkungen sind Geräuschimmissionen, die geeignet sind, Gefahren, erhebliche Nachteile oder erhebliche Belästigungen für die Allgemeinheit oder die Nachbarschaft herbeizuführen. Der maßgebliche Immissionsort im Einwirkbereich der Anlage ist dort, wo eine Überschreitung am ehesten zu erwarten ist. Bei bebauten Flächen ist der maßgebliche Immissionsort 0,5 m außerhalb vor der Mitte des geöffneten Fensters des vom Geräusch am stärksten betroffenen schutzbedürftigen Raumes. Dabei ist der Beurteilungspegel L_r (Schalldruckpegel) nach Nr. 6 der TA Lärm einzuhalten bzw. zu unterschreiten (Abbildung 4.39). Beurteilungspegel L_r für Immissionsorte außerhalb von Gebäuden:

Tabelle 4.16: Beurteilungspegel L_r für Immissionsorte außerhalb von Gebäuden

	tagsüber	nachts
Industriegebiete	70 dB (A)	70 dB (A)
Gewerbegebiete	65 dB (A)	50 dB (A)
Allgemeine Wohngebiete	55 dB (A)	40 dB (A)
Reine Wohngebiete	50 dB (A)	35 dB (A)

Kurzzeitige Geräuschspitzen dürfen diese Richtwerte am Tag um 30 dB(A) und nachts um 20 dB(A) überschreiten.

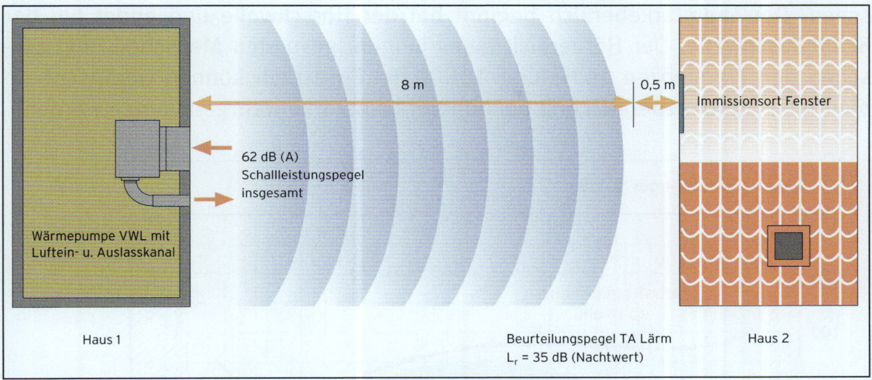

Abbildung 4.39: Beispiel einer Luft/Wasser-Wärmepumpe als Innenaufstellung. Nach > 8 m wird der Vorgaberichtwert des BImSchG (TA Lärm) eingehalten (Beurteilungspegel L_r 35 db(A) am Immissionsort). Grundlage der Berechnung des Beurteilungspegels TA Lärm ist in diesem Beispiel die freie halbkugelförmige Ausbreitung des Schalls, Windstille und eine definierte Luftfeuchte. Zusätzliche Hindernisse/bauliche Gegebenheiten (Schallschatten) können das Ergebnis beeinflussen. Eine Absprache mit dem Nachbarn wird empfohlen.

Planungsrichtlinien von Luft/Wasser Wärmepumpen bezüglich der Schallausbreitung

Die Beeinträchtigungen durch Geräusche im häuslichen Umfeld haben in den letzten Jahren deutlich zugenommen. Zum einen haben die Siedlungsdichte und der Verkehr zugenommen, zum anderen nehmen die technischen Gerätschaften zu. Vor allem stationäre Geräte wie (Mini-)Blockheizkraftwerke, Klein-Windkraftanlagen, Klimaanlagen, Lüftungsanlagen und auch Luft/Wasser-Wärmepumpen können zur Beeinträchtigung beitragen, vgl. [4.1].

Nachfolgend werden einige schalltechnische Begrifflichkeiten erläutert – diese helfen, die Planung einer Luft/Wasser-Wärmepumpe richtig einzuschätzen und korrekt durchzuführen.

Der Hörbereich des Menschen

Die Wahrnehmung von Geräuschen variiert je nach Person und ist von der Frequenz (Tonhöhe) und vom Schalldruckpegel (Lautstärke) abhängig. Die sogenannte Hörfläche beschreibt den Wahrnehmungsbereich eines durchschnittlichen Menschen. Der Lautstärkebereich beginnt bei der Hörschwelle und endet bei der Schmerzschwelle. Der Hörbereich eines jungen, gesunden Menschen liegt zwischen den Frequenzen 16 Hz und 18 000 Hz. Zusätzlich können Geräusche im niedrigen Frequenzbereich erst bei höherer Lautstärke wahrgenommen werden.

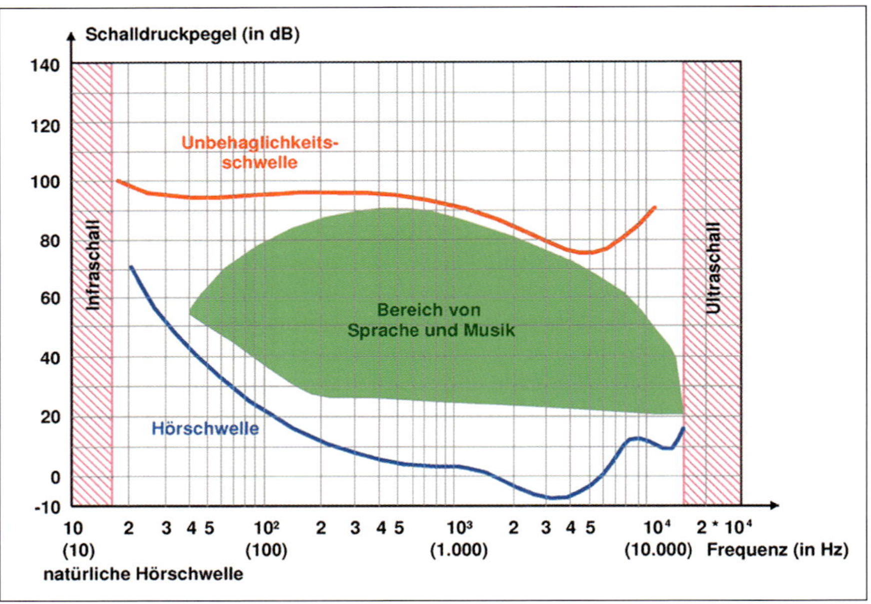

Abbildung 4.40: Hörbereich des Menschen

Schallleistungspegel und Schalldruckpegel

Der von einer Schallquelle ausgesandte Schall A (Schallereignis) wird als Schallemission bezeichnet und als **Schallleistungspegel** angegeben. Die Einwirkung von Schall auf einen Ort wird Schallimmission B genannt und als **Schalldruckpegel** bezeichnet. Der Schalldruckpegel ist dabei immer abhängig von der **Entfernung** zur Schallquelle.

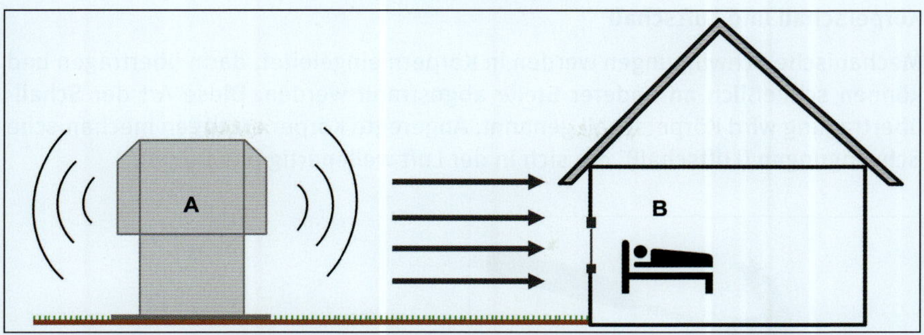

Abbildung 4.41: A: Schallquelle Wärmepumpe = Emissionsort; B: Ort der Schalleinstrahlung = Immissionsort

A-Bewertung von Schallleistung und Schalldruck

Das menschliche Ohr empfindet Töne mit gleichem Schalldruck in unterschiedlichen Tonhöhen unterschiedlich laut. Um dieses auszugleichen, werden sogenannte Frequenzbewertungskurven verwendet. Bewertete Pegel werden durch den entsprechenden Buchstaben der Frequenzbewertung als Index der Messgröße gekennzeichnet. Besonders in der Technischen Akustik wird überwiegend die A-Bewertung angewendet. Dieser Filter verstärkt oder vermindert das Schallsignal gemäß der Empfindlichkeit des menschlichen Gehörs. Ein A-bewerteter Schalldruckpegel wird mit LpA oder ein Schallleistungspegel mit LWA bezeichnet und in dB(A) angegeben, vgl. [4.2].

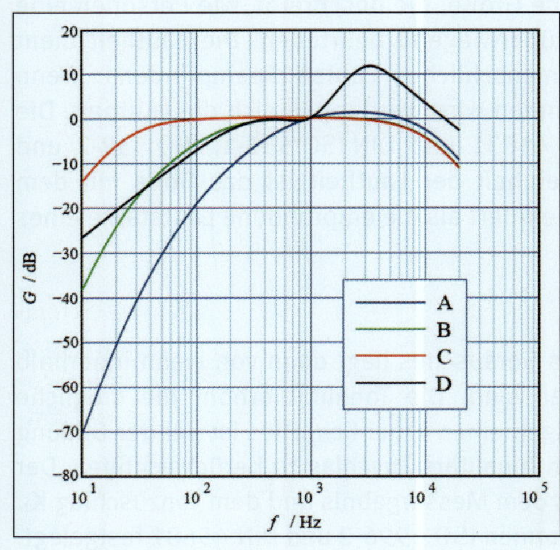

Abbildung 4.42: Bewertungsfilter A, B, C und D

Körperschall und Luftschall

Mechanische Schwingungen werden in Körpern eingeleitet, darin übertragen und können schließlich an anderer Stelle abgestrahlt werden. Diese Art der Schallübertragung wird Körperschall genannt. Angeregte Körper erzeugen mechanische Schwingungen (Luftschall), die sich in der Luft wellenartig ausbreiten.

Abbildung 4.43: Körperschall ① und Luftschall ② am Beispiel eines Hammerschlages

Lautheit

Die Lautheit ist eine psychoakustische Größe, die beschreibt, wie Personen eine empfundene Lautstärke von Schall überwiegend beurteilen. Die Lautheit dient zur proportionalen Abbildung des menschlichen Lautstärkeempfindens: Wenn der Schall als doppelt so laut empfunden wird, verdoppelt sich die Lautheit. Die Lautheit ist durch die Normen DIN 45631 und DIN ISO 532-1, ISO 532-2 und ISO/DIS 532-3 festgelegt. Die Maßeinheit der **Lautheit** ist das **Sone** mit dem Einheitszeichen sone. Das Sone ist definiert als die empfundene Lautstärke eines Schallereignisses.

Tonalität/Tonhaltigkeit

Die Tonalität oder Tonhaltigkeit eines Geräusches liegt dann vor, wenn innerhalb des Geräusches Einzeltöne zu hören sind. Die Tonalität erhöht die mögliche Störwirkung eines Geräusches im Allgemeinen erheblich. Dies ist bei der Bildung eines Beurteilungspegels durch einen Tonalitäts-Zuschlag zu berücksichtigen. Der Beurteilungspegel ist die Summe aus dem Messergebnis und dem Tonzuschlag K_T. Der Wert des Zuschlags wird in den Normen ISO 1996-2 und DIN 45681 festgelegt.

Einzeltöne treten häufig bei periodisch arbeitenden Maschinen auf. Bei Luft/Wasser-Wärmepumpen bilden die Drehfrequenz/-zahl und deren Vielfaches des Lüftermotors bzw. des Kompressors Tonspitzen (Peaks).

In der nachfolgenden Abbildung ist das Frequenzspektrum einer Luft/Wasser-Wärmepumpe dargestellt. Auffällig sind die Tonspitzen bei 120 Hz und deren Vielfaches (Harmonische). Diese entspricht bei Motoren (und somit auch bei Kompressoren) der Drehzahl – somit in diesem Fall der Drehzahl von 120 Umdrehungen/Sekunde.

Gibt es im Frequenzspektrum mindestens einen Ton, der aus dem sogenannten verdeckenden Geräusch hervortritt und somit wahrnehmbar ist, ist die maßgebliche Differenz $\Delta L > 0$. Dem Beurteilungspegel ist ein Tonzuschlag zuzuschlagen. Der Tonzuschlag K_T berechnet sich aus der Differenz der maßgeblichen Differenz ΔL, die aus dem verdeckenden Geräusch hervortritt. In unserem Beispiel beträgt die maßgebliche Differenz 14,1 dB, der Tonzuschlag ist somit mit 6 dB zu veranschlagen (Tabelle 4.17).

Tieffrequente Geräusche

Als tieffrequenter Schall wird der Anteil von Geräuschen bezeichnet, der eine Frequenz von weniger als 90 Hz aufweist. Dieser Schall ist energiereicher und langwelliger als der normale Schall. Das Geräusch wird häufig als sonores Brummen wahrgenommen und kann besonders in ruhigem Wohnumfeld als störend empfunden werden. Tieffrequente Geräusche werden oft als bedrohlich empfunden. Ist der Verursacher bekannt (bei außen aufgestellten Luft/Wasser-Wärmepumpen ist die Sachlage klar), kann sich die Verärgerung erhöhen. Diese negative Wirkung von tieffrequenten Geräuschen kann durch das Ein-/Ausschalten und Hoch-/Herunterfahren von Geräten verstärkt werden, vgl. [4.4]. Messergebnisse haben gezeigt, dass bei Luft/Wasser-Wärmepumpen niedriger Leistung (für den Einsatz in einem Einfamilienhaus) in der Regel keine/geringe Tonspitzen in diesem Bereich zu erwarten sind.

Überschlägige Berechnung des Schalldruckpegels

Die TA Lärm gibt Immissionsrichtwerte für Orte außerhalb von Gebäuden an (siehe Tabelle 4.16). Um bereits in der Planungsphase einen Wert ermitteln zu können, bietet die TA Lärm im Kapitel A.2.4 *Überschlägige Prognose* eine Schallausbreitungsrechnung zur Berechnung des Mittelungspegels L_{Aeq}(sm) am Immissionsort. Ferner werden Richtwerte für die Schallimmission sowohl für den Tag als auch für die Nacht (im Allgemeinen 22:00 bis 06:00 Uhr) vorgesehen. Beide Anforderungen sind zu erfüllen und daher getrennt zu überprüfen, vgl. [4.5].

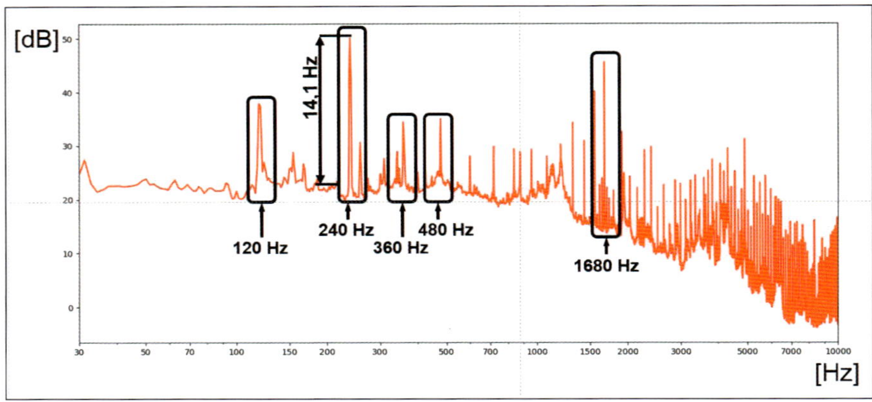

Abbildung 4.44: A-bewertetes Frequenzspektrum einer Luft/Wasser-Wärmepumpe im Betrieb

Tabelle 4.17: Zuordnung des Tonzuschlags K_T zur maßgeblichen Differenz ΔL; vgl. [4.3].

Differenz ΔL (dB)	Tonzuschlag K_T (dB)
$\Delta L \leq 0$	0
$0 < \Delta L \leq 2$	1
$2 < \Delta L \leq 4$	2
$4 < \Delta L \leq 6$	3
$6 < \Delta L \leq 9$	4
$9 < \Delta L \leq 12$	5
$12 < \Delta L$	6

Für die Auslegung von Wärmepumpen unter einfachen Aufstellbedingungen wurden in Abstimmung mit der Bund-Länder-Arbeitsgemeinschaft für Immissionsschutz (LAI) die folgenden Annahmen getroffen:

- Der Zuschlag K_R = 6 dB(A) in Zeiten mit erhöhter Empfindlichkeit wird für den gesamten Tagbetrieb herangezogen (also nicht nur für folgende Zeiten: an Werktagen 06.00 – 07.00 Uhr, 20.00 – 22.00 Uhr, an Sonn- und Feiertagen 06.00 – 09.00 Uhr, 13.00 – 15.00 Uhr, 20.00 – 22.00 Uhr), eine zeitliche Gewichtung entfällt.

- Eine Richtwirkung (DI) durch Eigenabschirmung von Gebäuden kann Berücksichtigung finden.

  Wird die Wärmepumpe so aufgestellt, dass das der Wärmepumpe zugehörige Gebäude abschirmend gegenüber dem maßgeblichen Immisionsort wirkt, können nach dem „Leitfaden für die Verbesserung des Schutzes gegen Lärm bei stationären Geräten (LAI)“ folgende Pegel vom Beurteilungspegel abgezogen werden:

  - Aufstellung neben dem Haus: −5 dB(A)

    Die Wärmepumpe darf vom maßgeblichen Immisionsort nicht sichtbar sein.

  - Aufstellung hinter dem Haus: −15 dB(A)

  In beiden Fällen sollte sichergestellt werden, dass dann nicht ein anderer Immisionsort maßgeblich wird [4.6].

Schallausbreitungsrechnung zur Berechnung des Schallpegels am Immissionsort:

$L_r = L_{w,\,aeq} + DI + K_T + K_0 - 20\log(s_m) - 11\,dB(A) + K_R$

Mit:

L_r	Beurteilungspegel [dB(A)]
$L_{w,\,aeq}$	Schallleistungspegel der Wärmepumpe nach Herstellerangabe [dB(A)]
DI	Richtwirkungsmaß nach VDI 2714, Abschnitt 5.1, Bild 2 (nur bei Eigenabschirmung durch das Gebäude) – **wird hier nicht betrachtet** (und fällt somit aus der Berechnung heraus) [dB]
K_T	Zuschlag für die Ton- und Informationshaltigkeit nach Herstellerangabe; (0/3/6 dB, Tabelle 4.17)
K_0	Raumwinkelmaß aus der Aufstellsituation (Erhöhung durch Reflexion um 3/6/9 dB, Abbildung 4.45)
s_m	Entfernung der Schallquelle (Wärmepumpe) zum maßgeblichen Immissionsort (0,5 m vor der Mitte des geöffneten Fensters des nächstgelegenen schutzbedürftigen Raums) [m]
−11 dB(A)	äquivalenter Schalldruckpegel auf der Oberfläche einer Kugel mit Radius 1 m
K_R	Zuschlag von 6 dB für Zeiten mit erhöhter Empfindlichkeit (nur im Tagbetrieb)

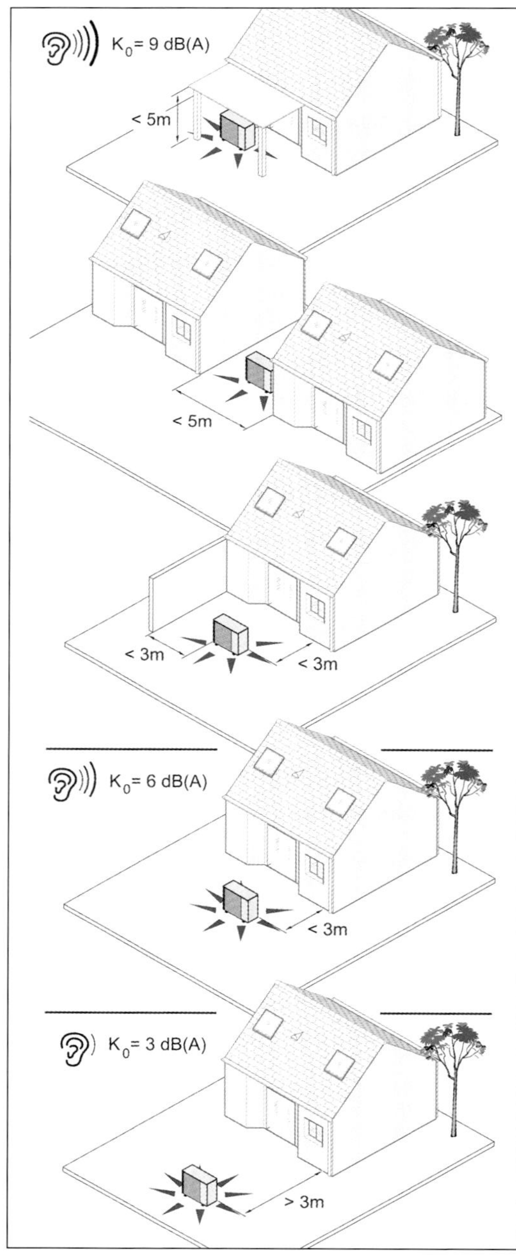

Abbildung 4.45: Zuschläge für den Schalldruckpegel in Abhängigkeit von der Aufstellsituation

Auf der Homepage des Bundesverbandes Wärmepumpe e.V. befindet sich eine Anwendung für den Schallschutznachweis mit einzelnen Schallquellen (www.waermepumpe.de/schallrechner). Sie bietet die oben beschriebene Berechnung mit hinterlegten Herstellerangaben oder freien Eingabewerten und ermöglicht den Ausdruck der benötigten Unterlagen.

Mit all diesen Fakten – was ist bei der Planung zu beachten?

Zunächst einmal sollte vor allem bei kleinen Grundstücken/enger Bebauung eine Wärmepumpe eingeplant werden, die niedrige Schallleistungswerte und eine geringe Tonalität aufweist. Zusätzlich sollte in der Planung ein Aufstellort gewählt werden, der eine möglichst große Entfernung zum Nachbarn bzw. Nachbarfenster realisiert.

Was sollte sonst noch beachtet werden?

- Der Schallleistungspegel von außen aufgestellten Luft/Wasser-Wärmepumpen (auch Split-Wärmepumpen) setzt sich zusammen aus dem Pegel des Luftstromes vom Lüfter durch den Verdampfer und dem Pegel, der durch den Kältekreis (als Hauptemittent ist der Kompressor zu nennen) erzeugt wird. In der Regel ist bei modernen Luft/Wasser-Wärmepumpen der Pegel des Kältekreislaufes höher als der des Luftstromes. Daraus folgt, dass der höchste Schallleistungspegel nicht zwingend an der Luftausblasseite zu erwarten ist, sondern auch an den Seiten und an der Rückwand der Wärmepumpe. Ein Abstand auch zu rückwärtigen Gebäuden (z.B. bei Reihenhäusern) ist im Einzelfall einzuplanen.
- Bei der Planung des Aufstellungsortes empfiehlt es sich, immer den niedrigsten Immissionsschutzwert als Basis zu betrachten (der Nachtwert). Ist der Abstand der Schallquelle zum Immissionsort groß genug, ohne dass dieser Pegel überschritten wird, werden auch die Anforderungen am Tage deutlich unterschritten und ein schallreduzierter Betrieb, den einige Wärmepumpenhersteller anbieten, muss nicht aktiviert werden.
- Das Aufstellen von außen aufgestellten Luft/Wasser-Wärmepumpen sollte nicht in (Innen-)Höfen oder gemeinsam genutzten Garageneinfahrten von Doppel-/Reihenhäusern erfolgen. Die Vergangenheit hat gezeigt, dass der Abstand zum Nachbarn in der Regel zu gering ist, um eine Störung zu vermeiden.
- Die Zugänglichkeit zur Wärmepumpe, das Ausrichten zur Hauptwindrichtung, das Abführen von Kondensat und weitere Anforderungen bezüglich der Aufstellung der Wärmepumpe sind den Planungsbüchern der Hersteller zu entnehmen.

Alle Kanäle, Schläuche, Flanschplatten und elastische Stutzen sind zum Schutz vor Kondensatbildung wärmegedämmt auszuführen (Kanäle und Schläuche mit Mineralfaserisolierung, Stutzen und Platten mit Kälteisolierung). Bei einer Raumluftfeuchte von > 50 % und einer Außentemperatur von unter 0 °C kann es zu einer Betauung trotz Wärmedämmung kommen. Bei Luft/Wasser-Wärmepumpen muss die angesaugte Luft in der Regel frei von Ammoniak sein. Die Nutzung von Abluft aus Tierstallungen ist deshalb nicht zulässig.

Planung von Luft/Wasser-Wärmepumpen

Im Unterschied zu den Sole/Wasser- und Wasser/Wasser-Wärmepumpen ist die Heizleistung der Luft/Wasser-Wärmepumpe stark abhängig von der Außentemperatur (Abbildung 4.46).

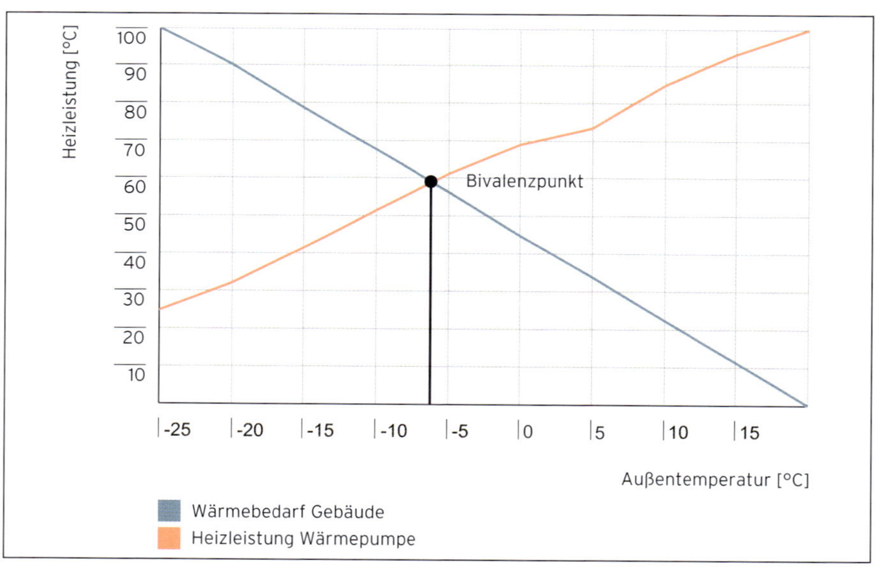

Abbildung 4.46: Verhältnis Wärmebedarf Gebäude zur Heizleistung der Luft/Wasser-Wärmepumpe

Für die Auslegung ist deshalb Folgendes zu beachten:

Bei sinkender Außentemperatur treten zwei Faktoren in Kraft:

a) der Wärmebedarf des Gebäudes erhöht sich

b) die Heizleistung der Wärmepumpe wird geringer.

Die Auslegung der Wärmepumpe hat so zu erfolgen, dass auch bei der tiefsten Außentemperatur die Wärmeversorgung sichergestellt ist! Deshalb muss immer gelten:

Heizlast des Gebäudes < Heizleistung Wärmepumpe + alternativer Wärmeerzeuger

Bivalenzpunkt

Die Auslegung der Luft/Wasser-Wärmepumpe erfolgt anhand des sogenannten Bivalenzpunktes. Dieser Punkt beschreibt die Außentemperatur, bis zu der die Heizlast ausschließlich mit dem Grundlast-Wärmeerzeuger gedeckt werden kann. Unterhalb des Bivalenzpunktes arbeitet ein weiterer Wärmeerzeuger zur Deckung der Spitzenlast. Anhand des Bivalenzpunktes wird festgelegt, ob die Luft/Wasser-Wärmepumpe monoenergetisch oder bivalent betrieben wird.

Ermittlung des Bivalenzpunktes

In der Regel werden in Kombination mit Wärmepumpen Flächenheizungen (Fußbodenheizung o. Ä.) geplant, die es ermöglichen, einen monovalenten bzw. monoenergetischen Betrieb zu realisieren.

Beispiel Neubau:

- Bauart: Einfamilienhaus (EFH)
- Zu beheizende Fläche: 150 m^2
- Norm-Heizlast nach DIN EN 12831: 7,1 kW
- Tiefste Norm-Außentemperatur θ_e nach DIN EN 12831-1: –14 °C (z. B. Berlin)
- Wärmenutzungsanlage: Fußbodenheizung mit 35 °C VL bei θ_e.

Da der Gebäudewärmebedarf in Abhängigkeit zur Außentemperatur in der Regel nicht bekannt ist, wird er zur Feststellung des Bivalenzpunktes vereinfacht als Gerade dargestellt und anhand folgender zwei Punkte ermittelt:

Punkt A: Ermittelte Norm-Heizlast in Abhängigkeit von der Norm-Außentemperatur

Punkt B: Gewählte Raumtemperatur als Außentemperatur eingetragen

Die Gerade zwischen den Punkten A und B stellt dabei den (vereinfachten) Wärmebedarf des Hauses in kW dar (Abbildung 4.47).

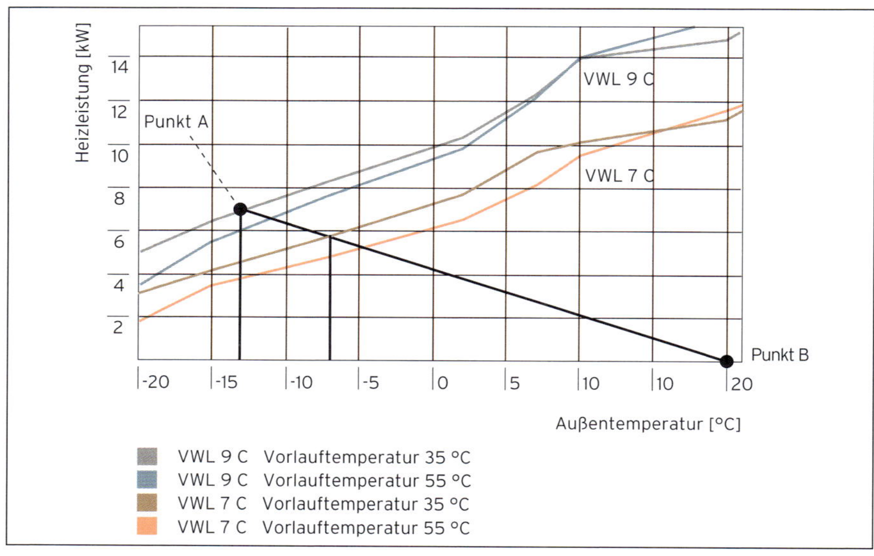

Abbildung 4.47: Beispielhafte Ermittlung des Bivalenzpunktes anhand von zwei Wärmepumpen

Wahl der Wärmepumpe/Zusatzheizung

Im vorgenannten Beispiel zeigt sich anhand der Tabelle zur Ermittlung des Bivalenzpunktes, dass das Gerät VWL 9 C (gerade noch) monovalent arbeitet, während sich bei der VWL 7 C ein Bivalenzpunkt von –8,5 °C einstellt. Grundsätzlich sind also beide Wärmepumpen einsetzbar. Es kann jedoch die VWL 7 C gewählt werden, da

1. der Deckungsanteil bei bivalentem/parallelem Betrieb (hier monoenergetisch) bei 0,99 liegt (siehe Tabelle 4.18),
2. die Heizleistung bei höheren Außentemperaturen immer über der geforderten Leistung liegt,
3. die Heizleistung bei der Warmwasserbereitung im Sommer in Form der Registerfläche des Speichers Berücksichtigung finden muss.

Wenn die Wärmepumpe bei tiefster Norm-Außentemperatur monovalent arbeiten soll, ist die VWL 9 C zu wählen (Einsatzbereich der L/WWP bis –20 °C). Es muss stets sichergestellt sein, dass die Heizleistung der Wärmepumpe und der Zusatzheizung immer größer ist als der Wärmebedarf des Gebäudes bei Norm-Außentemperatur.

Es gilt: Norm-Heizlast des Gebäudes < Heizleistung WP + Zusatzheizung

Beispiel:

VWL 7 C: Norm-Heizlast Beispielgebäude
7,1 kW < 4,5 kW (bei –12 °C) + 6 kW (Elektro-Zusatzheizung)

VWL 9 C: Norm-Heizlast Beispielgebäude
7,1 kW ≤ 7,1 kW (bei –12 °C)

Bivalente Anlagen

Wird der Heizwärmebedarf eines Gebäudes durch ein bivalentes System mit zwei unterschiedlichen Wärmeerzeugern gedeckt (z. B. einer Wärmepumpe für die Grundlast und einem Kessel zur Spitzenlastdeckung), lässt sich der Anteil, den der Grundlast-Wärmeerzeuger zur Deckung des Heizwärmebedarfs beiträgt, anhand Tabelle 4.18 bestimmen. Zur Bestimmung dieses Deckungsanteils muss entweder der Bivalenzpunkt oder der Leistungsanteil des Grundlast-Wärmeerzeugers bekannt sein.

Tabelle 4.18: Deckungsanteil von Grundlast-Wärmeerzeugern (hier Wärmepumpe) einer bivalent betriebenen Anlage (siehe Vornorm DIN V 4701-10 (zurückgezogen))

Bivalenzpunkt	-10 °C	-9 °C	-8 °C	-7 °C	-6 °C	-5 °C	-4 °C	-3 °C
Deckungsanteil bei biv. paral. Betrieb	1	0,99	0,99	0,99	0,99	0,98	0,97	0,96
Bivalenzpunkt	-2 °C	-1 °C	0 °C	1 °C	2 °C	3 °C	4 °C	5 °C
Deckungsanteil bei biv. paral. Betrieb	0,95	0,93	0,9	0,87	0,83	0,77	0,7	0,61

Projektbogen für Luft/Wasser-Wärmepumpen

Projekt:

- -

- -

Norm Heizlast/Norm Außentemperatur des Gebäudes

Norm Heizlast nach DIN EN 12831 ☐ kW

Stadt Gemeinde in der die Wärmepumpe installiert werden soll

PLZ: - - - - - - - - - - Ort: - - - - - - - - - - -

Norm Außentemperatur θe nach DIN EN 12831 Bl. 1 ☐ °C

Hinweis: Die Norm Außentemperatur ist der tiefstes Zweitagesmittel der Lufttemperatur, das 10-mal in 20 Jahren erreicht oder unterschritten wird. Ist die Normaußentemperatur bekannt kann die Ortsangabe entfallen.

Festlegung der Heizflächentemperaturen

Angabe des Heizsystems				
	☐	Fußbodenheizung	Temperatur Vorlauf/Rücklauf	______°C
	☐	Wandheizung	Temperatur Vorlauf/Rücklauf	______°C
	☐	Radiatorheizung	Temperatur Vorlauf/Rücklauf	______°C
	☐	sonstiges System	Temperatur Vorlauf/Rücklauf	______°C

Aufstellungsort der Wärmepumpe

Innenaufstellung	☐	Installation unter Erdgleiche (Kellerinstallation) Bitte Skizze des Aufstellortes (Draufsicht) beilegen
	☐	Installation über Erdgleiche (z.B. Wirtschaftsraum) Bitte Skizze des Aufstellortes (Draufsicht) beilegen
Außenaufstellung	☐	Bitte Lageplan Außengelände und Skizze Keller beilegen
Split Variante	☐	Bitte Lageplan Außengelände und Skizze Keller beilegen

Abbildung 4.48: Projektbogen für Luft/Wasser-Wärmepumpen

4.13 Planung der Wärmenutzungsanlage

4.13.1 Grundsätzliches zur Planung von Wärmenutzungsanlagen

Die meisten Wärmepumpen sind für den Betrieb mit einer maximalen Vorlauftemperatur von 55 °C konzipiert (alle anderen Wärmepumpen sollten nach Möglichkeit auch nur bis zu einer maximalen Temperatur von 55 °C arbeiten, da die Wirtschaftlichkeit ansonsten gravierend leidet). Lediglich zur Warmwasserbereitung kann eine höhere Vorlauftemperatur vorteilhaft sein. Wärmepumpen unterscheiden sich daher grundlegend von gas- oder ölbetriebenen Kessel-/Wandheizgeräten, die Vorlauftemperaturen von über 80 °C erzeugen können. Um den niedrigeren Vorlauftemperaturen der Wärmepumpe Rechnung zu tragen, muss die gesamte Heizungsanlage und Warmwasserbereitung darauf abgestimmt werden. Im Folgenden werden die wichtigsten Bauteile der Wärmenutzungsanlage und deren Besonderheiten beim Einsatz in Verbindung mit einer Wärmepumpe erläutert (Abbildung 4.49).

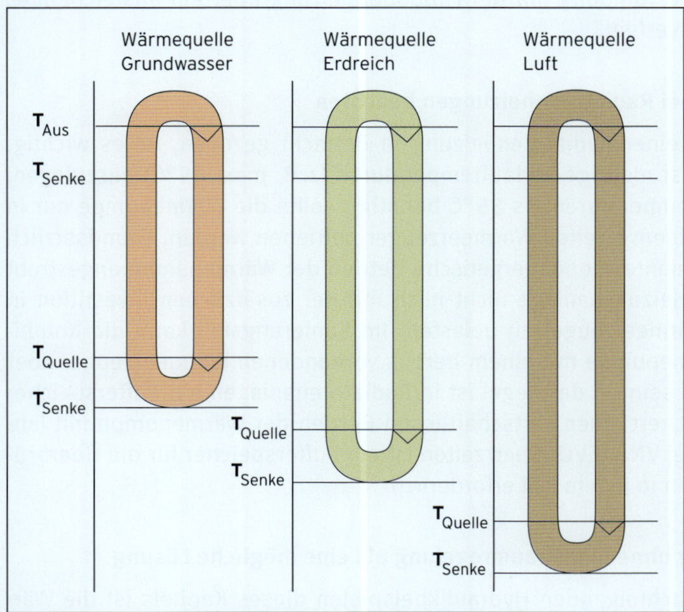

Abbildung 4.49: Darstellung des Temperaturhubs der Wärmequellen

4.13.2 Heizkreise

Um mit der Wärmepumpe eine hohe Jahresarbeitszahl erzielen zu können, ist es wichtig, eine möglichst hohe Wärmequellentemperatur einerseits und eine möglichst niedrige Temperatur in der Wärmenutzungsanlage andererseits zu realisieren.

Einsatz von Flächenheizungen mit Vorlauftemperaturen 35 °C

Für die Kombination mit der Wärmepumpe besonders bewährt haben sich Flächenheizungen, insbesondere Fußbodenheizungen, die mit Vorlauftemperaturen von 35 °C oder weniger bei tiefster Norm-Außentemperatur das Objekt beheizen. Um einen wirtschaftlichen Betrieb gewährleisten zu können, ist eine Spreizung von 7–8 K anzustreben. Wird die Wärmepumpe durch VNB (EVU)-Sperrzeiten vom Netz genommen und dadurch eine Wärmeerzeugung durch die Wärmepumpe unterbunden, ist im Unterschied zur Radiatorenheizung eine Pufferung von Wärmeenergie in einem gesonderten Behälter (Pufferspeicher) nicht notwendig, da der Estrich in Verbindung mit der Fußbodenheizung über ein ausreichendes Speichervolumen verfügt.

Besonderheiten bei Radiatorenheizungen beachten

Wird der Einsatz einer Radiatorenheizung in Betracht gezogen, ist es wichtig, diese für möglichst niedrige Vorlauftemperaturen (z. B. max. 45 °C) auszulegen. Werden höhere Temperaturen als 55 °C benötigt, sollte die Wärmepumpe nur in Verbindung mit einem zweiten Wärmeerzeuger betrieben werden. Grundsätzlich sollte der monovalente/monoenergetische Betrieb der Wärmepumpe angestrebt werden, um die Heizungsanlage nicht noch mit der zusätzlichen Investition in einen zweiten Wärmeerzeuger zu belasten. Im Sanierungsfall kann die Kombination einer Wärmepumpe mit einem bereits vorhandenen Wärmeerzeuger aber durchaus sinnvoll sein. In der Regel ist in Radiatorenanlagen ein Pufferspeicher vorzusehen. Er sichert einen wirtschaftlichen Betrieb der Wärmepumpe mit langen Laufzeiten. Bei VNB (EVU)-Sperrzeiten ist ein Pufferspeicher für die Überbrückung dieser Zeiten in jedem Fall erforderlich.

Fußbodenheizung ohne Einzelraumregelung als eine mögliche Lösung

In den meisten nachfolgenden Hydraulikbeispielen dieses Kapitels ist die Wärmepumpe mit einer Fußbodenheizung kombiniert, die keine raumtemperaturabhängig betriebenen Stellantriebe aufweist. Da alle Heizungsanlagen nach § 12 Abs. 2 der EnEV eine selbstständig wirkende Einrichtung zur raumweisen Temperaturregelung (Einzelraumregelung) aufweisen müssen, ist ein Antrag nach

§ 16 und § 17 der EnEV auf Befreiung bei der Bauaufsichtsbehörde einzureichen. Folgende Gründe sprechen für eine Fußbodenheizung (keine Dünnbetttechnik, da hier der Estrich keine ausreichende Kapazität aufweist) ohne Einzelraumregelung (Abbildung 4.50):

Selbstregeleffekt

Während der Heizperiode überwiegen Außentemperaturen um den Gefrierpunkt oder darüber. Die Fußboden-Oberflächentemperaturen betragen hier maximal 23 °C bei einer mittleren Heizwassertemperatur von 26 °C. Steigt die Raumtemperatur infolge innerer Wärmegewinne oder Sonneneinstrahlung an, nimmt die Wärmeabgabe der Fußbodenheizung wegen der geringer werdenden Temperaturdifferenz sofort ab. Bei einer Raumtemperatur von 23 °C geht die Wärmeabgabe gegen null. Bei fallender Raumtemperatur verhält es sich umgekehrt. Dieser Selbstregeleffekt tritt unabhängig von regelungstechnischen Einrichtungen ein.

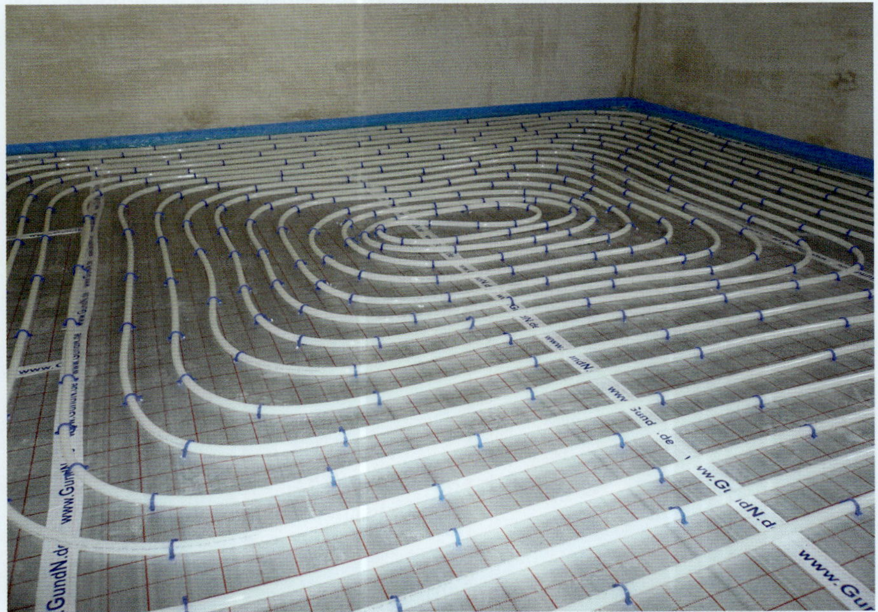

Abbildung 4.50: Fertig verlegte Fußbodenheizung vor der Einbringung des Estrichs

Arbeitszahl der Wärmepumpenanlage (WPA)

Die Arbeitszahl einer WPA ist entscheidend abhängig von einer geringen Vorlauftemperatur und einer kleinen Temperaturspreizung zwischen Vorlauf und Rücklauf. Bei Wärmepumpen wird die Vorlauf-/Rücklauftemperatur abhängig von der Außentemperatur geregelt. Die Volumenströme der Heizkreise sind aufeinander abgestimmt. Durch das Eingreifen der Einzelraumregelung würde der Volumenstrom reduziert und damit sowohl die Temperaturspreizung als auch die Vorlauftemperatur erhöht. Hierdurch würde die Einzelraumregelung eine Verschlechterung der Arbeitszahl und damit eine Steigerung des Energieeinsatzes um bis zu 10 % verursachen. Dieser Effekt wird durch mögliche Einsparungen der Einzelraumregelung von 2 % nicht annähernd kompensiert.

Fehlende Wirtschaftlichkeit der Einzelraumregelung

Den Mehrkosten der Einzelraumregelung für Investition und Wartung steht keine Energieeinsparung und damit auch keine Kosteneinsparung gegenüber. Der geforderte Mindestumlauf der Wärmepumpe wird durch o. g. Maßnahme erzielt, deshalb sind keine weiteren Bauteile zu installieren, die einen Mindestwasserumlauf gewährleisten müssen. Bei Verzicht auf die Einzelraumregelung ist ein hydraulischer Abgleich der Anlage zwingend erforderlich (Abbildung 4.51).

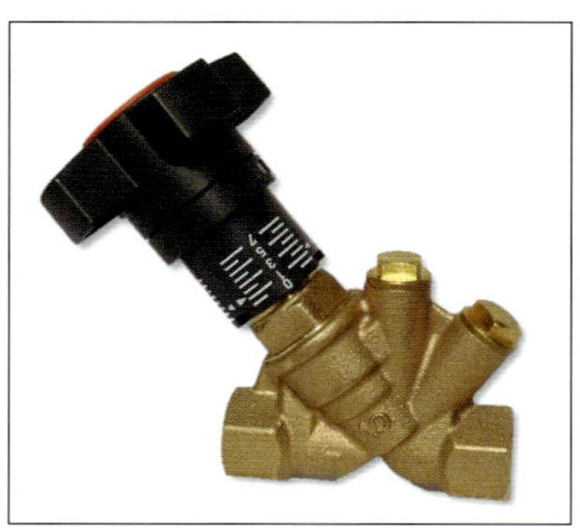

Abbildung 4.51: Strangregulierventil zum hydraulischen Abgleich von Heizkreisen

4.13.3 Wahl der Warmwasserbereitung

Besonderes Augenmerk ist auf die Wahl der Warmwasserbereitung zu richten. Da sich mit Wärmepumpen in der Regel eine maximale Vorlauftemperatur von 55 °C erzielen lässt, sind Systeme zu nutzen, welche diese Temperatur mit möglichst geringen Verlusten auf das Warmwasser übertragen. Durch die großzügige Dimensionierung der Wärmetauscher des Warmwassersystems wird eine ausreichende Warmwassertemperatur gewährleistet. Gleichzeitig wird hierdurch ein zu häufiges Einschalten der Wärmepumpe vermieden.

Die Speichertechnik ist im Kapitel 4.5 *Planung Warmwasserbedarf* erläutert worden.

4.13.4 Pufferspeicher

Pufferspeicher erfüllen in einer Wärmepumpenanlage prinzipiell vier Aufgaben:

- Überbrückung von Sperrzeiten der Energieversorgungsunternehmen, um eine kontinuierliche Wärmelieferung zu gewährleisten.
- Mindestlaufzeiten der Wärmepumpe werden bei Anlagen mit geringem Wasserinhalt erhöht.
- Gewährleistung der Mindestwasserumlaufmenge bei der Verschaltung des Pufferspeichers als Trennspeicher.
- Pufferung von Wärmeenergie für den Abtauvorgang des Verdampfers bei Luft/Wasser-Wärmepumpen.

Nachfolgend werden die wichtigsten Verschaltungsformen eines Pufferspeichers erläutert:

Pufferspeicher als Trennspeicher in die Heizungsanlage eingebunden

Mit dem Trennspeicher wird die Wärmeerzeugung (hier Wärmepumpe) von der Wärmenutzung (Fußbodenheizung) hydraulisch getrennt. Der Drucknullpunkt liegt im Trennspeicher. Damit wird die Mindestumlaufwassermenge der Wärmepumpe erzielt und die Schaltspiele der Wärmepumpe werden verringert. Auf der Nutzungsseite ist eine separate Umwälzpumpe erforderlich und die Einzelraumregelung kann angewendet werden (Abbildung 4.52).

Pufferspeicher als Rücklaufreihenspeicher

Der Rücklaufreihenspeicher wird in Verbindung mit einer Radiatorenheizung/Wandheizung eingesetzt, um die Umlaufwassermenge zu erhöhen. Dadurch wird die Laufzeit der Wärmepumpe erhöht. Im Unterschied zum Trennspeicher kann auf eine zweite Heizungsumwälzpumpe verzichtet werden. Die Mindestwasserumlaufmenge ist durch ein geeignetes Überströmventil zu gewährleisten (Abbildung 4.53).

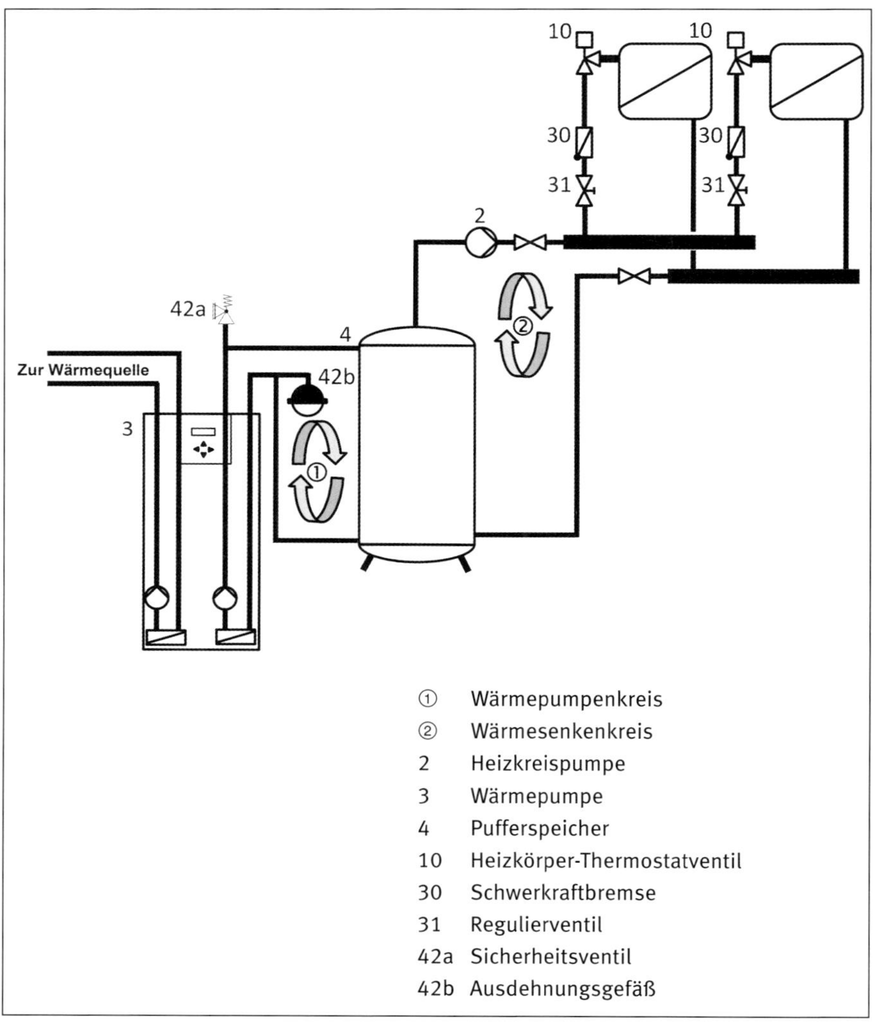

Abbildung 4.52: Einbindung eines Pufferspeichers als Trennspeicher

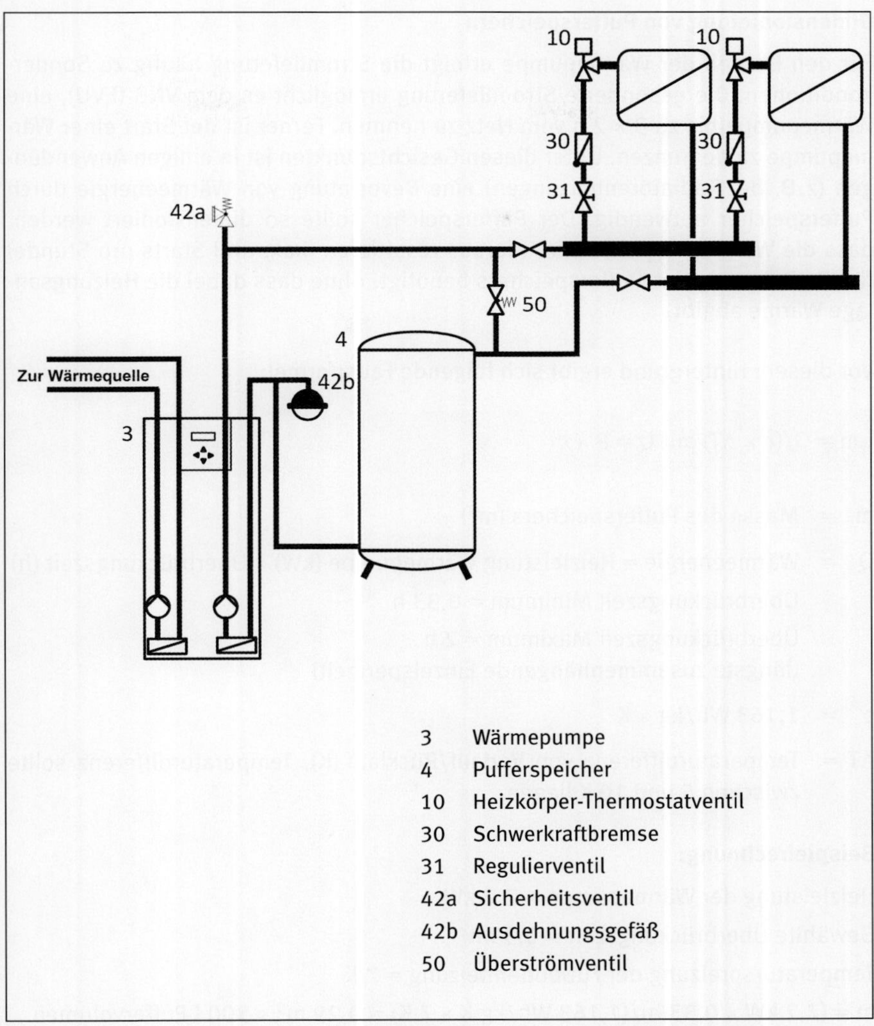

Abbildung 4.53: Einbindung eines Pufferspeichers als Reihenspeicher

Dimensionierung von Pufferspeichern

Für den Betrieb der Wärmepumpe erfolgt die Stromlieferung häufig zu Sonderkonditionen. Die gesonderte Stromlieferung ermöglicht es dem VNB (EVU), eine Wärmepumpe bis zu 3 × 2 h vom Netz zu nehmen. Ferner ist der Start einer Wärmepumpe zu begrenzen. Unter diesen Gesichtspunkten ist in einigen Anwendungen (z. B. bei Radiatorenheizungen) eine Bevorratung von Wärmeenergie durch Pufferspeicher notwendig. Der Pufferspeicher sollte so dimensioniert werden, dass die Wärmepumpe 20 min. (daraus resultieren max. drei Starts pro Stunde) für die Beladung des Pufferspeichers benötigt, ohne dass dabei die Heizungsanlage Wärme abgibt.

Vor diesem Hintergrund ergibt sich folgende Faustformel:

$$m = Q/(c \times \Delta T) \text{ mit } Q = P \times t$$

m = Masse des Pufferspeichers (m^3)

Q = Wärmeenergie = Heizleistung Wärmepumpe (kW) × Überbrückungszeit (h)
Überbrückungszeit Minimum = 0,33 h
Überbrückungszeit Maximum = 2 h
(längste zusammenhängende Einzelsperrzeit)

c = 1,163 Wh/kg × K

ΔT = Temperaturdifferenz von Vorlauf/Rücklauf (K), Temperaturdifferenz sollte zwischen 5 und 10 K liegen

Beispielrechnung:

Heizleistung der Wärmepumpe = 7,2 kW

Gewählte Überbrückungszeit = 0,33 h

Temperaturspreizung der Fußbodenheizung = 7 K

m = (7,2 kW × 0,33 h)/(1,163 Wh/kg K × 7 K) = 0,29 $m^3 \approx$ 300 l Puffervolumen

4.13.5 Sonstige Bauteile

Elektro-Zusatzheizung

Die Elektro-Zusatzheizung ist für die Erwärmung der Heizungsanlage und des Warmwassers konstruiert. Sie dient der Abdeckung von Bedarfsspitzen in der Heizungsanlage, zur thermischen Entkeimung des Warmwassers (die maximal von der Wärmepumpe erzeugte Warmwassertemperatur von ca. 50 °C–60 °C reicht zur Entkeimung nicht aus) und zur Unterstützung des Trockenheizens des Fußbodens. Letzteres ist vor allem beim Trockenheizen während der Wintermonate wichtig, um die Wärmequelle zu entlasten. Die Heizleistung eines Neubaus liegt bis zu 40 % über dem Heizleistungsbedarf eines trockengeheizten Hauses.

Hydraulische Weiche

Eine hydraulische Weiche ist nichts anderes als eine stark überdimensionierte Bypassleitung. Ähnlich wie beim Trennspeicher wird bei der hydraulischen Weiche die Wärmeerzeugung (hier Wärmepumpe) von der Wärmenutzung (Fußbodenheizung) hydraulisch getrennt (entkoppelt). Die Mindestumlaufwassermenge ist unabhängig von der Wärmenutzungsanlage sichergestellt. Auf der Nutzungsseite kann die Einzelraumregelung angewendet werden. Häufig sind hydraulische Weichen mit einer Entlüftung und einem Tauchrohr für Temperaturfühler ausgestattet (Abbildung 4.54).

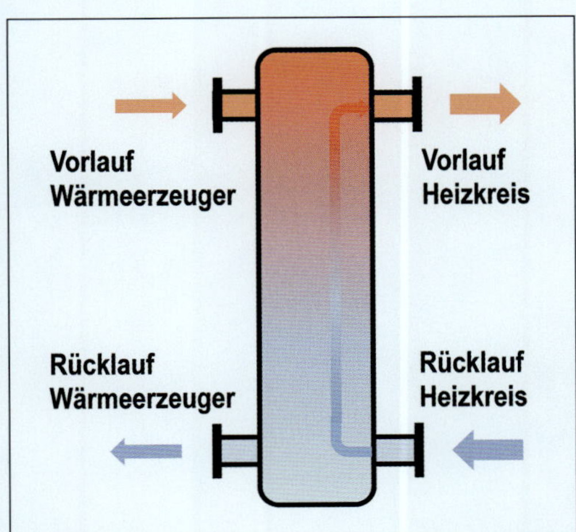

Abbildung 4.54: Schnitt einer hydraulischen Weiche. Der Volumenstrom-Heizkreis ist hierbei größer als der Volumenstrom-Wärmeerzeugerkreis.

Mischer

Mischer sollten in Verbindung mit einer Wärmepumpenanlage vermieden werden, da ansonsten der Jahresnutzungsgrad und damit die Wirtschaftlichkeit der Heizungsanlage leidet. Wirtschaftlicher ist ein getrennter Betrieb von Hoch- und Niedertemperaturkreisen z. B. durch hydraulische Umschaltung.

4.13.6 Übersicht hydraulische Schaltungen

Im nachfolgenden Kapitel wird eine kleine Auswahl von Hydrauliken dargestellt, die den unterschiedlichen Anforderungen Rechnung tragen. Die Tabelle 4.19 gibt einen schnellen Überblick.

Tabelle 4.19: Übersicht hydraulische Schaltungen

Hydraulik	Fußbodenheizung	Radiatorenheizung	Warmwasserbereitung	Bemerkung
1	X	–	–	Wärmepumpe kombiniert mit einer Fußbodenheizung
2	–	X	–	Wärmepumpe kombiniert mit einer Radiatorenheizung (entkoppelt durch einen Pufferspeicher)
3	X	–	X	Wärmepumpe und Fußbodenheizung kombiniert mit einem Speicher
4	X	X	X	Wärmepumpe, Fußbodenheizung und Warmwasserbereitung über Doppelmantelspeicher; Radiatorkreis über Doppelmantel
5	X (wahlweise)	X	X	Luft/Wasser-Wärmepumpe kombiniert mit einem Multifunktionsspeicher
6	X (wahlweise)	X (wahlweise)	–	Bivalente Heizungsanlage – Wärmepumpe und Gas-/Ölkessel versorgen eine Mehrkreisanlage mit Wärme
7	X (wahlweise)	X (wahlweise)	X	Wärmepumpenheizung solare Warmwasserbereitung und solare Heizungsunterstützung – die Kombination mit dem niedrigsten Primärenergieeinsatz

Beispiel 1 (Abbildung 4.55):

Bevorzugtes Einsatzgebiet:

Beheizung von Einfamilien- oder Zweifamilienhäusern

Wärmequelle:

Erdsonde, Erdkollektor oder Kompaktkollektor

Anlagenbeschreibung:

Eine Sole/Wasser-Wärmepumpe versorgt eine Fußbodenheizung direkt mit Wärme. Über eine witterungsgeführte Regelung, die optional von einem Raumregler unterstützt werden kann, wird die Vorlauftemperatur der Außentemperatur angepasst.

Hinweis:

Die Mindestumlaufwassermenge in den Heizkreisen muss gewährleistet sein, da sonst die Wärmepumpe bei Betrieb auf Störung schaltet.

Für Deutschland gilt: Ein Antrag auf Befreiung von der Einzelraumregelung nach § 12 Abs. 2 der Energieeinsparungsverordnung (EnEV) muss gestellt werden.

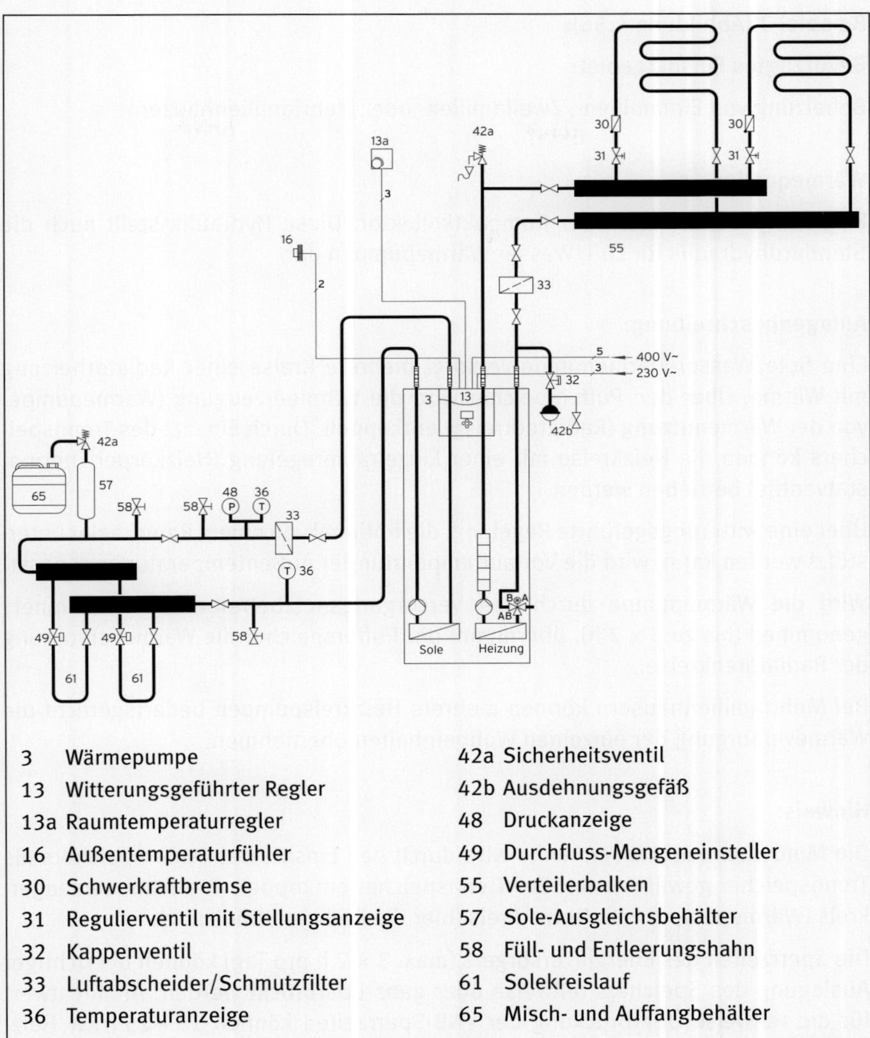

Abbildung 4.55: Beispiel 1

Beispiel 2 (Abbildung 4.56):

Bevorzugtes Einsatzgebiet:

Beheizung von Einfamilien-, Zweifamilien- oder Mehrfamilienhäusern

Wärmequelle:

Erdsonde, Erdkollektor oder Kompaktkollektor. Diese Hydraulik stellt auch die Standardhydraulik für Luft/Wasser-Wärmepumpen dar.

Anlagenbeschreibung:

Eine Sole/Wasser-Wärmepumpe versorgt mehrere Kreise einer Radiatorheizung mit Wärme. Über den Pufferspeicher wird die Wärmeerzeugung (Wärmepumpe) von der Wärmenutzung (Radiatorkreise) entkoppelt. Durch Einsatz des Trennspeichers können die Heizkreise mit einer Einzelraumregelung (Heizkörper-Thermostatventile) betrieben werden.

Über eine witterungsgeführte Regelung, die optional von einem Raumregler unterstützt werden kann, wird die Vorlauftemperatur der Außentemperatur angepasst.

Wird die Wärmepumpe durch den Versorgungsnetzbetreiber vom Stromnetz genommen (bis zu 3 × 2 h), übernimmt der Pufferspeicher die Wärmeversorgung der Radiatorenkreise.

Bei Mehrfamilienhäusern können mehrere Heizkreispumpen bedarfsgerecht die Wärmeversorgung der einzelnen Wohneinheiten übernehmen.

Hinweis:

Die Mindestumlaufwassermenge wird durch den Einsatz des Pufferspeichers als Trennspeicher gewährleistet. Der Trennspeicher entkoppelt den Wärmeerzeugerkreis (Wärmepumpe) vom Nutzerkreis (hier die Radiatorenheizung).

Die Sperrzeiten des Energieversorgers (max. 3 × 2 h pro Tag) können bei richtiger Auslegung des Speichers teilweise oder ganz überbrückt werden. Als Richtwert für die teilweise Überbrückung der VNB-Sperrzeiten können 15 – 25 l/kW Heizleistung angenommen werden. Für die komplette Überbrückung ist die Pufferspeichergröße zu berechnen.

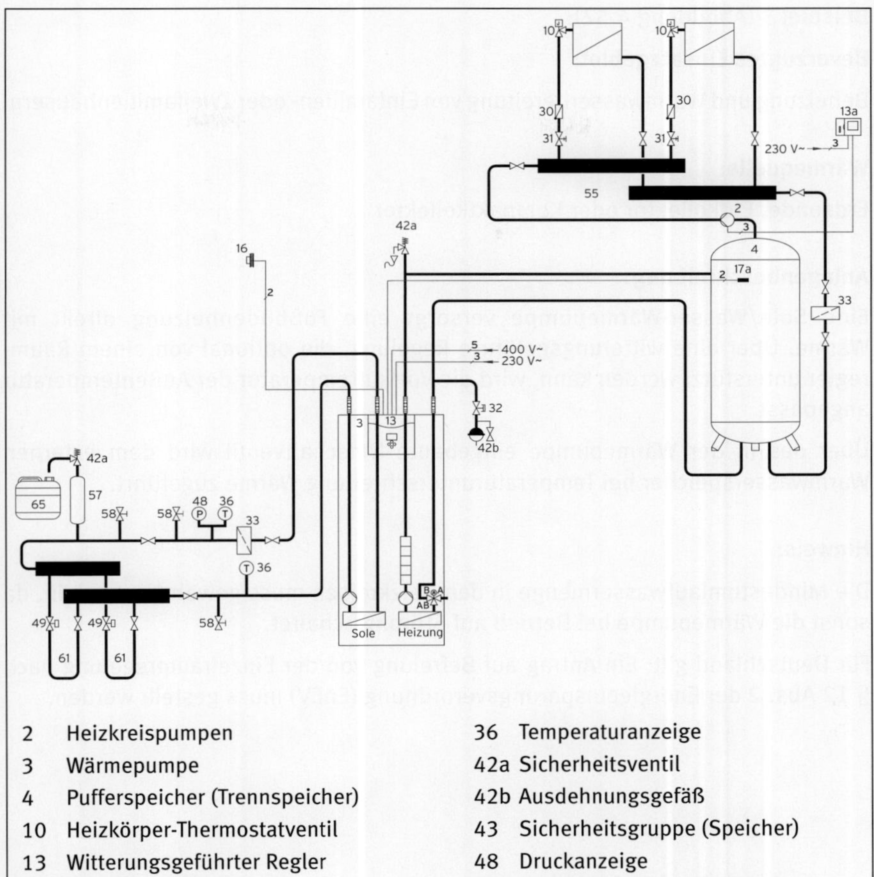

2 Heizkreispumpen
3 Wärmepumpe
4 Pufferspeicher (Trennspeicher)
10 Heizkörper-Thermostatventil
13 Witterungsgeführter Regler
13a Raumtemperaturregler
16 Außentemperaturfühler
17a Vorlauftemperaturfühler
30 Schwerkraftbremse
31 Regulierventil mit Stellungsanzeige
32 Kappenventil
33 Luftabscheider/Schmutzfilter
36 Temperaturanzeige
42a Sicherheitsventil
42b Ausdehnungsgefäß
43 Sicherheitsgruppe (Speicher)
48 Druckanzeige
49 Durchfluss-Mengeneinsteller
55 Verteilerbalken
57 Sole-Ausgleichsbehälter
58 Füll- und Entleerungshahn
61 Solekreislauf
65 Misch- und Auffangbehälter

Abbildung 4.56: Beispiel 2

Beispiel 3 (Abbildung 4.57):

Bevorzugtes Einsatzgebiet:

Beheizung und Warmwasserbereitung von Einfamilien- oder Zweifamilienhäusern.

Wärmequelle:

Erdsonde, Erdkollektor oder Kompaktkollektor

Anlagenbeschreibung:

Eine Sole/Wasser-Wärmepumpe versorgt eine Fußbodenheizung direkt mit Wärme. Über eine witterungsgeführte Regelung, die optional von einem Raumregler unterstützt werden kann, wird die Vorlauftemperatur der Außentemperatur angepasst.

Über das in der Wärmepumpe eingebaute Umschaltventil wird dem externen Warmwasserspeicher bei Temperaturunterschreitung Wärme zugeführt.

Hinweis:

Die Mindestumlaufwassermenge in den Heizkreisen muss gewährleistet sein, da sonst die Wärmepumpe bei Betrieb auf Störung schaltet.

Für Deutschland gilt: Ein Antrag auf Befreiung von der Einzelraumregelung nach § 12 Abs. 2 der Energieeinsparungsverordnung (EnEV) muss gestellt werden.

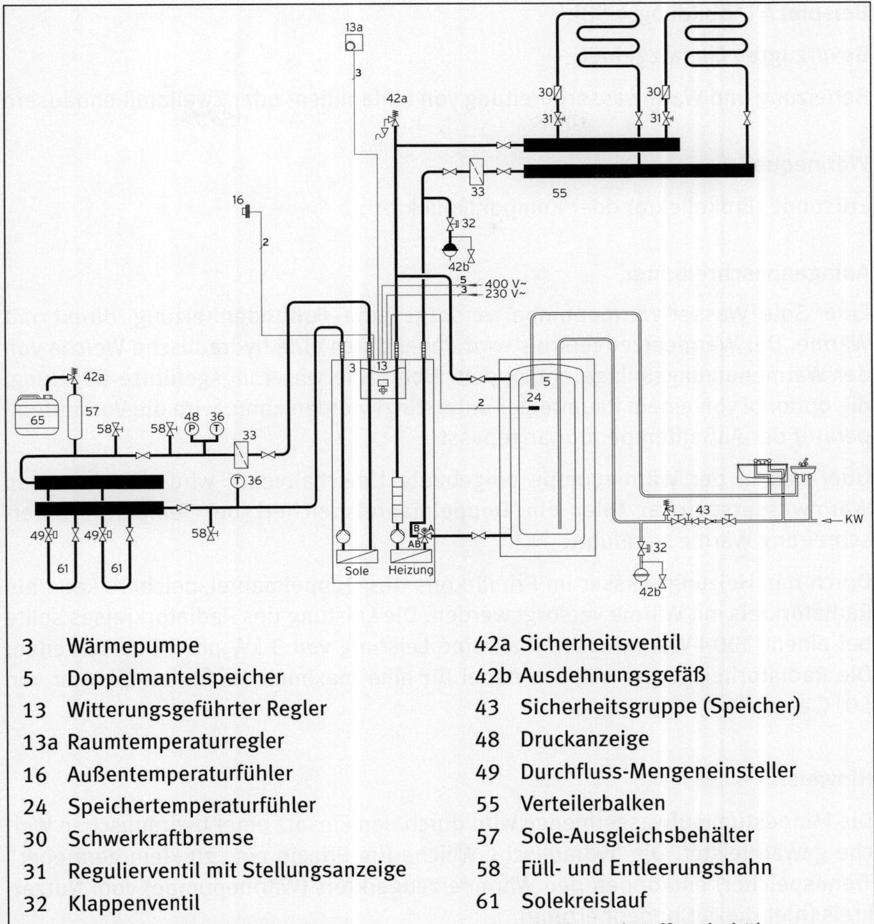

3 Wärmepumpe
5 Doppelmantelspeicher
13 Witterungsgeführter Regler
13a Raumtemperaturregler
16 Außentemperaturfühler
24 Speichertemperaturfühler
30 Schwerkraftbremse
31 Regulierventil mit Stellungsanzeige
32 Klappenventil
33 Luftabscheider/Schmutzfilter
36 Temperaturanzeige
42a Sicherheitsventil
42b Ausdehnungsgefäß
43 Sicherheitsgruppe (Speicher)
48 Druckanzeige
49 Durchfluss-Mengeneinsteller
55 Verteilerbalken
57 Sole-Ausgleichsbehälter
58 Füll- und Entleerungshahn
61 Solekreislauf
65 Misch- und Auffangbehälter

Abbildung 4.57: Beispiel 3

Beispiel 4 (Abbildung 4.58):

Bevorzugtes Einsatzgebiet:

Beheizung und Warmwasserbereitung von Einfamilien- oder Zweifamilienhäusern

Wärmequelle:

Erdsonde, Erdkollektor oder Kompaktkollektor

Anlagenbeschreibung:

Eine Sole/Wasser-Wärmepumpe versorgt eine Fußbodenheizung direkt mit Wärme. Der Wärmeerzeugerkreis wird dabei durch eine hydraulische Weiche von der Wärmenutzungsanlage entkoppelt. Über eine witterungsgeführte Regelung, die optional von einem Raumregler unterstützt werden kann, wird die Vorlauftemperatur der Außentemperatur angepasst.

Über das in der Wärmepumpe eingebaute Umschaltventil wird dem externen Warmwasserspeicher (hier ein Doppelmantelspeicher) bei Temperaturunterschreitung Wärme zugeführt.

Durch das Heizungswasser im Primärkreis des Doppelmantelspeichers kann ein Radiatorkreis mit Wärme versorgt werden. Die Leistung des Radiatorkreises sollte bei einem 300-l-Warmwasserinhalt eine Leistung von 3 kW nicht überschreiten. Die Radiatorheizkörper müssen dabei für eine maximale Vorlauftemperatur von 50 °C ausgelegt sein.

Hinweis:

Die Mindestumlaufwassermenge wird durch den Einsatz einer hydraulischen Weiche gewährleistet. Die hydraulische Weiche (im Prinzip ein „zu klein geratener“ Trennspeicher) entkoppelt den Wärmeerzeugerkreis (Wärmepumpe) vom Nutzerkreis (hier die Fußbodenheizung).

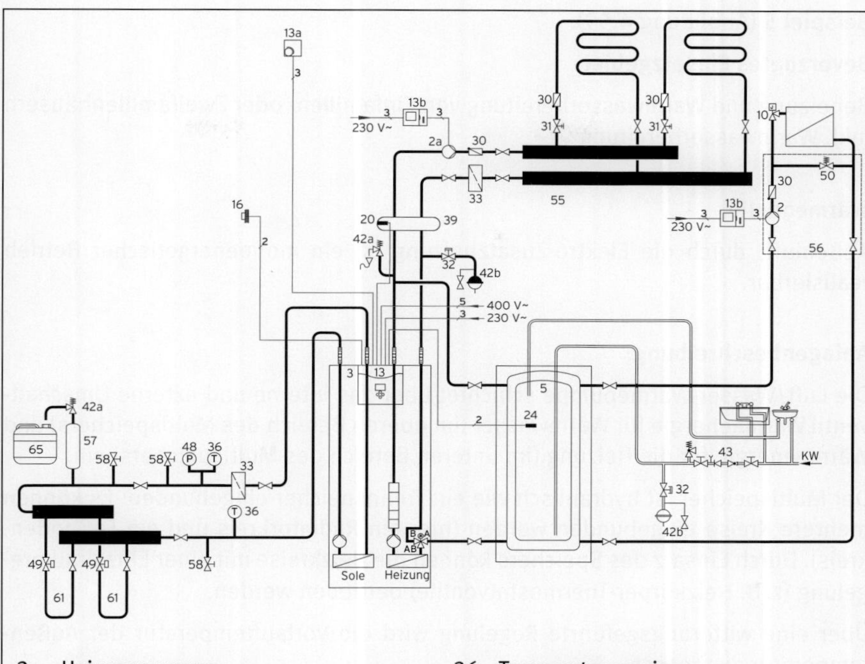

2	Heizungspumpe	36	Temperaturanzeige
2a	Heizkreispumpe Fußbodenkreis	39	Hydraulische Weiche
3	Wärmepumpe	42a	Sicherheitsventil
5	Doppelmantelspeicher	42b	Ausdehnungsgefäß
10	Heizkörper-Thermostatventil	43	Sicherheitsgruppe (Speicher)
13	Witterungsgeführter Regler	48	Druckanzeige
13a	Raumtemperaturregler	49	Durchfluss-Mengeneinsteller
13b	Raumtemperaturregler	50	Überströmventil (entfällt bei drehzahlgeregelter Pumpe)
16	Außentemperaturfühler	55	Verteilerbalken
20	Vorlauftemperaturfühler Wärmepumpe	56	Rohrgruppe für direkten Heizkreis
24	Speichertemperaturfühler	57	Sole-Ausdehnungsgefäß
30	Schwerkraftbremse	58	Füll- und Entleerungshahn
31	Regulierventil mit Stellungsanzeige	61	Solekreislauf
32	Kappenventil	65	Misch- und Auffangbehälter
33	Luftabscheider/Schmutzfilter		

Abbildung 4.58: Beispiel 4

Beispiel 5 (Abbildung 4.59):

Bevorzugtes Einsatzgebiet:

Beheizung und Warmwasserbereitung von Einfamilien- oder Zweifamilienhäusern inkl. Warmwasserbereitung

Wärmequelle:

Außenluft; durch die Elektro-Zusatzheizung ist ein monoenergetischer Betrieb realisierbar.

Anlagenbeschreibung:

Die Luft/Wasser-Wärmepumpe schichtet über das interne und externe Umschaltventil Wärmeenergie für Warmwasser (im oberen Bereich des Multispeichers) und Wärmeenergie für die Heizung (im unteren Bereich des Multispeichers) ein.

Der Multispeicher ist hydraulisch wie ein Trennspeicher eingebunden. Es können mehrere Kreise eingebunden werden (hier ein Radiatorkreis und ein Fußbodenkreis). Durch Einsatz des Speichers können die Heizkreise mit einer Einzelraumregelung (z. B. Heizkörper-Thermostatventile) betrieben werden.

Über eine witterungsgeführte Regelung wird die Vorlauftemperatur der Außentemperatur angepasst.

Wird die Wärmepumpe durch den Versorgungsnetzbetreiber vom Stromnetz genommen (bis zu 3 × 2 h), kann der Speicher die Wärmeversorgung der Radiatorenkreise übernehmen.

Das warme Wasser wird im Durchlaufprinzip erzeugt. Bei großem Warmwasserbedarf muss die Schüttleistung pro Zeiteinheit (also die Wassermenge, die schnell zur Verfügung gestellt werden kann) beachtet werden.

Hinweis:

Die Mindestumlaufwassermenge wird durch den Einsatz des Multispeichers als Trennspeicher gewährleistet. Der Speicher entkoppelt den Wärmeerzeugerkreis (Wärmepumpe) vom Nutzerkreis (hier die Radiatorenheizung).

Die Sperrzeiten des Energieversorgers (max. 3 × 2 h pro Tag) können bei richtiger Auslegung des Speichers teilweise oder ganz überbrückt werden. Als Richtwert für die teilweise Überbrückung der VNB-Sperrzeiten können 15 – 25 l/kW Heizleistung angenommen werden. Für die komplette Überbrückung ist die Pufferspeichergröße zu berechnen.

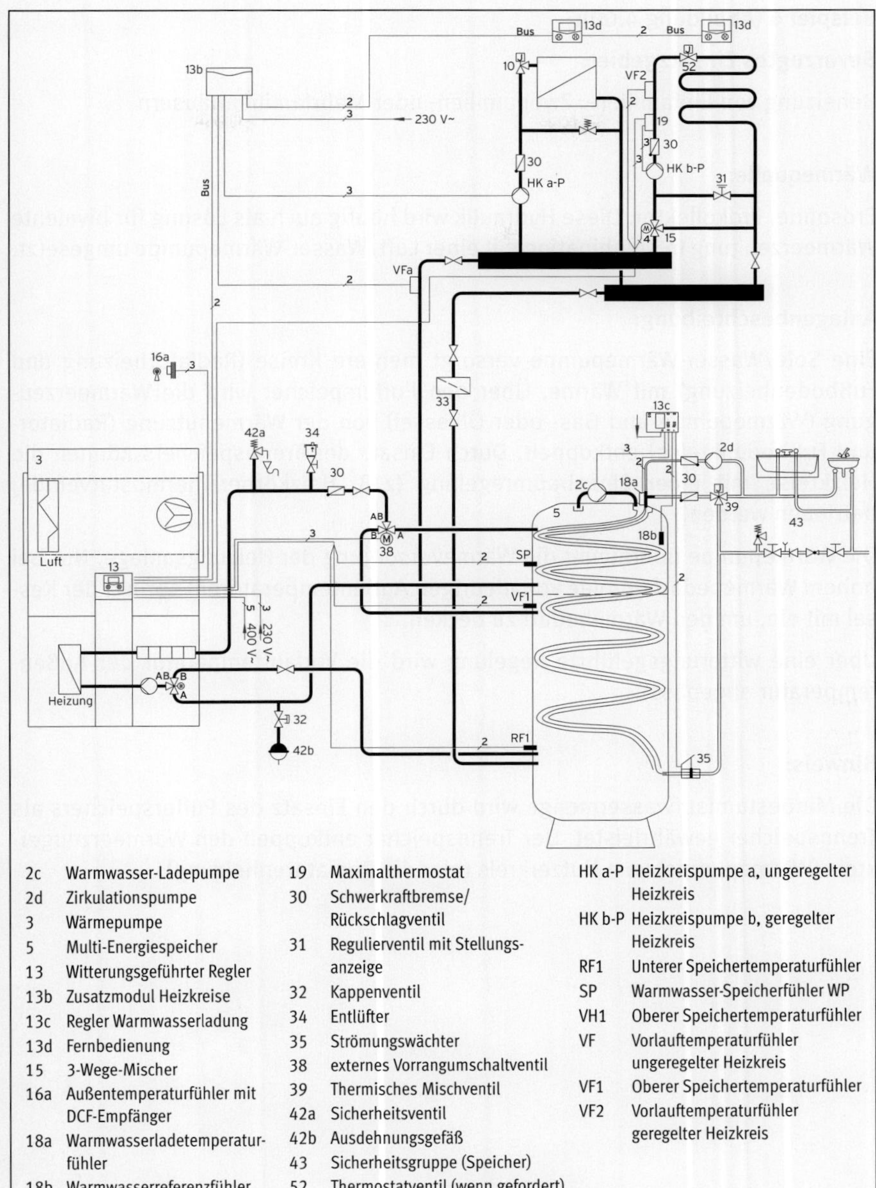

Abbildung 4.59: Beispiel 5

Beispiel 6 (Abbildung 4.60):

Bevorzugtes Einsatzgebiet:

Beheizung von Einfamilien-, Zweifamilien- oder Mehrfamilienhäusern

Wärmequelle:

Erdsonde, Erdkollektor. Diese Hydraulik wird häufig auch als Lösung für bivalente Wärmeerzeugung in Kombination mit einer Luft/Wasser-Wärmepumpe umgesetzt.

Anlagenbeschreibung:

Eine Sole/Wasser-Wärmepumpe versorgt mehrere Kreise (Radiatorheizung und Fußbodenheizung) mit Wärme. Über den Pufferspeicher wird die Wärmeerzeugung (Wärmepumpe und Gas- oder Ölkessel) von der Wärmenutzung (Radiator- und Fußbodenkreise) entkoppelt. Durch Einsatz des Trennspeichers können die Heizkreise mit einer Einzelraumregelung (z. B. Heizkörper-Thermostatventile) betrieben werden.

Die Wärmepumpe übernimmt die Wärmeversorgung der Heizungsanlage. Nur bei hohem Wärmebedarf (infolge von niedrigen Außentemperaturen) springt der Kessel mit ein, um den Wärmebedarf zu decken.

Über eine witterungsgeführte Regelung wird die Vorlauftemperatur der Außentemperatur angepasst.

Hinweis:

Die Mindestumlaufwassermenge wird durch den Einsatz des Pufferspeichers als Trennspeicher gewährleistet. Der Trennspeicher entkoppelt den Wärmeerzeugerkreis (Wärmepumpe) vom Nutzerkreis (hier die Radiatorenheizung).

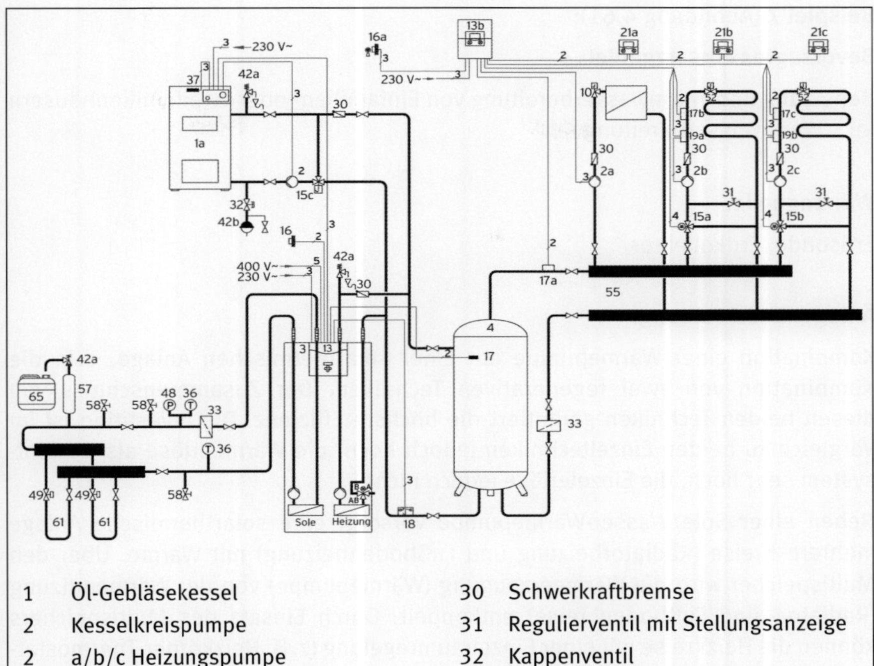

1	Öl-Gebläsekessel	30	Schwerkraftbremse
2	Kesselkreispumpe	31	Regulierventil mit Stellungsanzeige
2	a/b/c Heizungspumpe	32	Kappenventil
3	Wärmepumpe	33	Luftabscheider/Schmutzfilter
4	Pufferspeicher (Trennspeicher)	36	Temperaturanzeige
10	Heizkörper-Thermostatventil	42a	Sicherheitsventil
13	Witterungsgeführter Regler	42b	Ausdehnungsgefäß
13b	Mehrkreis- und Kaskadenregler	48	Druckanzeige
15	a/b 3-Wege-Mischer	49	Durchfluss-Mengeneinsteller
15c	Thermisches 3-Wege-Ventil Rücklaufanhebung	52	Ventil zur Einzelraumregelung
		55	Verteilerbalken
16a	Außentemperaturfühler	57	Sole-Ausgleichsbehälter
17	a/b/c Temperaturfühler	58	Füll- und Entleerungshahn
19	a/b Maximalthermostat	61	Solekreislauf
21	a/b/c Fernbediengerät	65	Misch- und Auffangbehälter

Abbildung 4.60: Beispiel 6

Beispiel 7 (Abbildung 4.61):

Bevorzugtes Einsatzgebiet:

Beheizung und Warmwasserbereitung von Einfamilien- oder Zweifamilienhäusern inkl. Warmwasserbereitung

Wärmequelle:

Erdsonde, Erdkollektor

Anlagenbeschreibung:

Kombination einer Wärmepumpe mit einer solarthermischen Anlage, d.h. die Kombination von zwei regenerativen Techniken. Der Zusammenschluss von diesen beiden Techniken garantiert die höchste Effizienz. Die Investition ist im Vergleich zu beiden Einzeltechniken jedoch hoch, die Wärmeerlöse als Gesamtsystem sehr hoch, die Einzelerlöse jedoch nicht.

Neben einer Sole/Wasser-Wärmepumpe versorgt eine solarthermische Anlage mehrere Kreise (Radiatorheizung und Fußbodenheizung) mit Wärme. Über den Multispeicher wird die Wärmeerzeugung (Wärmepumpe) von der Wärmenutzung (Radiator- und Fußbodenkreise) entkoppelt. Durch Einsatz des Multispeichers können die Heizkreise mit einer Einzelraumregelung (z.B. Heizkörper-Thermostatventile) betrieben werden.

Der Multispeicher kann bei ausreichender Kollektorfläche auch für die Heizungsunterstützung Wärme zur Verfügung stellen.

Über eine witterungsgeführte Regelung wird die Vorlauftemperatur der Außentemperatur angepasst.

Hinweis:

Die Mindestumlaufwassermenge wird durch den Einsatz des Multispeichers als Trennspeicher gewährleistet. Der Trennspeicher entkoppelt den Wärmeerzeugerkreis (Wärmepumpe) vom Nutzerkreis (hier die Radiatorenheizung).

Die Sperrzeiten des Energieversorgers (max. 3 × 2 h pro Tag) können bei richtiger Auslegung des Speichers teilweise oder ganz überbrückt werden. Als Richtwert für die teilweise Überbrückung der VNB-Sperrzeiten können 15–25 l/kW Heizleistung angenommen werden. Für die komplette Überbrückung ist die Pufferspeichergröße zu berechnen.

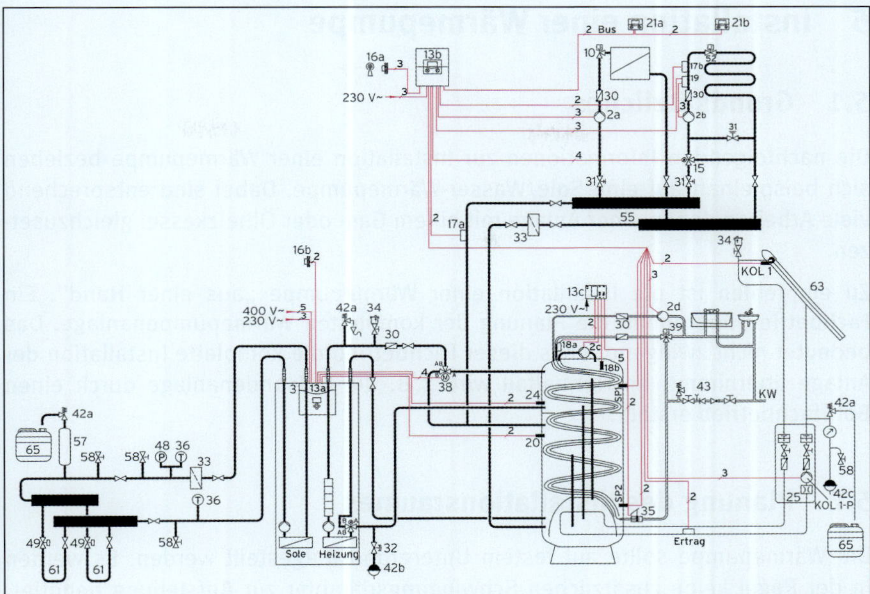

2a	Heizkreispumpe HK1	19	Maximalthermostat	43	Sicherheitsgruppe (Speicher)
2b	Heizkreispumpe HK2	20	Vorlauftemperaturfühler WP	48	Druckanzeige
2c	Warmwasser-Ladepumpe	21	a/b Fernbedienung	49	Durchfluss-Mengeneinsteller
2d	Zirkulationspumpe	24	Speichertemperaturfühler WP	52	Thermostatventil (wenn gefordert)
3	Wärmepumpe	25	Solarstation	55	Verteilerbalken
5	Multienergiespeicher	30	Schwerkraftbremse/ Rückschlagventil	57	Sole-Ausgleichsbehälter
10	Heizkörperthermostatventil	31	Regulierventil mit Stellungsanzeige	58	Füll- und Entleerungshahn
13a	Witterungsgeführter Regler	32	Kappenventil	61	Solekreislauf
13b	Heizkreisregelung	33	Luftabscheider/ Schmutzfilter	63	Solarkollektor
13c	Regler Warmwasserladung	34	Entlüfter	65	Misch- und Auffangbehälter
15	Heizkreismischer HK2	35	Strömungswächter		
16a	Außentemperaturfühler	36	Temperaturanzeige	Kol 1	Kollektorfühler
16b	Außentemperaturfühler Wärmepumpe	38	externes Vorrangumschaltventil	Kol 1-P	Kollektorkreispumpe
17a	Vorlauftemperaturfühler linker Heizkreis	39	Thermisches Mischventil	Ertrag	= Ertragsfühler
17b	Vorlauftemperaturfühler rechter Heizkreis	42a	Sicherheitsventil	SP1	oberer Speicherfühler
18a	Warmwasserladefühler	42b	Ausdehnungsgefäß	SP2	unterer Speicherfühler
18b	Speichertemperaturfühler WWB				

Abbildung 4.61: Beispiel 7

183

5 Installation einer Wärmepumpe

5.1 Grundsätzliches

Die nachfolgenden Informationen zur Installation einer Wärmepumpe beziehen sich beispielhaft auf eine Sole/Wasser-Wärmepumpe. Dabei sind entsprechend viele Arbeiten denen einer Anlage mit einem Gas- oder Ölheizkessel gleichzusetzen.

Zu empfehlen ist die Installation einer Wärmepumpe „aus einer Hand". Ein Fachbetrieb übernimmt die Planung der kompletten Wärmepumpenanlage. Das bedeutet nicht zwingend, dass dieser Fachbetrieb die komplette Installation der Anlage übernimmt. Im Normalfall wird z.B. die Erdsondenanlage durch einen Bohrfachbetrieb erstellt.

5.2 Planung des Installationsraumes

Die Wärmepumpe sollte auf festem Untergrund aufgestellt werden. Es werden in der Regel keine zusätzlichen Schwingungsdämpfer zur Aufstellung benötigt, da der Kältekreislauf schwingungsentkoppelt in der Wärmepumpe eingebaut ist und die Zuleitung zum Heizsystem und zur Wärmequelle mit flexiblen Schläuchen ausgeführt ist. Um Schwingungen auf Bauteile zu minimieren, kann im Bereich des Aufstellortes der Wärmepumpe der schwimmende Estrich ausgespart und die Wärmepumpe direkt auf die Bodenplatte installiert werden (Abbildung 5.1).

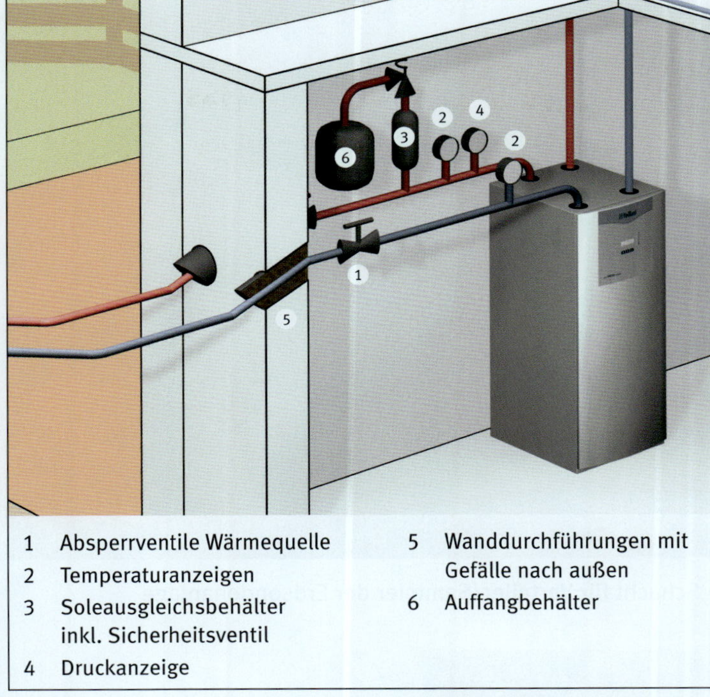

Abbildung 5.1: Rohrdurchführung der Wärmequelle und Aufstellungsraum der Sole/Wasser-Wärmepumpe

5.3 Installation Solekreisanbindung

Je nach Auftragsvergabe übernimmt der Heizungsbauer die Arbeiten vom Bohrfachbetrieb häufig ab der Sole-Verteiler/Sammler-Einheit. Vom Verteiler/Sammler ist der gemeinsame Vorlauf/Rücklauf Sole bis zur Wärmepumpe zu führen. Am einfachsten gestaltet sich die Installation des Verteilers/Sammlers außerhalb des Gebäudes. Auf eine diffusionsdichte Isolierung der Verteiler/Sammler-Einheit kann verzichtet werden, da anfallendes Schwitzwasser entweder über den Abfluss des Lichtschachtes oder durch den Lichtschachtboden abgeführt werden/versickern kann.

Im Bereich einer Terrasse, eines Fußwegs oder Garageneinfahrt empfiehlt es sich, die Soleleitungen zu isolieren, um einen Wärmeentzug zu verhindern und eine mögliche Vereisung in diesem Bereich auszuschließen (Abbildung 5.2 und Abbildung 5.3).

Abbildung 5.2: Schacht für Verteiler/Sammler der Erdsondenanlage

Abbildung 5.3: Verteiler/Sammler einer einfachen Erdsondenanlage mit Doppel-U-Rohr

An geeigneter Stelle ist für den Vorlauf/Rücklauf vom Verteiler/Sammler zur Wärmepumpe eine Kernbohrung durchzuführen (je eine Kernbohrung für Vorlauf und Rücklauf). Dabei ist auf einen ausreichenden Durchmesser (z. B. 120–130 mm bei einem DN-32er-Solerohr) zu achten, um den Ringspalt im Mauerwerk noch isolieren zu können. Die Kernbohrung ist mit Gefälle von innen nach außen durchzuführen. So wird das Eindringen von Wasser zuverlässig ausgeschlossen.

In einigen Fällen ist die Verlängerung der Erdsondenanlage erforderlich. Hier ist der Einsatz von Elektromuffen zu empfehlen. Eine fehlerfreie, dauerhafte und dichte Rohrverbindung kann so sichergestellt werden.

Abbildung 5.4: Erstellung einer Kernbohrung

Abbildung 5.5: Kernbohrung kurz vor dem Durchbruch

Für die Dämmung in Mauerdurchführungen kann z. B. Brunnenschaum verwendet werden. Bei drückendem Grundwasser ist eine kälteunempfindliche Rohrdurchführung zu verwenden (Abbildung 5.6 und Abbildung 5.7). Bei der Isolierung mit Brunnenschaum sind die Wärmequellenrohre zentrisch in die Kernbohrungen zu platzieren, um eine allseitige Wärmedämmung zu ermöglichen.

Abbildung 5.6: Rohrdurchführungen für Vorlauf/Rücklauf

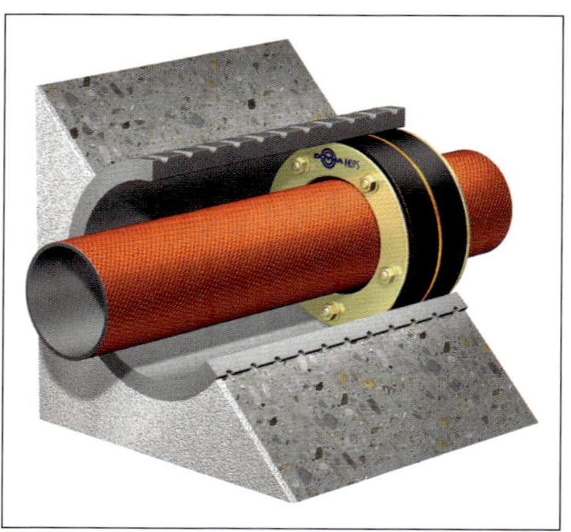

Abbildung 5.7: Schematische Einbausituation einer Rohrdurchführung

Als praktikable Lösung hat sich das Durchführen der Soleleitung mit diffusionsdichter Isolierung herausgestellt, die dann in der Kernbohrung mit Brunnenschaum eingeschäumt und damit fixiert wird (Abbildung 5.8 bis Abbildung 5.10).

Die Wärmequellenleitungen (Sole) müssen in den Kellerräumen diffusionsdicht isoliert werden, da ansonsten Schwitzwasser anfallen würde (mögliche Rohrtemperatur bis –15 °C).

Wichtig: Verarbeiten Sie nur hochwertiges Isoliermaterial für kältetechnische Anwendungen, das „auf Stoß" und „überlappend" mit Klebeperforationen versehen ist, um dauerhaft Schwitzwasser zu vermeiden.

Vor und nach Unterbrechungen der Isolierung (z. B. durch Absperrventile) muss die Isolierung mit dem Rohr verklebt werden. Geeignete Kleber sind beim Lieferanten für das Isoliermaterial erhältlich.

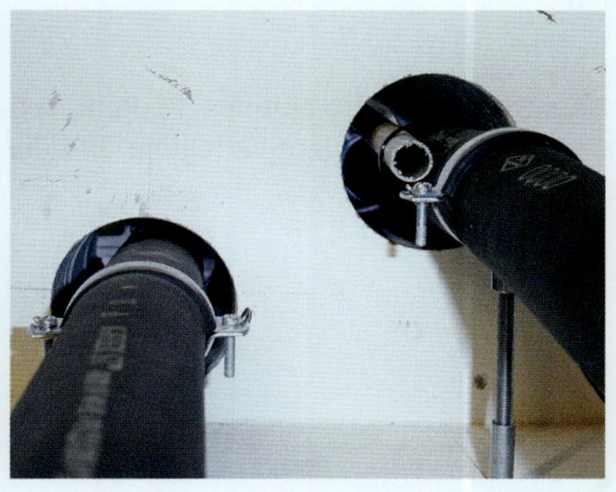

Abbildung 5.8: Kernbohrung mit diffusionsdicht isolierter Soleleitung

Abbildung 5.9: Diffusionsdicht isolierte Soleleitung nach Einschäumung mittels Brunnenschaum

Abbildung 5.10: Schnitt einer diffusionsdichten Dämmung mit äußerer und innerer Klebeperforation

Immer häufiger wird als Vorlauf/Rücklauf-Sole zur Wärmepumpe PE-Rohr verwendet. Neben den geringen Kosten sind auch die flexiblere Verlegung und die einfache Verbindungstechnik zu nennen (Abbildung 5.11).

Abbildung 5.11: Verschweißen der Übergangsstücke von PE-Rohr auf Kupfer

Abbildung 5.12: Fertig installierte Verteiler/Sammler, Durchführung von Vorlauf/Rücklauf-Sole in den Keller mit diffusionsdichter Isolierung und Verfüllung des Ringspaltes in der Kernbohrung mit Brunnenschaum

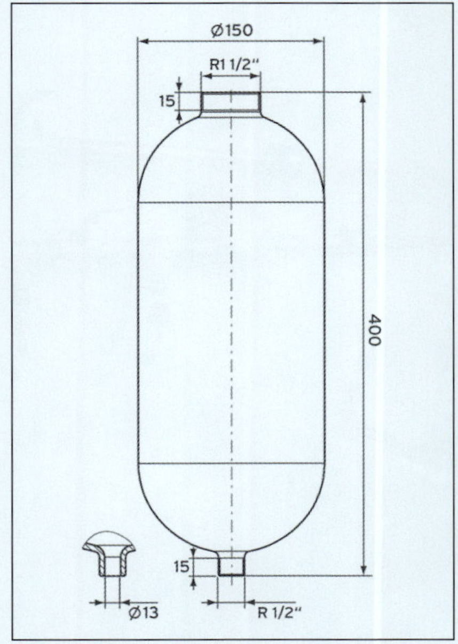

Abbildung 5.13: Maßskizze eines Soleausgleichsbehälters

Abbildung 5.14: Soleausgleichsbehälter mit Sicherheitsventil und Befestigungsschelle

Soleausgleichsbehälter

Zur Aufnahme der Volumenänderung im Solekreislauf kann entweder ein Soleausgleichsbehälter oder ein Solar-Membran-Ausdehnungsgefäß (MAG) verwendet werden. Ausdehnungsgefäße für Heizungs- oder Trinkwasseranlagen sind nicht geeignet. Die eingebaute Membran ist nicht ausreichend gegen das Frostschutzmittel beständig. Der Soleausgleichsbehälter inkl. 3-bar-Sicherheitsventil hat ein Füllvolumen von ca. 3–6 Liter. Empfehlenswert ist, dass dieses bei der Inbetriebnahme nur zu ca. zwei Drittel gefüllt wird, um einen Vordruck durch das Luftpolster zu erhalten. Die Volumenänderung einer Solemischung von zwei Teilen Wasser und einem Teil Frostschutz beträgt ca. 0,8 % bei einer Temperaturänderung von 20 K. 100 Liter Sole führen somit während einer Saison (Sommer/Winter) eine Volumenänderung von ca. 0,8 Liter durch. Soleausgleichsbehälter sind somit ausreichend für eine Gesamtfüllmenge von 300 – 600 Liter Sole. Die Montage des Soleausgleichsbehälters sollte am höchsten Punkt der Solevorlaufleitung erfolgen (Abbildung 5.15 und Abbildung 5.16).

Abbildung 5.15: Installation des Soleausgleichsbehälters

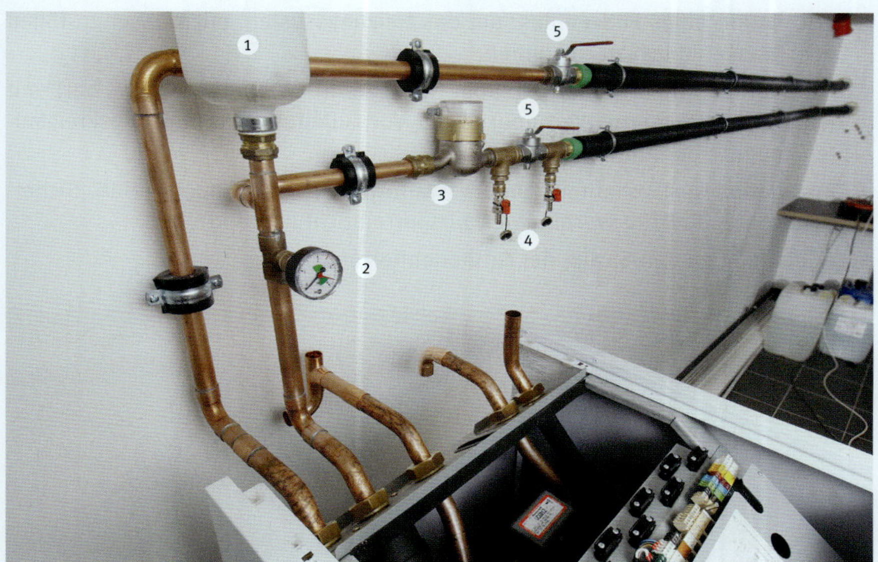

Abbildung 5.16: 1 Installierter Soleausgleichsbehälter, 2 Druckmanometer, 3 Volumenmesser (optional), 4 Füll- und Entleerungshähne, 5 Absperrventile

5.4 Installation Heizkreisanbindung – für den Heizungsbauer ein vertrautes Terrain

Die Installation der Wärmepumpe auf der Heizungsseite unterscheidet sich nicht von konventionellen Heizsystemen. Alle Bauteile und Installationsschritte einer Heizungsanlage z. B. mit einem Gas-Brennwert-Kessel sind dieselben (Abbildung 5.17 bis Abbildung 5.20).

Die Installationsschritte der nachfolgenden Hydraulik entsprechen dem Beispiel 4 aus dem Kapitel 4 *Planung einer Wärmepumpenanlage*.

Im Wesentlichem sind folgende Installationsschritte zu nennen:

- Transport der Wärmepumpe und ggf. des Speichers in den Installationsraum,
- Heizungsseitiger hydraulischer Anschluss der Wärmepumpe,
- Installation der Rohrgruppen (Heizungsumwälzpumpe, Thermometer, Absperrventile, Heizkreise),
- Installation der hydraulischen Weiche,
- Installation des Membran-Ausdehnungsgefäßes (MAG),

- Installation eines Füllventiles, um das Heizungssystem mit Wasser zu füllen oder Wasser ablassen zu können,
- Installation eines Sicherheitsüberdruckventils (Öffnungsdruck 3 bar) mit Manometer (Sicherheitsgruppe) in der Vorlaufleitung des Heizungskreislaufes, unmittelbar hinter dem Gerät,
- Installation des Sicherheitscenters (Warmwasser-Ausdehnungsgefäß, Sicherheitsventil, Rückflussverhinderer, Absperreinrichtung) und
- Anbindung an den Strang der Fußbodenheizung.

Abbildung 5.17: Aufstellen der Wärmepumpe und des Speichers

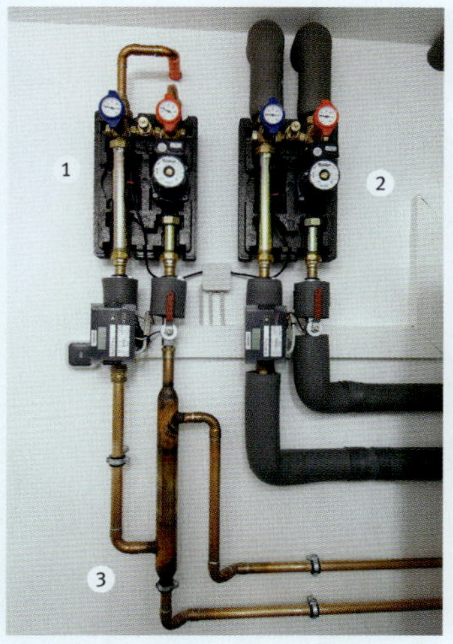

Abbildung 5.18: Installation der Rohrgruppen für den 1: Fußbodenkreis, den 2: Radiatorkreis und die 3: hydraulische Weiche

Abbildung 5.19: Installation des Membran-Ausdehnungsgefäßes (MAG)

Abbildung 5.20: Installation des Sicherheitscenters (Warmwasser-Ausdehnungsgefäß, Sicherheitsventil, Rückflussverhinderer, Absperreinrichtung)

5.5 Elektrotechnische Installation

Die elektrotechnische Installation unterscheidet sich von der Installation eines Gas- oder Ölkessels. Für den Betrieb der Wärmepumpe wird ein 400-V-Drehstromanschluss benötigt. In der Regel wird für den Betrieb einer Wärmepumpe ein eigener (Zweitarif-)Drehstromzähler installiert, um günstige Sondertarife der Energieversorgungsunternehmen nutzen zu können (Abbildung 5.21 und Abbildung 5.22). Zunehmend nähert sich jedoch der günstigere Sondertarif dem normalen Hausstromtarif an, sodass eine vorherige Kostenberechnung geboten ist. Durch den günstigen Tarif (der meist in einen billigeren Nachttarif NT und teureren Hochtarif HT gesplittet ist) kann der Energieversorger die Wärmepumpe in Zeiten von elektrischen Spitzenlasten für max. 3 × 2 h pro Tag vom Netz nehmen. In diesem Fall muss der Wärmepumpenregler und ggf. auch die Heizungsumwälzpumpe mit Haushaltsstrom versorgt werden. Bei Anlagen mit Fußbodenheizung führt das Wegschalten des Stromes nicht zu einer Raumtemperaturabsenkung, da das Speichervolumen der Fußbodenheizung (mit dem umgebenden Estrich) groß genug ist, um die Sperrzeit abzupuffern. Bei Radiatorenheizungen wird zu diesem Zweck ein Pufferspeicher installiert.

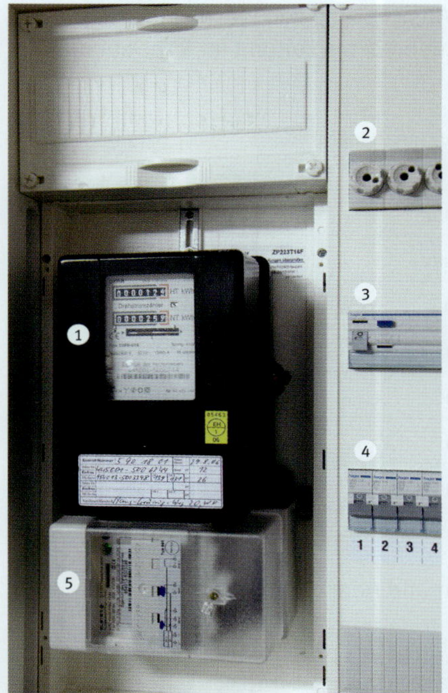

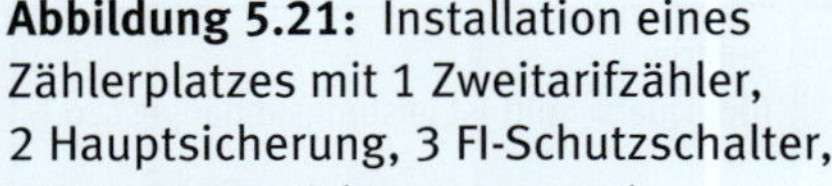

Abbildung 5.21: Installation eines Zählerplatzes mit 1 Zweitarifzähler, 2 Hauptsicherung, 3 FI-Schutzschalter, 4 Automatensicherungen und 5 Rundsteuerempfänger

Abbildung 5.22: Verlegung der Zuleitungen vom Zähler zur Wärmepumpe

Elektrische Anschlussleitungen/Absicherung

In Abhängigkeit von der elektrischen Anschlussleistung der Wärmepumpe und der Entfernung der Unterverteilung zur Wärmepumpe ergeben sich nachfolgende Leitungsquerschnitte und Absicherungen (Tabelle 5.1).

Soleumwälzpumpe, Heizungsumwälzpumpe, Umschaltventil Warmwasser, Temperaturfühler für Heizkreise und Solekreise sind in modernen Kompaktwärmepumpen bereits fertig verdrahtet. Tabelle 5.2 und Abbildung 5.23 geben einen Überblick über zusätzliche Leitungen außerhalb der Wärmepumpe.

Tabelle 5.1: Querschnitt der Leitung und Absicherung von Wärmepumpen (Angaben beruhen auf der Verlegeart B2: mehradrige Leitung im Rohr auf der Wand)

Heizleistung der Wärmepumpe	Querschnitt bei Leitungslänge bis 20 m	Absicherung
6 kW	2,5 mm²	16 A träge
8 kW	2,5 mm²	16 A träge
10 kW	2,5 mm²	16 A träge
14 kW	4 mm²	20 A träge
18 kW	4 mm²	20 A träge
22 kW	4 mm²	25 A träge
28 kW	4 mm²	25 A träge

Tabelle 5.2: Zuordnung von Querschnitten und Aderzahlen für die Wärmepumpenverdrahtung

Elektrische Leitungen, die für den Betrieb der Wärmepumpe vorzusehen sind: (weitere Leitungen sind anlagenabhängig)	
Drehstromanschluss Kompressoreinspeisung, Querschnitt nach Dimensionierungstabelle Anschlussleitung/Absicherung	5-adrig (der Querschnitt ist leistungsabhängig s. o.)
Drehstromanschluss Zusatzheizung (optional)	4–5-adrig (der Querschnitt ist leistungsabhängig s. o.)
Netzeinspeisung Regelung (optional)	3 × 1,5 mm²
Zuleitung Außentemperaturfühler	2–3 × 0,75 mm²
Zuleitung Raumtemperaturregler	2–4 × 0,75 mm²
Zuleitung Speichertemperaturfühler	2 × 0,75 mm²
Zuleitung Brunnen Tauchpumpe (Querschnitt nach Herstellerangabe der Tauchpumpe) nur bei Wasser/Wasser-Wärmepumpen	5-adrig
Sperrung VNB (EVU)	2 × 1,5 mm²

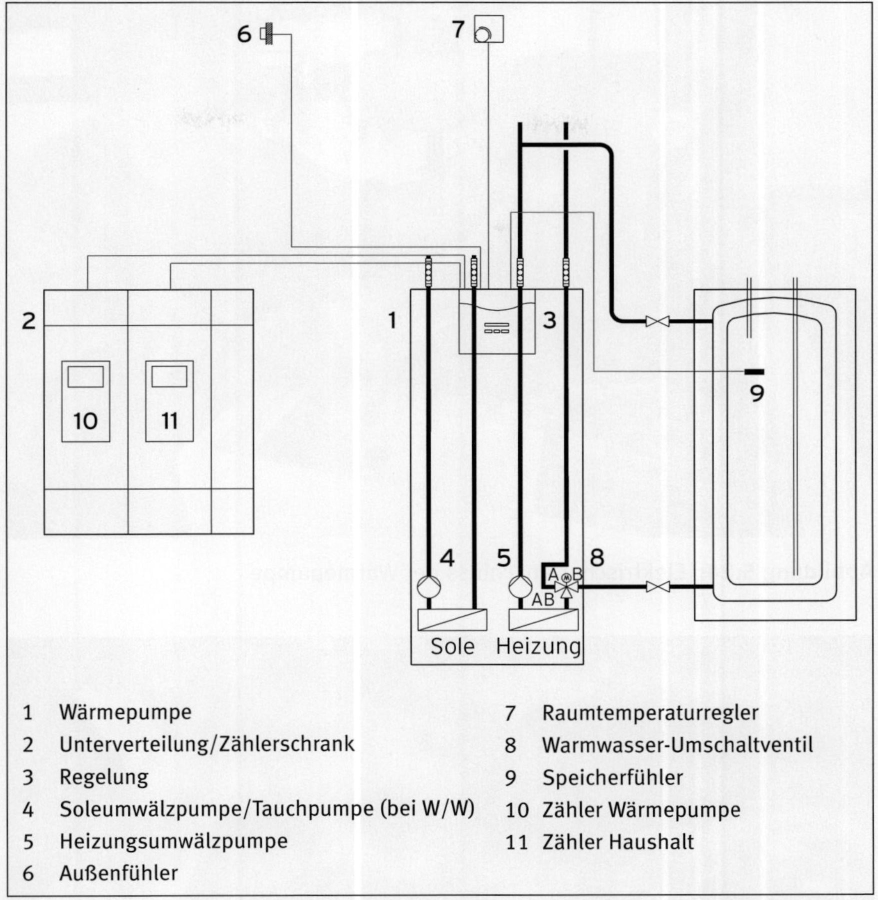

Abbildung 5.23: Elektrische Leitungen für den Betrieb einer Wärmepumpe

Der elektrische Anschluss der Wärmepumpe gliedert sich prinzipiell in zwei Bereiche:

- 400-V/230-V-Anschluss
- Anschlüsse von Fühlern.

Der 400-V-Anschluss wird in der Regel an Reihenklemmen aufgelegt. 230-V-Anschlüsse und Fühler werden häufig an farblich kodierten vertauschungssicheren Stecksystemen einfach und schnell aufgelegt (Abbildung 5.24 und Abbildung 5.25).

Abbildung 5.24: Elektrischer Anschluss der Wärmepumpe

Abbildung 5.25: Installation von Fühlern mithilfe eines Stecksystems (hier System pro-E von Vaillant)

5.6 Befüllen der Anlage

In diesem Kapitel wird auf das Befüllen der Wärmenutzungsseite (hier Fußbodenheizung) nicht im Detail eingegangen, da die Arbeitsschritte sich nicht von konventionellen Anlagen unterscheiden.

Der Einbau eines Absperrventils mit vor- und nachgeschaltetem Füllventil wird empfohlen. Damit ist das Spülen und Entlüften der Heizungsanlage einfach und zuverlässig möglich.

Die Praxis zeigt jedoch, dass beim Befüllen des Solekreises noch Fehler gemacht werden, die leicht zu vermeiden sind.

- Das Gemisch aus Wasser (je nach Hersteller im Verhältnis 2 : 1 = –15 °C bis 3 : 1 = –10 °C) und Wärmeträgerflüssigkeit ist vor dem Befüllen in einem geeigneten Behältnis herzustellen. Es dürfte einleuchten, dass sich das Wasser mit der Wärmeträgerflüssigkeit nicht in einem Rohr von einigen Zentimetern Durchmesser mischt. Dieser Fehler kann zum Einfrieren des Verdampfers führen (Abbildung 5.26).
- Für das Befüllen ist eine leistungsstarke Pumpe einzusetzen. Ferner ist jeder Kreis einzeln zu spülen und zu befüllen, um eventuell vorhandene „Luftsäcke“ schnell und vollständig aus der Anlage zu drücken.
- Häufig wird nach der Devise „viel hilft viel“ ein Verhältnis von Wasser zu Wärmeträgerflüssigkeit gewählt, welches einem Frostschutz von weit über –20 °C sicherstellen würde. Die Folge: Die Flüssigkeit hat eine höhere Viskosität

Abbildung 5.26: Mischen von Wasser und Wärmeträgerflüssigkeit (hier mit einer Kinderschaufel)

(= höherer Druckverlust) und einen geringeren Anteil an Wasser, welches für den Wärmetransport zuständig ist. Der Solevolumenstrom sinkt, damit auch die mittlere Soletemperatur und die Jahresarbeitszahl. Die Folge sind erhöhte Betriebskosten.

Mithilfe eines Refraktometers kann die Frostgrenze genau ermittelt werden. Ein Tropfen der fertig gemischten Sole wird dabei auf das Prisma des Refraktometers gegeben, die Abdeckplatte geschlossen. Im Okular wird dann der Frostschutzgehalt der Sole über eine Skalierung dargestellt (Abbildung 5.27 und Abbildung 5.28).

Abbildung 5.27: Messen der Frostgrenze mithilfe eines Refraktometers

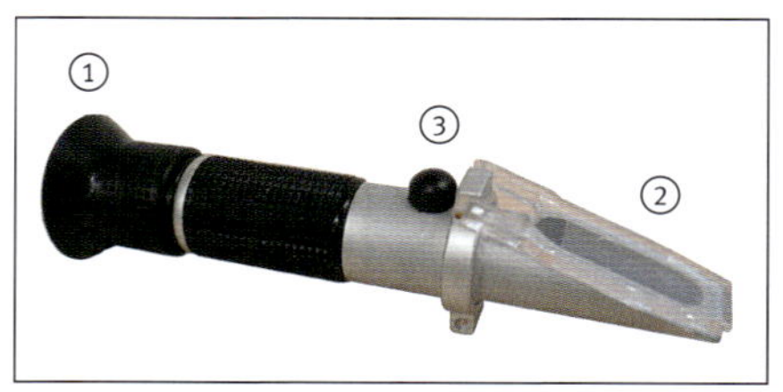

Abbildung 5.28: Refraktometer zur genauen Bestimmung der Frostschutzgrenze mit 1 Okular, 2 Prisma mit Abdeckplatte und 3 Korrekturschraube

Die Befüllpumpe wird im Rücklauf des Kollektorkreislaufes mit Saug-, Druck- und Rücklaufschlauch installiert (siehe Abbildung 5.30). Die Pumpe saugt die Soleflüssigkeit aus dem Mischbehälter, befördert sie über den Verdampfer der Wärmepumpe und die Solepumpe zum ersten Solekreis und wieder zurück zur Befülleinrichtung. Das Befüllen des Kreises sollte erst gestoppt werden, wenn eine blasenfreie Förderung der Soleflüssigkeit über 10 min gewährleistet ist.

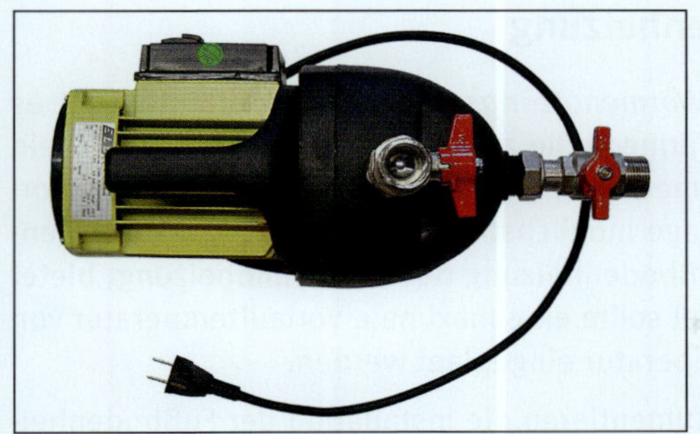

Abbildung 5.29: Leistungsstarke Befüllpumpe

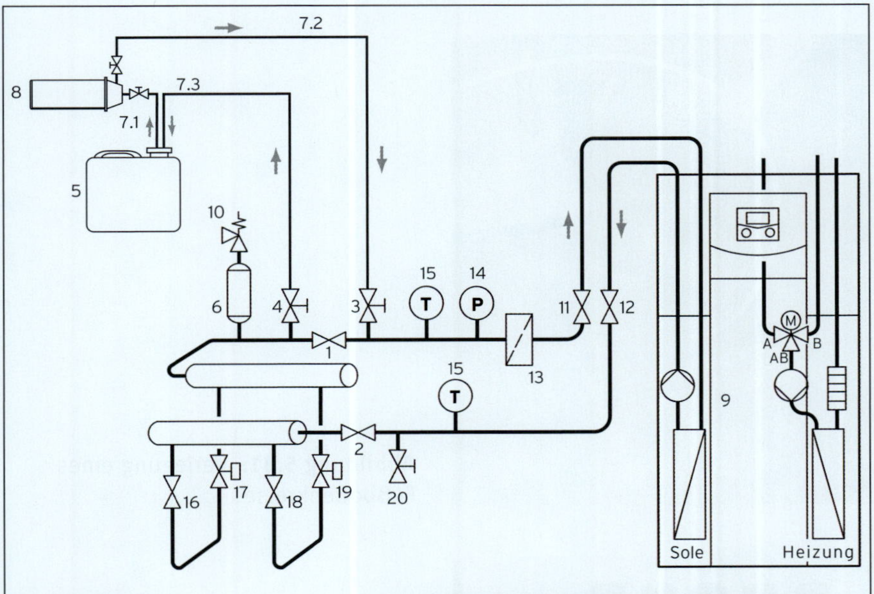

1 Kugelhahn
2 Kugelhahn
3 Kugelhahn
4 Kugelhahn
5 Kälteträgermischung
6 Kälteträger-Ausgleichsbehälter
7.1 Saugschlauch
7.2 Druckschlauch
7.3 Rücklaufschlauch
8 Befüllpumpe
9 Kälteträgerpumpe
10 Sicherheitsventil
11 Kugelhahn
12 Kugelhahn
13 Schmutzfilter
14 Manometer
15 Temperaturmessung
16 Kugelhahn
17 Kugelhahn
18 Kugelhahn
19 Kugelhahn
20 Ablassventil

Abbildung 5.30: Anordnung zum Befüllen des Solekreislaufes

5.7 Installation der Flächenheizung

Wie im Kapitel 4.13 *Planung der Wärmenutzungsanlage* schon erläutert, ist es wichtig, den Temperaturhub von Wärmequelle zu Wärmenutzung möglichst klein zu halten. Neben einer guten Wärmequellenanlage ist es also wichtig, die Vorlauftemperatur in der Heizungsanlage möglichst niedrig zu halten. Die Flächenheizung, wie beispielsweise die Fußbodenheizung oder die Wandheizung, bietet dafür gute Voraussetzungen. Als Ziel sollte eine maximale Vorlauftemperatur von < 35 °C bei tiefster Norm-Außentemperatur eingeplant werden.

Die Abbildungen 5.31 bis 5.33 dokumentieren die Installation der Fußbodenheizung.

Abbildung 5.31: Verlegung eines Fußbodenkreises

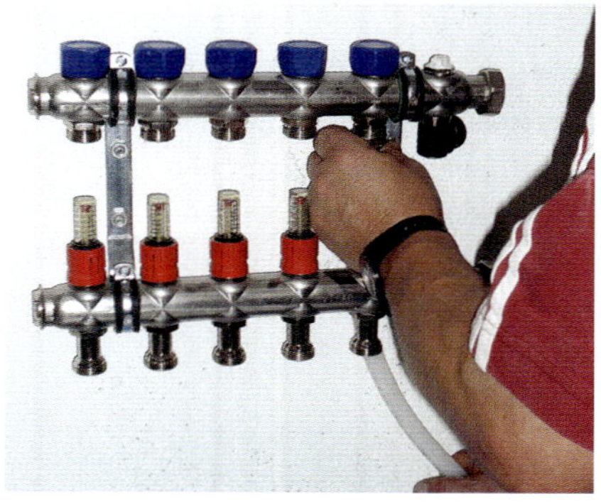

Abbildung 5.32: Anschluss des Fußbodenkreises

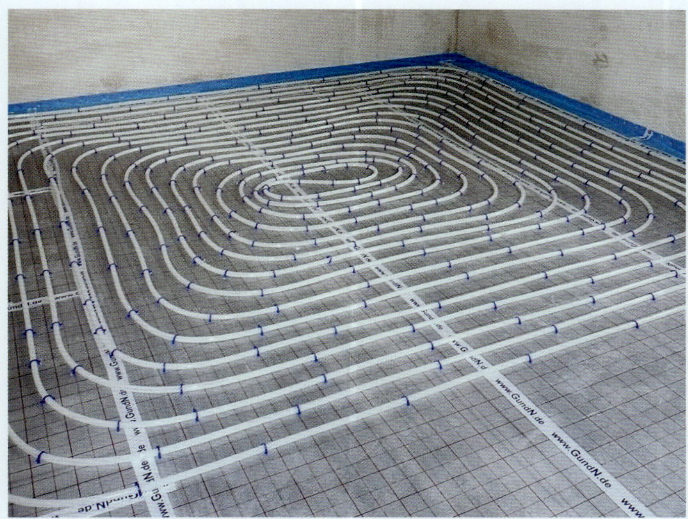

Abbildung 5.33: Fertig verlegter Fußbodenkreis

5.8 Erstinbetriebnahme – Übergabe an den Kunden

Was nutzt eine perfekt geplante und installierte Anlage, wenn der Nutzer die Anlage nicht ordnungsgemäß bedienen kann?

Der Kunde sollte deshalb mit der Anlage vertraut gemacht werden, um deren reibungslosen Betrieb zu gewährleisten. Einige Hersteller bieten die Inbetriebnahme mit dem Vertreter des Fachbetriebes an, um die Einstellungen im Regler und die Spezifika einer Wärmepumpe zu erläutern (Abbildungen 5.34 bis 5.36).

In folgende Punkte sollte der Endkunde eingewiesen werden:

- Umgang mit dem Regler der Wärmepumpe
- Unterweisung in der Einstellung der wichtigsten Parameter wie Temperatur, Heizkreise, Warmwassertemperatur, Zeitprogramme etc.
- Verhalten bei Störungen
- Unterweisung in der Kontrolle der Wärmepumpenanlage (keine Angst – hier muss nicht täglich eine umfangreiche Überprüfung stattfinden) wie z. B. jährliche Überprüfung des Solestandes
- Nachregulierung einzelner Heizkreise (nur bei der Installation ohne Einzelraumregelung)

Abbildung 5.34: Einweisung des Endkunden in die Bedienung der Wärmepumpe

Abbildung 5.35: Installierte Wärmepumpe mit witterungsgeführtem Regler

Abbildung 5.36: Fertig installierte Wärmepumpenanlage

Anmerkung: Kundige Betrachter der Bilder werden festgestellt haben, dass die ganze Sache ziemlich kompliziert aussieht. Gut beobachtet – diese bebilderte Anlage ist zusätzlich mit Messtechnik des Fraunhofer-Institutes aus Freiburg ausgestattet, um die Jahresarbeitszahl zu ermitteln. Also keine Angst, im Normalfall wird weniger Technik verbaut.

5.9 Was ist zu beachten?

Einige „Erfahrungswerte" für eine gute Wärmepumpenanlage:

- Gute Planung im Vorfeld ersetzt „Improvisation" bei der Installation.
- Sauber arbeiten → Besonders die kältetechnische Isolierung ist sorgfältig zu verarbeiten, um „Schwitzwasserbildung" zu vermeiden.
- Bei der Wärmequelle gilt: im Zweifel überdimensionieren

  → Sowohl die Rohrdimensionierung, besonders die Leitungen vom Verteiler/ Sammler zur Wärmepumpe, sind „großzügig" zu dimensionieren (um den Druckverlust zu minimieren). Die richtige Auslegung sollte nach VDI 4640-2 erfolgen.

  → Die Wärmequelle selbst (bei überdimensionierten Wärmequellen bleibt die Temperatur auf hohem Niveau stabil, was eine gute Jahresarbeitszahl zur Folge hat).
- Im Zweifel einfache Anlagen bauen → Vielfach hat sich herausgestellt, dass Anlagen mit mehreren Wärmeerzeugern, komplexen Hydrauliken häufig nicht die gewollte Effizienz aufweisen.
- Ausreichend Abstand um die Wärmepumpe und ggf. den Speicher einplanen, um Service- und eventuell anfallende Reparaturarbeiten ohne Probleme durchführen zu können.

6 Service von Wärmepumpen

6.1 Grundsätzliches

Nach DIN 31051 (Stand 2003) gliedern sich Maßnahmen an technischen Systemen, Bauelementen und Geräten (somit auch Kälteanlagen und Wärmepumpen) in folgende Bereiche:

- Wartung: Maßnahmen zur Verzögerung des Abbaus des vorhandenen Abnutzungsvorrates einer Kälteanlage oder Wärmepumpe.
- Inspektion: Maßnahmen zur Feststellung und Beurteilung des Istzustandes einer Kälteanlage oder Wärmepumpe. Darin inbegriffen sind Ursachen für Abnutzungserscheinungen und die daraus abgeleiteten Konsequenzen für den weiteren Betrieb der Anlage.
- Instandsetzung: Maßnahmen zur Rückführung einer Kälteanlage oder Wärmepumpe in den funktionsfähigen Zustand.
- Verbesserung: die Kombination von Maßnahmen zur Steigerung der Funktionssicherheit einer Kälteanlage oder Wärmepumpe, vgl. [6.1].

In Folgendem wird detailliert auf die Bereiche Wartung und Instandsetzung eingegangen.

6.2 Wartung von Wärmepumpen

Als Wartung werden gemäß DIN 31051 Maßnahmen zur Verzögerung des Abbaus des vorhandenen Abnutzungsvorrates des technischen Systems verstanden.

Die Wartung sollte im Allgemeinen in regelmäßigen Abständen und von ausgebildetem Fachpersonal durchgeführt werden. So kann eine möglichst lange Lebensdauer und ein geringer Verschleiß der Wärmepumpe gewährleistet werden.

6.2.1 Allgemeine jährliche Überprüfung

Wärmepumpen sind technologisch hochentwickelte Wärmeerzeuger, die eine hohe Ausfallsicherheit und geringen Verschleiß aufweisen, vgl. [6.2]. Dennoch sollte die Wärmepumpe regelmäßig durch einen Fachmann überprüft werden, obwohl einige Arbeiten auch durch den Besitzer übernommen werden können.

Da je nach Technik jeweils andere Arbeitsschritte erforderlich sind, wird im Folgenden für Luft/Wasser- und Sole/Wasser-Wärmepumpen eine eigene Wartungstabelle vorgestellt.

Auch wenn nachfolgende Überprüfungs-/Wartungstabellen recht umfangreich erscheinen, sind nicht alle Arbeiten turnusgemäß zu absolvieren. Der zeitliche Aufwand im Jahr ist bei geschickter Aufteilung über die Jahre als gering einzuschätzen.

Wichtige Arbeiten werden im Anschluss der Überprüfungs-/Wartungstabellen detailliert erläutert.

Zur besseren Übersicht sind die Bereiche Wärmequelle, Wärmenutzung, Kältekreislauf und elektrische Anlagen farblich gekennzeichnet.

Tabelle 6.1: Überprüfung/Wartung einer Luft/Wasser-Wärmepumpe

Nr.	Bereich	Arbeitsschritt	Intervall	Bemerkung
1	Reinigungsarbeit/Überprüfungen	Reinigung der Lamellen des Verdampfers	Überprüfung jährlich	Wichtigste Wartungsarbeit bei Luft/Wasser-Wärmepumpen
2	Reinigungsarbeit/Überprüfungen	Überprüfung/Reinigung der Kondensatwanne	Nach Bedarf	Nur bei innen aufgestellten und einigen außen aufgestellten Wärmepumpen
3	Reinigungsarbeit/Überprüfungen	Überprüfung/Reinigung der Luftkanäle	Nach Bedarf	Nur bei innen aufgestellten Wärmepumpen
4	Reinigungsarbeit/Überprüfungen	Überprüfung des Kondensatwasser-Auslasses	Jährlich	
5	Reinigungsarbeit/Überprüfungen	Reinigung/Überprüfung der Kondensatpumpe	Jährlich	Nur bei Anlagen, bei denen nicht durch freies Gefälle das Kondensat abgeleitet werden kann
6	Reinigungsarbeit/Überprüfungen	Überprüfung der Verbindungsleitungen auf Dichtigkeit	Jährlich	Nur bei Kältemittel-Split- bzw. Sole-Split-Luft/Wasser-Wärmepumpen
7	Funktionskontrolle	Überprüfung des Abtauvorganges*	Jährlich	Wichtige Überprüfung. Die Funktion muss für die Heizperiode sichergestellt sein.
8	Funktionskontrolle	Überprüfung des Lüfters*	Nach Bedarf	Funktionskontrolle und ggf. Reinigung der Lüfterschaufeln
9	Funktionskontrolle	Überprüfung der Heizkreispumpe*	Nach Bedarf	Die Heizkreispumpe ist nicht immer in der Wärmepumpe integriert.

Nr.	Bereich	Arbeitsschritt	Intervall	Bemerkung
10	Funktions-kontrolle	Überprüfung der Elektrozusatz-heizung* und des Sicherheitstempera-turbegrenzers (STB)	Jährlich	Das Auslösen und manuelle Entriegeln des STBs ist zu überprüfen.
11	Funktions-kontrolle	Dichtigkeits-kontrolle des Kälte-kreislaufes	Nach Bedarf	Unabhängig von der Füllmenge und den Verordnungen empfiehlt sich die Prüfung, um einen sicheren Betrieb zu gewährleisten.
12	Funktions-kontrolle	Überprüfung der Kurbelwannen-heizung* bzw. der Kondensatwannen-heizung*	Jährlich	Kurbelwannenheizungen sichern die Viskosität des Öls im Kompressor bei Unterschreiten der min. Temperatur. Kondensatwannenheizungen sichern das Abfließen des Kondensates bei Frost.
13	Messungen	Messung der Betriebsspannung	Jährlich oder bei Funktions-störungen	Basismessung, um die ordnungsgemäße Energieversorgung zu gewährleisten. In Kombination mit der Ermittlung des Betriebsstromes ist die Leistungsaufnahme der Wärmepumpe zu ermitteln.
14	Messungen	Messung des Betriebsstromes des Kompressors	Jährlich	Eine ungleichmäßige Stromaufnahme kann auf Störungen des Kompressors hinweisen.
15	Messungen	Messung des Betriebsstromes des Ventilators	Jährlich	Eine ungleichmäßige Stromaufnahme kann auf Störungen des Motors hinweisen.
16	Messungen	Messung des Anlaufstromes	Nach Bedarf	Einige Versorgungsnetzbetreiber (VNB) verlangen die Einhaltung eines max. Anlaufstromes.
17	Messungen	Vorlauf- und Rücklauftemperatur Heizkreis	Jährlich	Basismessung zur Ermittlung der Spreizung im Heizkreis. Für Radiatoren sollte eine Spreizung von 15–20 K, für Flächenheizungen eine Spreizung von 7–10 K realisiert werden.
18	Messungen	Überprüfung der elektrischen Anschlüsse	Alle 2 Jahre	Um Übergangswiderstände klein zu halten und damit der Gefahr des Abbrandes des Kontakts vorzubeugen, sollte der feste Sitz der Anschlusskontakte geprüft werden.

Nr.	Bereich	Arbeitsschritt	Intervall	Bemerkung
19	Messungen	Lufteinlass- und Luftauslass-temperatur am Verdampfer		
20	Messungen	Hoch- und Nieder-druck; Überhitzung/Unterkühlung und Temperaturen im Kältekreislauf	Nach Bedarf	Mit Messung dieser Parameter sind Rückschlüsse auf einen effizienten Kältekreislauf zu ziehen; siehe auch Kapitel 6.2.3.
* Bei einigen Herstellern kann die Funktion der Hilfsaggregate durch einen sog. Relaistest über den integrierten Regler überprüft werden.				

Tabelle 6.2: Überprüfung/Wartung einer Sole/Wasser-Wärmepumpe

Nr.	Bereich	Arbeitsschritt	Intervall	Bemerkung
1	Reinigungs-arbeit Wärmequelle	Säubern der Kondensat-Auffang-wanne	Alle 2 Jahre	Meistens ist eine Auffangwanne ohne Ablauf in der Wärmepumpe eingebaut. Die Ablagerungen sollten regelmäßig entfernt werden.
2	Funktions-kontrolle Wärme-nutzung	Überprüfung der Heizkreispumpe*	Nach Bedarf	Die Heizkreispumpe ist nicht immer in der Wärmepumpe integriert.
3	Funktions-kontrolle Wärme-nutzung	Überprüfung der Elektrozusatz-heizung* und des Sicherheitstem-peraturbegrenzers (STB)	Jährlich	Das Auslösen und manuelle Entriegeln des STBs ist zu überprüfen
4	Funktions-kontrolle Kälte-kreislauf	Dichtigkeits-kontrolle des Kälte-kreislaufes	Jährlich	Unabhängig von der Füllmenge und den Verordnungen empfiehlt sich die Prüfung, um einen sicheren Betrieb zu gewährleisten.
5	Messungen	Messung der Betriebsspannung	Jährlich oder bei Funktions-störungen	Basismessung, um die ordnungsgemäße Energieversorgung zu gewährleisten. In Kombination mit der Ermittlung des Betriebsstromes ist die Leistungsauf-nahme der Wärmepumpe zu ermitteln.

Nr.	Bereich	Arbeitsschritt	Intervall	Bemerkung
6	Messungen	Messung des Betriebsstromes des Kompressors	Jährlich	Eine ungleichmäßige Stromaufnahme kann auf Störungen des Motors hinweisen.
7	Messungen	Messung des Anlaufstromes	Nach Bedarf	Einige Versorgungsnetzbetreiber (VNB) verlangen die Einhaltung eines max. Anlaufstromes.
8	Messungen	Vorlauf- und Rücklauftemperatur Heizkreis	Jährlich	Basismessung zur Ermittlung der Spreizung im Heizkreis. Für Radiatoren sollte eine Spreizung von 15–20 K, für Flächenheizungen eine Spreizung von 7–10 K realisiert werden.
9	Messungen	Überprüfung der elektrischen Anschlüsse	Alle 2 Jahre	Um Übergangswiderstände klein zu halten und damit der Gefahr des Abbrandes des Kontakts vorzubeugen, sollte der feste Sitz der Anschlusskontakte geprüft werden.
10	Messungen	Hoch- und Niederdruck; Überhitzung/Unterkühlung und Temperaturen im Kältekreislauf	Nach Bedarf	Mit Messung dieser Parameter sind Rückschlüsse auf einen effizienten Kältekreislauf zu ziehen; siehe auch Kap. 6.2.3.
11	Messung	Prüfung des Frostschutzkonzentration der Soleflüssigkeit	Nach Bedarf	Eine genaue Messung kann nur mithilfe eines Refraktometers erfolgen.
12	Messung	Ermittlung des Druckes im Solekreislauf	Nach Bedarf	
13	Funktionskontrolle	Sole-Ausdehnungsgefäß/Ausgleichsbehälter		
14	Messungen	Vorlauf- und Rücklauftemperatur Solekreis	Jährlich	Basismessung zur Ermittlung der Spreizung im Solekreis. Um eine gute Effizienz zu erzielen, sollte die Spreizung nicht größer als 3–4 K betragen.

* Bei einigen Herstellern kann die Funktion der Hilfsaggregate durch einen sog. Relaistest über den integrierten Regler überprüft werden.

Messung der Betriebsspannung

Die Netzspannung von 400 V ± 10 % ist nach DIN IEC 38 seit 2008 einzuhalten.

Für elektrische Maschinen gilt nach EN 60034 Teil 1 eine zulässige Spannungsschwankung von ± 5 %: Besonders kleine Motoren reagieren bei Überspannung empfindlich. Es ist somit wichtig, besonders bei der Erstinbetriebnahme der Wärmepumpe, die Netzspannung zu messen (Abbildung 6.1).

Messen des Anlaufstromes

Drehstrom-Elektromotoren (und somit auch Kompressoren) haben einen hohen Einschaltstrom, da für das Beschleunigen der Masse (integrierter Motor, Welle, Kolben bzw. Schnecke etc.) bis zur Nenndrehzahl ein erhöhtes Drehmoment überwunden werden muss. Für dieses erhöhte Drehmoment ist mehr Leistung und damit auch ein höherer Strom nötig. Dieser erhöhte Strom wird Anlaufstrom genannt und liegt bei Kompressoren in wenigen Sekundenbruchteilen an und kann bis zum 6-Fachen des Nennstromes betragen (Abbildung 6.2).

Abbildung 6.1: Messung der Betriebsspannung

Abbildung 6.2: Überprüfung des Anlaufstromes am Kontakt L1 des Schützes Kompressor

Nach TAB Elektro dürfen Wärmepumpen mit Drehstromanschluss und Anlaufströmen bis 30 A maximal sechsmal, die mit Anlaufströmen bis 40 A maximal dreimal pro Stunde eingeschaltet werden. Normalerweise wird in den technischen Daten des Herstellers der Anlaufstrom angegeben, vgl. [6.3].

Sollte dies nicht so sein, kann mithilfe eines Zangenamperemeters der Anlaufstrom erfasst werden.

Ein ungleicher Anlaufstrom in den drei Zuleitungen eines Drehstromkompressors kann auf einen Wicklungsfehler hinweisen.

Wird ein ungleichmäßiger Anlaufstrom gemessen, sollten die Wicklungen des Kompressors

a) auf Durchgang überprüft werden und
b) der Widerstand jeder einzelnen Wicklung (die Widerstandswerte sind dem technischen Datenblatt des Kompressors zu entnehmen) gemessen werden. Bei fehlender Funktion und abweichenden Daten ist der Kompressor zu tauschen, vgl. [6.4].

6.2.2 Dichtigkeitsprüfungen

Die Überprüfung der Dichtigkeit von Kältekreisläufen soll den Nachweis erbringen, dass der Kältekreislauf hinsichtlich der Umwelteinwirkungen, des sicheren Betriebes und der Funktionstüchtigkeit den Anforderungen der Normen und Verordnungen entspricht.

In der VERORDNUNG (EG) Nr. 842/2006 heißt es:

Die Betreiber sorgen dafür, dass diese von zertifiziertem Personal nach folgenden Vorgaben auf Dichtheit kontrolliert werden:

a) Anwendungen mit **3 kg fluorierten Treibhausgasen** oder mehr werden mindestens einmal alle zwölf Monate auf Dichtheit kontrolliert; dies gilt nicht für Einrichtungen mit hermetisch geschlossenen Systemen, die als solche gekennzeichnet sind und weniger als 6 kg fluorierte Treibhausgase enthalten.
b) Anwendungen mit **30 kg fluorierten Treibhausgasen** oder mehr werden mindestens einmal alle sechs Monate auf Dichtheit kontrolliert.
c) Anwendungen mit **300 kg fluorierten Treibhausgasen** oder mehr werden mindestens einmal alle drei Monate auf Dichtheit kontrolliert.

Im Sinne dieses Absatzes bedeutet „auf Dichtheit kontrolliert“, dass die Einrichtung oder das System unter Verwendung direkter oder indirekter Messmethoden auf Lecks hin untersucht wird.

Die Betreiber führen über Menge und Typ der verwendeten fluorierten Treibhausgase, etwaige nachgefüllte Mengen und die bei Wartung, Instandhaltung und endgültiger Entsorgung rückgewonnenen Mengen Aufzeichnungen.

Gemäß EU-Verordnung EG 842/2006 ist es vorgeschrieben, dass alle stationären Kälte- und Klimaanlagen, wozu auch Wärmepumpen zählen, mit mehr als 3 kg Kältemittel jährlich auf Undichtigkeit überprüft werden müssen (Abbildung 6.3).

Lecksuchverfahren

Lecksuche mit elektronischen Lecksuchgeräten

Mithilfe eines elektronischen Lecksuchgerätes können alle Lötverbindungen des Kältekreislaufes kontrolliert werden.

Die Schwierigkeiten bei der Überprüfung der Dichtigkeit von Wärmepumpen beruhen auf nachfolgenden Besonderheiten:

- Potenzielle Leckagen auf engstem Raum
- Die Zugänglichkeit von Bauteilen ist häufig erschwert (z. B. durch Kälteisolierung).
- Aufgrund des engen Bauraumes ist eine genaue Lokalisierung der Leckage nur schwer möglich.
- Umgebungsluft (z. B. bei außen aufgestellten Wärmepumpen) stellt Störeinflüsse dar.

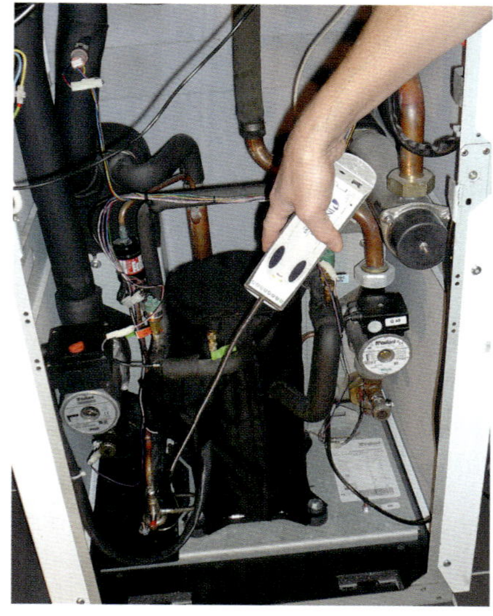

Abbildung 6.3: Überprüfung des Kältekreislaufes mit elektronischen Lecksuchgeräten

Alle potenziellen Leckstellen wie Serviceanschlüsse (Schraderventile), Bördelverbindungen, Lötverbindungen, Schweißverbindungen, Schaugläser etc. sind zu überprüfen. Bei Kältemitteln, die schwerer als Luft sind (z.B. R134a), sollte die Überprüfung des Kältekreislaufes im oberen Bereich beginnen, um Falschanzeigen auszuschließen. Lecksuchgeräte müssen empfindlich genug sein, eine Leckrate von < 5 g/Jahr aufzuspüren.

Lecksuche durch Seifenblasentest

Die leckverdächtigen Stellen werden mit einer Seifenlösung (Lecksuchspray) besprüht. Blasen zeigen das Leck an. Die Nachweisgrenze bei R134a liegt bei 250 g/Jahr, vgl. [6.5].

Vakuumdruckprüfung

Die Vakuumprüfung kann hinsichtlich einer Dichtigkeitsprüfung nur als grob eingestuft werden. Vorteil dieser Prüfung ist, dass die ganze Anlage erfasst wird. Bei einem negativen Ergebnis muss jedoch noch die Undichtigkeit identifiziert werden. Nachteilig ist auch der erhebliche Zeitaufwand dieser Prüfung. Die Nachweisgrenze liegt bei ca. 50 g/Jahr.

Nachdem die Vakuumpumpe ca. 1 mbar erreicht hat, wird sie abgeschaltet und abgesperrt. Steigt der Druck innerhalb von 24 h nicht mehr als um 0,1 – 0,5 mbar, kann die Anlage als dicht angesehen werden, vgl. [6.6].

Weitere Informationen zur Evakuierung von Kälteanlagen werden in Kapitel 6.3 *Instandhaltung von Wärmepumpen* erläutert.

6.2.3 Überprüfung von Drücken und Temperaturen im Kältekreislauf

Ermittlung der Überhitzung

Die Differenz zwischen der gemessenen Temperatur 4 (Anzeige am Temperaturmessgerät, 3) und der gesättigten Temperatur des Kältemittels (Anzeige am Niederdruckmanometer der Monteurshilfe, 2) auf der Saugseite des Kompressors wird Überhitzung genannt. Diese stellt eine wichtige Kenngröße zur Einschätzung eines Kältekreislaufes dar (Abbildung 6.4).

Die Überhitzung ist ein eindeutiger Indikator für den Füllstand des Verdampfers.

Bei einer zu hohen Überhitzung ist der Verdampfungsprozess vor Verdampferende abgeschlossen (der Verdampfer wird nur unzureichend genutzt).

Ist die Überhitzung zu gering, ist der Verdampfungsprozess am Ende des Verdampfers nicht abgeschlossen. Flüssigkeitsschläge und eine Beschädigung des Kompressors können die Folge sein (Abbildung 6.5).

Bei Kältekreisläufen mit TEV beträgt die optimale Überhitzung 4 – 8 K, bei Kreisläufen mit EEV kann die Überhitzung je nach Anwendung bis auf 2 K reduziert werden.

Merke: Kleine Überhitzung – höherer Verdampfungsdruck – besserer COP

Gründe für fehlende bzw. zu geringe Überhitzung:

- Nicht korrekte Einstellung des TEV/nicht korrekte Sensorwerte bei EEV
- TEV/EEV z. B. durch Verschmutzung oder Vereisung defekt (bleibt geöffnet)
- Kapillarrohrfühler (beim TEV) an einer falschen Stelle montiert
- Kapillarrohrfühler (beim TEV) nicht ordnungsgemäß am Rohr installiert.

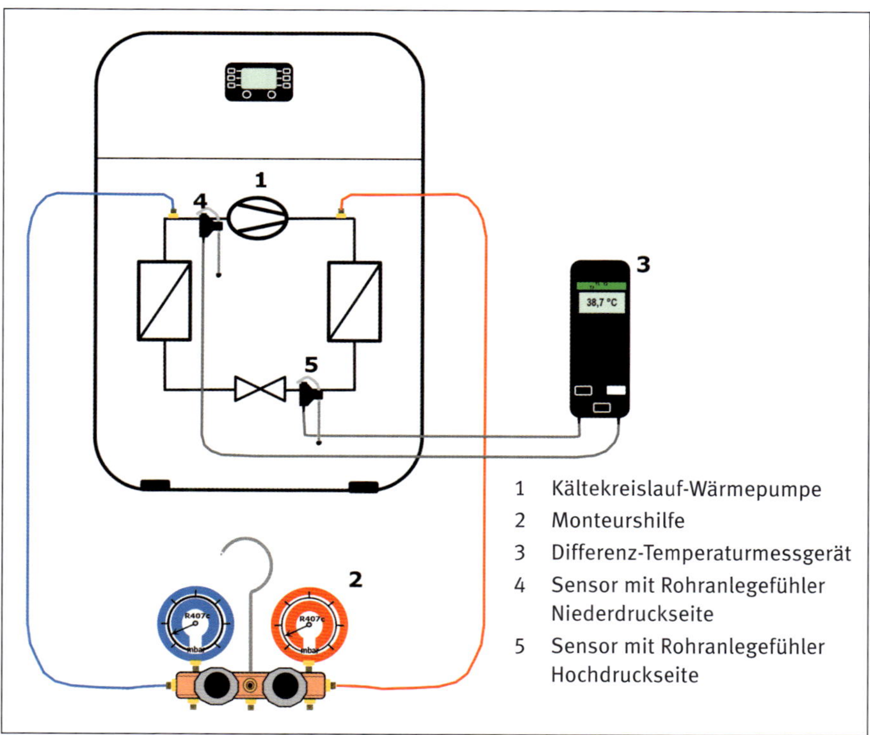

Abbildung 6.4: Messtechnische Überprüfung des Kältekreislaufes

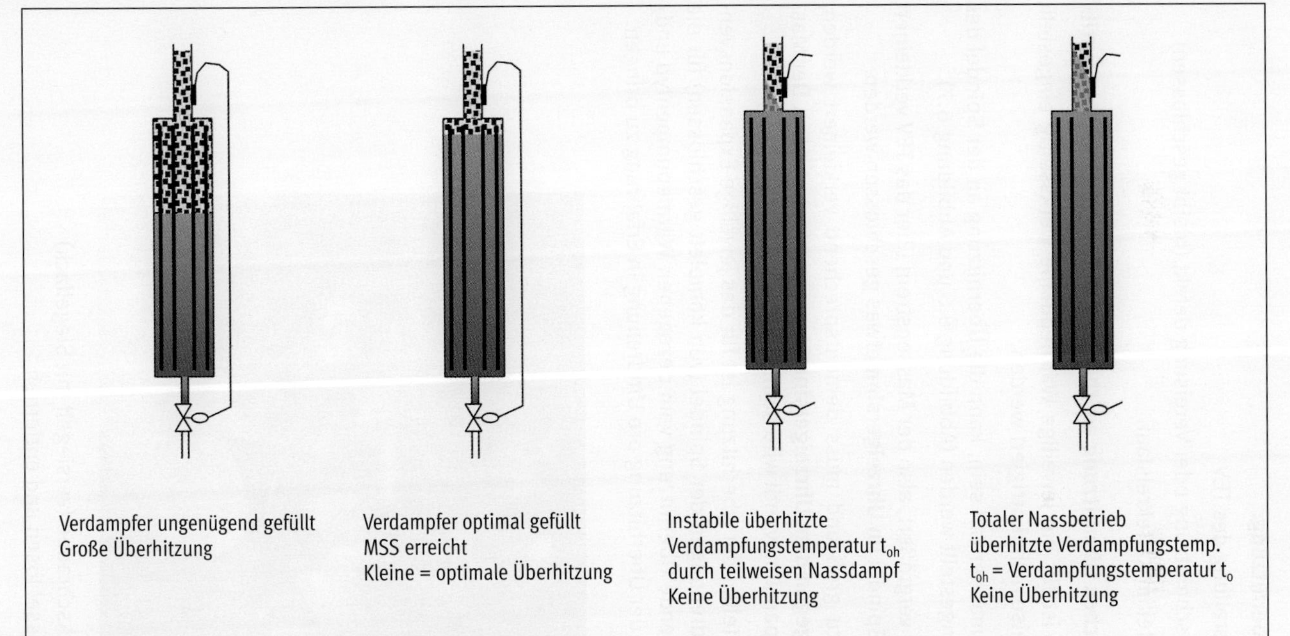

Abbildung 6.5: Unterschiedliche Verdampfungsprozesse im Verdampfer eines Kältekreislaufes

Gründe für zu hohe Überhitzung:

- Nicht korrekte Einstellung des TEV
- TEV z. B. durch Verschmutzung oder Vereisung defekt (bleibt geschlossen)
- Zu wenig Kältemittel im Kältekreislauf.

Einstellung der statischen Überhitzung am thermostatischen Expansionsventil:

Das Expansionsventil ist für die jeweilige Wärmepumpe werksseitig eingestellt und muss normalerweise nicht korrigiert werden.

Sollte dies jedoch einmal der Fall sein, kann die Überhitzung an der Spindel des Expansionsventiles eingestellt werden (Abbildung 6.6 und Abbildung 6.7).

Muss die Überhitzung vergrößert, also der Massenstrom über das TEV verkleinert werden, so muss die Spindel **im Uhrzeigersinn** etwas geschlossen werden.

Ist die Überhitzung zu groß und muss dementsprechend verkleinert werden, muss die Spindel **entgegen dem Uhrzeigersinn** etwas geöffnet werden. Der Massenstrom über das Expansionsventil wird somit vergrößert, vgl. [6.7].

Wichtig: Vor dem Einstellen der Überhitzung ist für das jeweilige Expansionsventil die Anzahl der Umdrehungen der Spindel (von komplett geschlossen) für die werksseitig einzustellende Überhitzung vom bezogenen Wärmepumpentyp und/oder die Veränderung der Überhitzung pro Umdrehung in Erfahrung zu bringen.

Abbildung 6.6: Abdeckschraube (versiegelt mit Siegellack) mit einem Inbus-Schlüssel lösen und entfernen

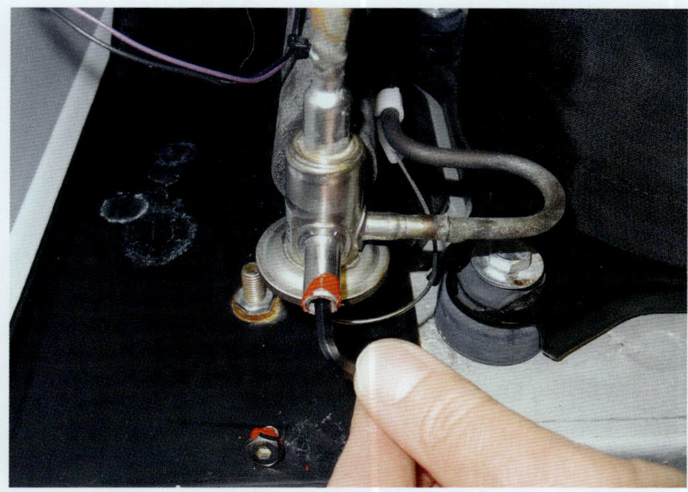

Abbildung 6.7: Veränderung der Spindeleinstellung durch Drehen mittels eines Inbus-Schlüssels

Grundsätzlich sind zwei Herangehensweisen möglich:

a) Große Abweichung zur optimalen Überhitzung:
Hier empfiehlt sich, das Expansionsventil komplett zu schließen und die Öffnungsumdrehungen nach Werksangaben neu einzustellen.

b) Geringe Abweichung zur optimalen Überhitzung:
Hier kann mit schrittweiser Veränderung der Umdrehungen (z.B. 180°) die optimale Überhitzung eingestellt werden.

Nach jeder Veränderung der Spindeleinstellung ist bis zu einem stationären Zustand die Veränderung der Überhitzung zu beobachten. Diese Phase kann einige Minuten in Anspruch nehmen.

Ermittlung der Unterkühlung

Das Expansionsventil hat die Aufgabe, das Kältemittel auf ein niedriges Druckniveau zu entspannen. Nur flüssiges Kältemittel kann in ausreichender Menge über das Expansionsventil entspannt werden (da das Volumen im Vergleich zum gasförmigen Kältemittel viel geringer ist). Sobald gasförmiges Kältemittel entspannt wird, kommt es zu einer Unterversorgung des Verdampfers mit Kältemittel. Aus diesem Grund unterkühlt man das Kältemittel, um immer eine Flüssigkeitsvorlage am Expansionsventil zu erhalten, vgl. [6.4].

Als Differenz zwischen der Verflüssigertemperatur 5 (Anzeige am Temperaturmessgerät, 3) und Verflüssigerdrucktemperatur am Eintritt zum Expansionsventil (Anzeige am Hochdruckmanometer der Monteurshilfe, 2) wird die Unterkühlung definiert (Abbildung 6.4).

Gründe für sehr geringe oder keine Unterkühlung:

- Zu wenig Kältemittel (Kältekreis auf Undichtigkeit prüfen)
- Zu geringe Wärmeabnahme der Heizung bei gleichzeitig hohem Druck nach dem Kompressor
- TEV nicht ordnungsgemäß eingestellt oder defekt

Gründe für zu hohe Unterkühlung:

- Zu viel Kältemittel
- Trockenpatrone nicht in Ordnung (z. B. verstopft)
- TEV nicht ordnungsgemäß eingestellt oder defekt
- Geringer Volumenstrom im Heizkreis (Pumpe prüfen)

6.3 Instandhaltung von Wärmepumpen

Evakuieren von Kältekreisläufen

Im Servicefall kann es immer mal wieder vorkommen, dass eine Anlage die Kältemittelfüllung verloren hat. Häufig ist die Anlage undicht und muss vor der Evakuierung/Neubefüllung repariert werden.

Um eine Kälteanlage/Wärmepumpe mit Kältemittel zu befüllen, ist vor der Befüllung die Anlage zu evakuieren. Mit dem Evakuieren werden zwei Bestandteile aus der Anlage entfernt:

a) Nicht kondensierbare Gase (NKG, z. B. Luft) – NKG würde sich entweder im Verflüssiger ansammeln (da es nicht verflüssigen kann) oder würde im Kältekreislauf gebunden mit dem Kältemittel zirkulieren. Entsprechend dem Anteil in der Anlage würde sich der Druck im Verflüssiger erhöhen. Die Effizienz würde durch die höhere Kompressorleistung geringer.

b) Feuchtigkeit (Wasser) – Befindet sich Wasser in der Anlage, so reagiert dieses mit dem Kältemittel/Öl und es können sich korrosive Säuren bilden. Durch das Evakuieren des Wasserdampfes wird die Anlage getrocknet, vgl. [6.6].

Es ist also wichtig, möglichst alle Bestandteile aus der Anlage zu entfernen (evakuieren). Durch den verringerten Druck in der Anlage sinkt der Siedepunkt des

Wassers. Dadurch kann verdampftes Wasser durch die Vakuumpumpe angesaugt werden und aus der Anlage befördert werden.

Vakuumpumpe, Vakuummeter und Monteurshilfe sind nach Abbildung 6.8 an die Wärmepumpe anzuschließen. Da alle Wärmepumpen Serviceventile (Schraderventile) auf der Hoch- und Niederdruckseite haben, sollte über beide Bereiche evakuiert werden. Nach dem Einschalten der Vakuumpumpe sinkt der Druck in der Anlage relativ schnell. Beim sogenannten Haltepunkt (z. B. bei 23 mbar und einer Umgebungstemperatur von 20 °C) muss das in der Anlage befindliche Wasser erst verdampfen und abgesaugt werden, bevor der Druck weiter sinken kann. Je höher die Umgebungstemperatur, umso schneller kann das Wasser in der Anlage verdampfen und aus der Anlage gesaugt werden. Sobald der Druck in der Anlage auf ca. 3 mbar abgesunken ist (niedrigerer Druck ist immer besser), werden die Ventile der Monteurshilfe geschlossen und die Vakuumpumpe wird abgeschaltet. Steigt der Druck in der Anlage nur gering an (z. B. auf 5–7 mbar), kann sie anschließend befüllt werden.

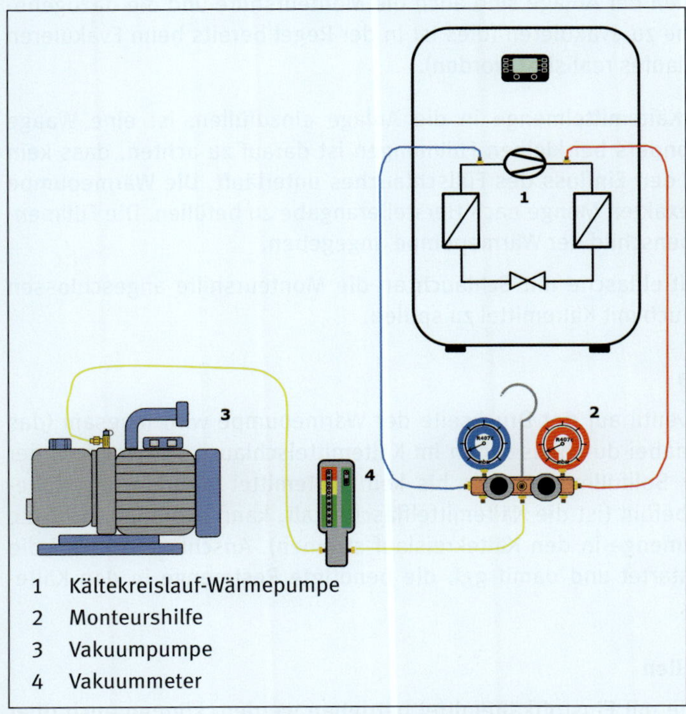

Abbildung 6.8: Evakuieren von Kältekreisläufen

Ein „Brechen des Vakuums" (durch Einfüllen von Kältemittel wird Feuchtigkeit im Kältemittel gebunden, anschließend wird dieses Gemisch wieder aus der Anlage evakuiert) mit Kältemittel sollte aus Umweltgesichtspunkten vermieden werden.

Um Restfeuchte und Schmutzpartikel auch nach dem Evakuieren zu binden, sollte ein Filtertrockner in der Anlage installiert sein. Bei einer Reparatur ist auch der Filtertrockner zu tauschen, um das Binden von Feuchtigkeit sicherzustellen.

Füllen von Kältekreisläufen

Was ist vor dem Befüllen von Kältekreisläufen zu beachten?

- Der Kältekreislauf ist auf Dichtigkeit geprüft und evakuiert.
- Die Wärmepumpe ist betriebsbereit.
- Die exakte Kältemittelmenge ist bekannt.
- Kältemittel mit einem Temperatur-Glide (zeotrope Mehrstoffgemische, z.B. R 407c) müssen flüssig befüllt werden.
- Vor dem Befüllen der Anlage sind auch die Monteurshilfe und die dazugehörigen Schläuche zu evakuieren (dies ist in der Regel bereits beim Evakuieren des Kältekreislaufes realisiert worden).

Um eine exakte Kältemittelmenge in die Anlage einzufüllen, ist eine Waage einzusetzen. Besonders bei kleinen Füllmengen ist darauf zu achten, dass kein Messfehler durch den Einfluss des Füllschlauches unterläuft. Die Wärmepumpe ist dabei mit der exakten Menge nach Herstellerangabe zu befüllen. Die Füllmenge ist auf dem Typenschild der Wärmepumpe angegeben.

Bevor die Kältemittelflasche mit Schlauch an die Monteurshilfe angeschlossen wird, ist der Schlauch mit Kältemittel zu spülen.

Flüssiges Befüllen

Über das Serviceventil auf der Druckseite der Wärmepumpe wird langsam (das Kältemittel kann dabei durchaus schon im Kältemittelschlauch verdampfen) der Kältekreis bis zur Sollfüllmenge oder bis kein Kältemittel mehr in den Kältekreislauf strömt, befüllt (ist die Kältemittelflasche kalt, kann eventuell nicht die komplette Sollfüllmenge in den Kältekreislauf strömen). Anschließend wird die Wärmepumpe gestartet und damit ggf. die benötigte Restmenge in den Kältekreislauf gesogen.

Gasförmiges Befüllen

Kältekreisläufe, die mit Einstoffkältemittel betrieben werden, können auch über das Serviceventil auf der Niederdruckseite mit gasförmigem Kältemittel befüllt werden (Abbildung 6.9).

Ist ein Bauteil im Kältekreislauf einer Wärmepumpe defekt (z. B. Kompressor oder Expansionsventil), so muss das Kältemittel aus der Anlage entnommen/zurückgewonnen werden.

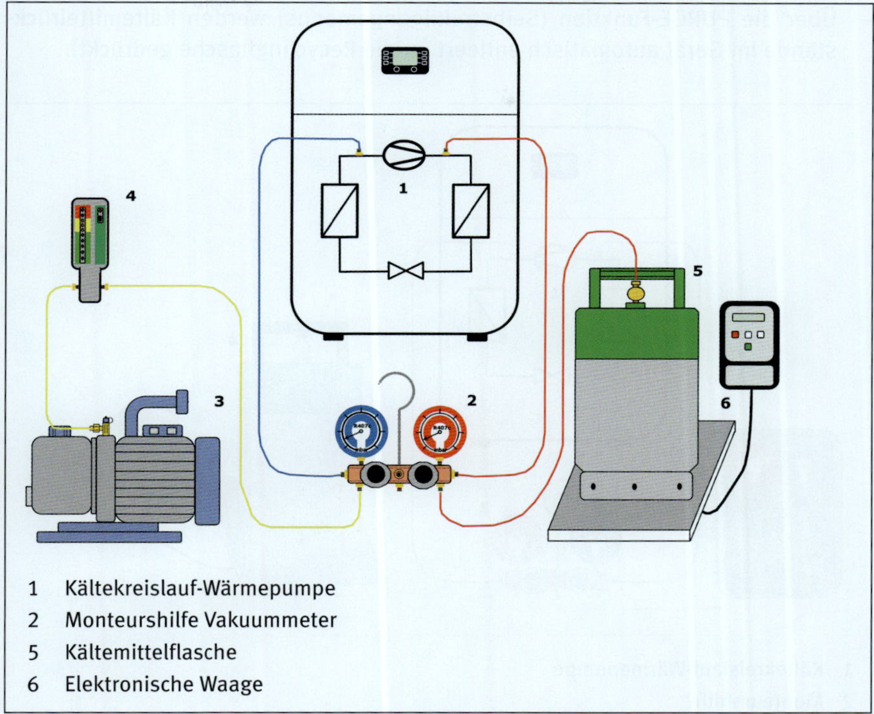

Abbildung 6.9: Füllen von Kältekreisläufen

Rückgewinnung von Kältemittel

Mit modernen und kompakten Kältemittelabsaugungsgeräten ist man in der Lage, flüssiges und gasförmiges Kältemittel schnell und sicher aus einem Kältekreislauf in eine Recyclingflasche zu transportieren.

Auch bei der Rückgewinnung von Kältemittel muss ein Überfüllen der Kältemittelflasche durch den Einsatz einer Waage überwacht werden.

- Schließen Sie das Kältemittelrückgewinnungsgerät, die Monteurshilfe und die Recyclingflasche gemäß Abbildung 6.10 an.
- Öffnen Sie das Ventil der Recyclingflasche.

- Über die Funktion Recover (Rückgewinnen) des Kältemittelrückgewinnungsgeräts werden nacheinander das flüssige Kältemittel (aus dem Hochdruckanschluss der Wärmepumpe) und das gasförmige Kältemittel (aus dem Niederdruckanschluss der Wärmepumpe) abgesaugt.
- Über die PURGE-Funktion (Selbstreinigungsmodus) werden Kältemittelrückstände im Gerät automatisch entleert (in die Recyclingflasche gedrückt).

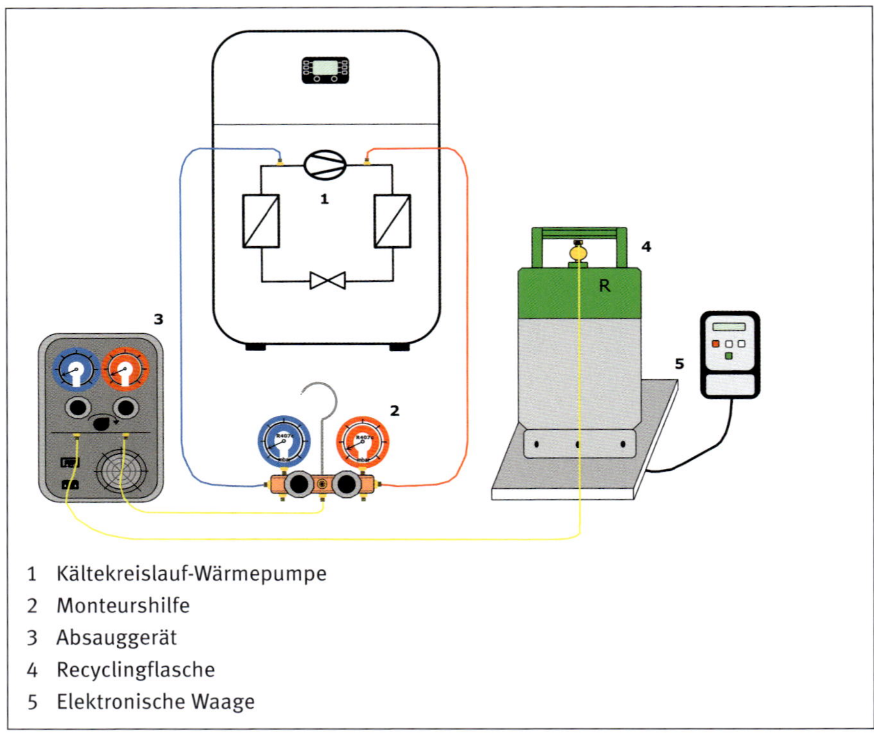

Abbildung 6.10: Rückgewinnung von Kältemittel

6.4 Werkzeuge und Messgeräte

6.4.1 Messgeräte

Druckmessgeräte

Druckmessgeräte, sogenannte Monteurshilfen, sind unverzichtbare Hilfsmittel beim Service, zum Füllen, Evakuieren und Entsorgen von Kältemitteln. Zumeist sind diese mit zwei Manometern (für die Hoch- und Niederdruckseite), einem Schauglas und Anschlüssen für Hoch-, Niederdruck und zum Befüllen/Evakuieren ausgerüstet (Abbildung 6.11).

Moderne elektronische Monteurshilfen zeigen den Hoch- und Niederdruck nebst den dazugehörigen Temperaturen digital auf einem Display an. Temperatureingänge ermöglichen zusätzlich auch die Anzeige der Überhitzung und der Unterkühlung (Abbildung 6.12).

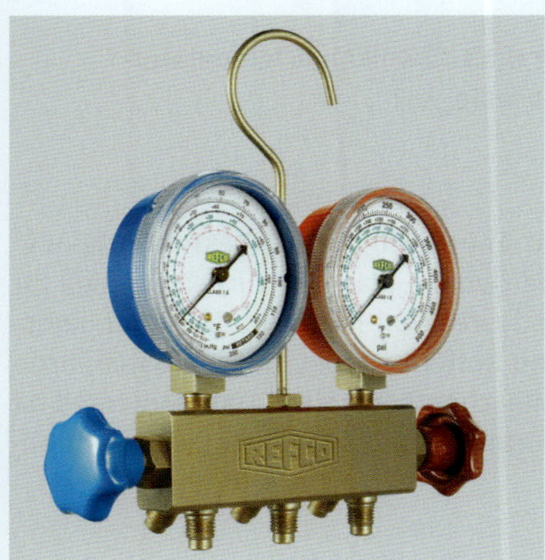

Abbildung 6.11: Klassische Monteurshilfe Apex 8 von Refco

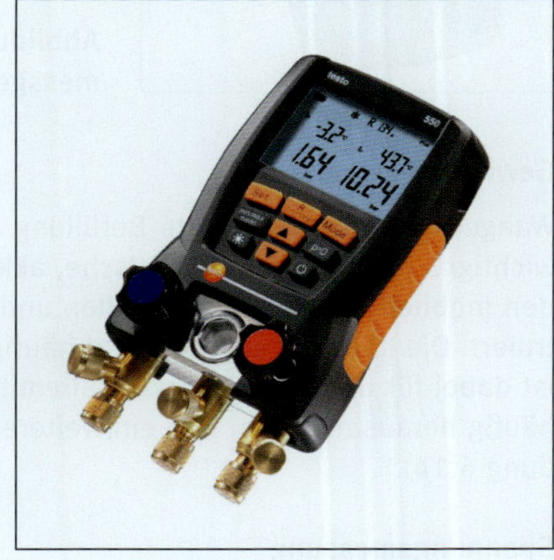

Abbildung 6.12: Elektronische Monteurshilfe Testo 550-2

Temperaturmessgeräte

Nicht sämtliche für die Beurteilung/Einschätzung einer Wärmepumpenanlage wichtigen Temperaturen werden stationär über die Regelungstechnik der Wärmepumpe angezeigt. Um schnell und flexibel Temperaturen überprüfen zu können, werden deshalb Temperaturmessgeräte eingesetzt. Von besonderem Vorteil sind dabei Mehrkanal-Messgeräte, die gleichzeitig mehrere Temperaturen erfassen und anzeigen können (Abbildung 6.13).

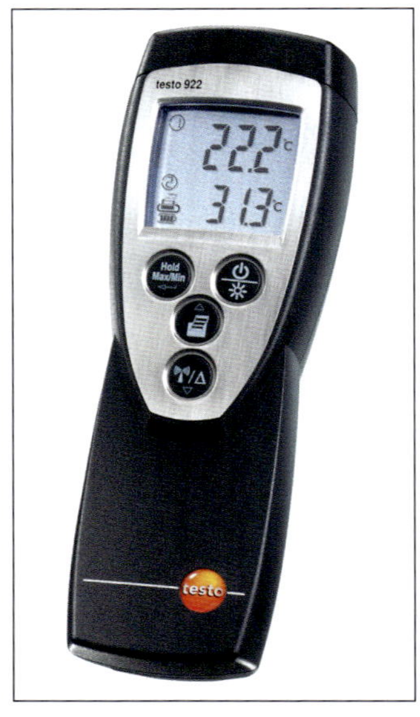

Abbildung 6.13: Zweikanal-Temperaturmessgerät Testo 922

Gewichtsmessung

Waagen sind für die exakte Befüllung und Entleerung des Kältekreislaufes ein wichtiges Hilfsmittel. Elektronische, akkubetriebene Waagen wurden speziell für den mobilen Einsatz beim Befüllen und Entleeren von Kältemittelflaschen konstruiert. Die Kältemittelwaage wird häufig mit Koffer angeboten. Die Abstellfläche ist dabei für das Abstellen von Kältemittelflaschen konzipiert. Das Bedienteil ist häufig herausnehmbar, was ein weiterer Vorteil bei mobilen Einsätzen ist (Abbildung 6.14).

Spannungsmessung

Bei allen Inbetriebnahmen, bei Serviceeinsätzen und Störbehebungen sollte immer ein Spannungsmessgerät die Spannungsfreiheit bei Arbeiten an der Wärmepumpe belegen. Um elektrische Störungen messtechnisch zu ermitteln, ist ein Spannungsmessgerät ebenfalls unerlässlich. Zusätzlich kann mit modernen Spannungsmessgeräten auch das Rechtsdrehfeld (also der richtige Drehstromanschluss) ermittelt werden (Abbildung 6.15).

Zusätzlich zum Spannungsmessgerät sollte immer ein „Vielfachmessgerät“ bei Arbeiten rund um eine Wärmepumpe vorhanden sein. Neben der Spannungsmessung können mit diesem Messgerät auch die Stromstärke und der Widerstand von Bauteilen ermittelt werden (Abbildung 6.16).

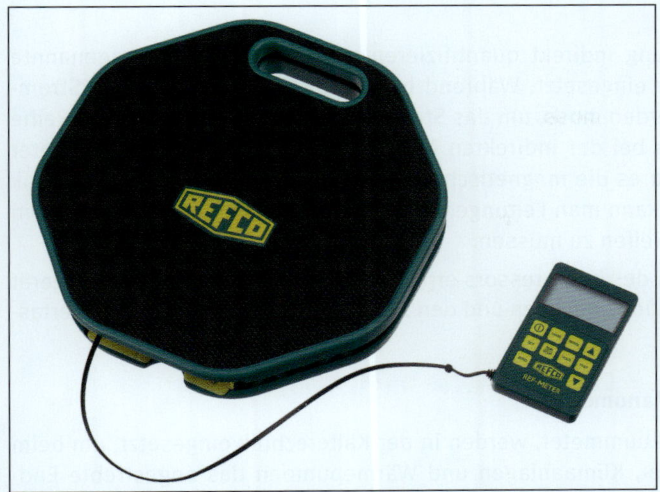

Abbildung 6.14: Elektronische, akkubetriebene Waage REF-Meter-Octa

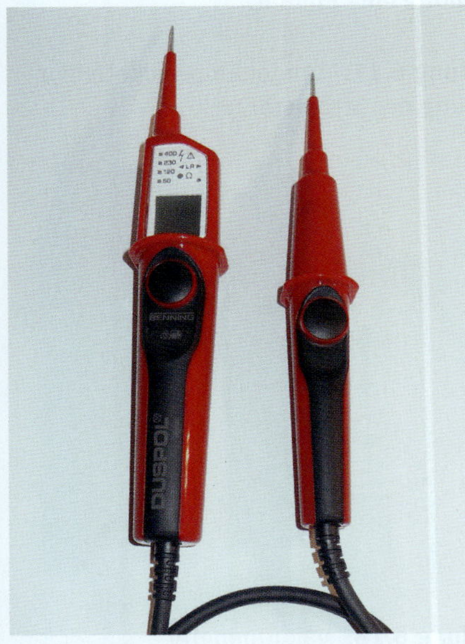

Abbildung 6.15: Zweipoliges Spannungsmessgerät

Abbildung 6.16: Vielfachmessgerät für Spannungs-, Strom- und Widerstandsmessung Refco X 475

Strommessung

Um die Strommessung indirekt quantifizieren zu können, werden sogenannte Zangenamperemeter eingesetzt. Während bei der direkten Messung der Stromkreis aufgetrennt werden muss, um das Strommessgerät (Amperemeter) in Reihe zu schalten, ist dies bei der indirekten Messung mit dem Zangenamperemeter nicht erforderlich, da es die magnetische Wirkung des Leiterstroms misst. Dank der teilbaren Zange kann man Leitungen oder Stromschienen umfassen, ohne in den Stromkreis eingreifen zu müssen.

Um den Anlaufstrom des Kompressors erfassen zu können, muss das Messgerät eine sog. „Haltefunktion" besitzen und den Strom im Millisekundenbereich erfassen (Abbildung 6.17).

Druckmessgeräte (Manometer)

Manometer, sog. Vakuummeter, werden in der Kältetechnik eingesetzt, um beim Evakuieren von Kälte-, Klimaanlagen und Wärmepumpen das angestrebte Endvakuum von < 10 mbar zu prüfen. Dieses geringe Endvakuum soll dazu dienen, Fremdgase (Luft und deren Bestandteile) und vor allem Feuchtigkeit aus dem Rohrnetz zu entfernen (Abbildung 6.18).

Häufig bilden Vakuummeter und Vakuumpumpe eine Einheit.

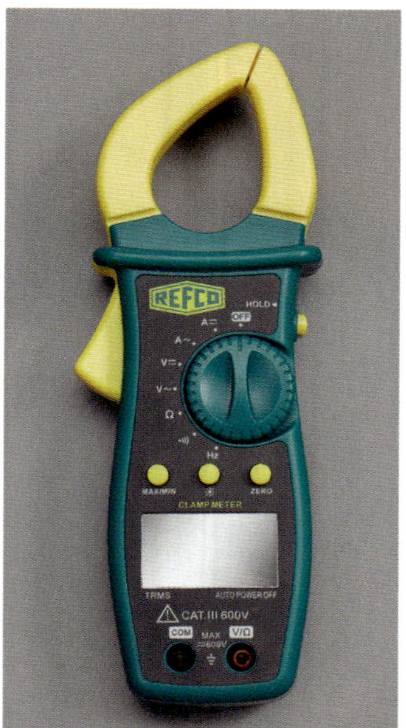

◄ **Abbildung 6.17:** Zangenamperemeter zur Erfassung der Stromstärke

Abbildung 6.18: Vakuummeter mit eingebautem Sicherheitsventil, justierbar

Elektronisches Vakuummeter

Elektronisches Vakuumprüfgerät mit LED-Leuchtanzeige, überdrucksicher, praktisch in Verbindung mit absperrbarem Messschlauch als Durchgangsgerät zu verwenden. Der Anschluss ist an beliebiger Stelle in der Anlage oder direkt an der Vakuumpumpe möglich (Abbildung 6.19).

Elektronische Lecksuchgeräte

Mithilfe eines elektronischen Lecksuchgerätes können alle Lötverbindungen des Kältekreislaufes auf Undichtigkeit kontrolliert werden (Abbildung 6.20).

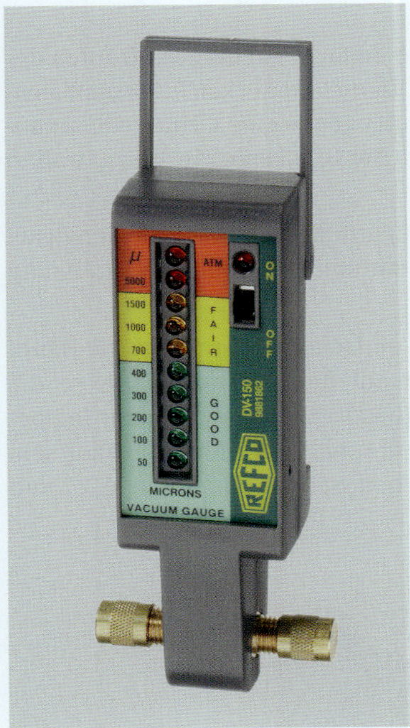

Abbildung 6.19: Elektronischer Vakuumtester Refco DV 150; misst im Bereich von atmosphärischem bis Absolutvakuum

Abbildung 6.20: Elektronisches Lecksuchgerät von Refco

Refraktometer

Die Zusammensetzung des Solekonzentrates mit Wasser bei Sole/Wasser-Wärmepumpen sollte in der Planungsphase bestimmt und vor der Befüllung der Anlage überprüft werden. Viele Hersteller geben den Frostschutzgehalt in ihren Planungsunterlagen an.

Mithilfe eines Refraktometers kann sehr einfach der Frostschutzgehalt oder die Solekonzentration der Wärmeträgerflüssigkeit bestimmt werden. Dabei wird der Brechungsindex, d. h. das Verhalten von Licht am Übergang eines Prismas zu der zu prüfenden Flüssigkeit, bestimmt. Ist die Zusammensetzung der Flüssigkeit bekannt, kann die Konzentration eines Stoffes in der Flüssigkeit (hier Sole) ermittelt werden (Abbildung 6.21).

Ein Handrefraktometer ist in der Bedienung sehr einfach. Ein bis zwei Tropfen der zu prüfenden Flüssigkeit auf das Prisma geben. Den Klappdeckel/lichtdurchlässige Platte auf das Prisma klappen. Durch das Okular gegen eine Lichtquelle schauen. Die Skala scharf stellen und anschließend an der Grenzlinie die Konzentration ablesen (Abbildung 6.22).

Wichtig: Es muss bekannt sein, ob die Wärmeträgerflüssigkeit mit Propylenglykol oder Ethylenglykol angesetzt wurde. Nur so ist mithilfe der jeweiligen Skalierung der richtige Frostschutz ablesbar.

Digitale Refraktometer sind in der Anwendung einfacher und genauer als Handrefraktometer. Um den größten Einflussfaktor auf den Brechungsindex – die Temperatur – zu minimieren, sind einige digitale Refraktometer mit einer Temperierung der Messflüssigkeit ausgestattet. Auch hier muss der Stoff bekannt sein und vor der Messung im Refraktometer eingegeben werden (Abbildung 6.23 und Abbildung 6.24).

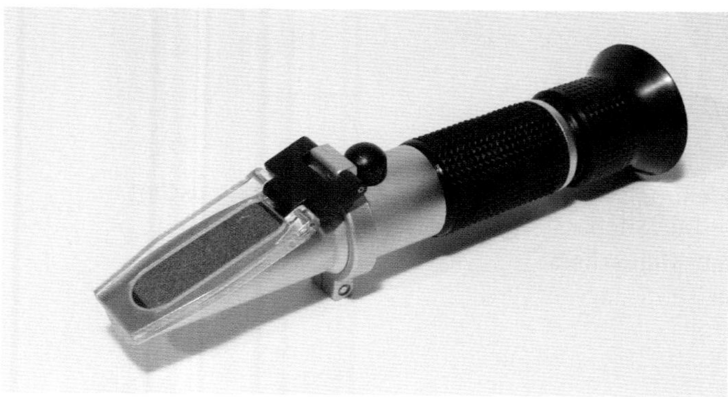

Abbildung 6.21: Handrefraktometer

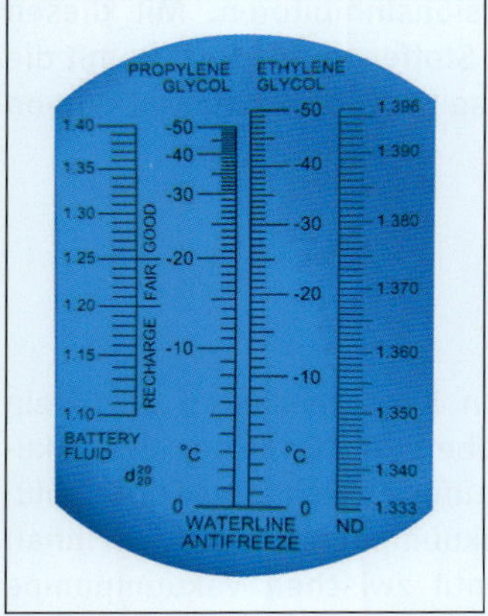

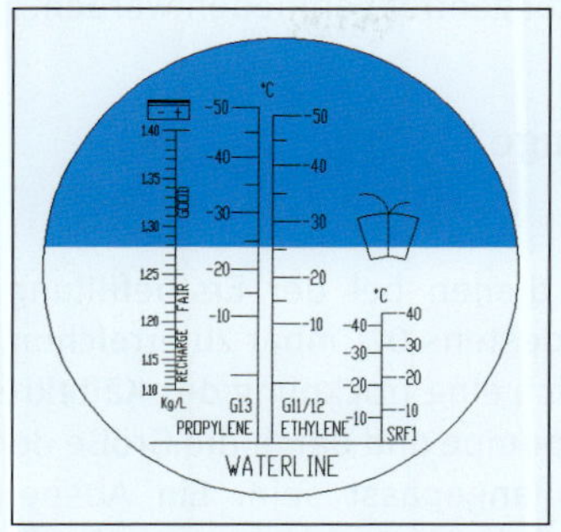

Abbildung 6.22: Okkular eines Handrefraktometers mit Propylenglykol-, Ethylenglykol-, Batteriesäure- und ND (Brechzahl oder Brechungsindex)-Skalierung

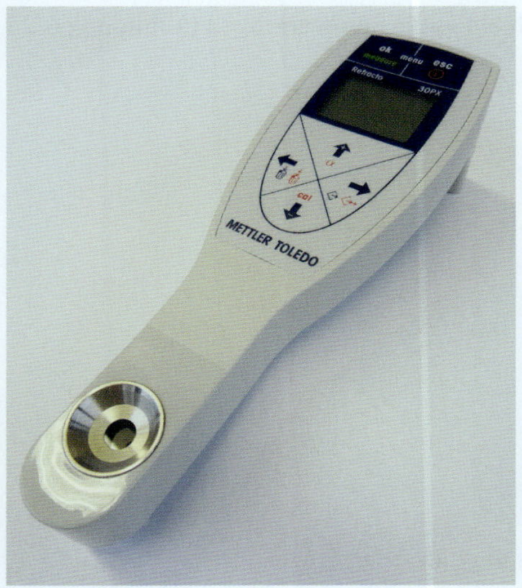

Abbildung 6.23: Digitales Handrefraktometer

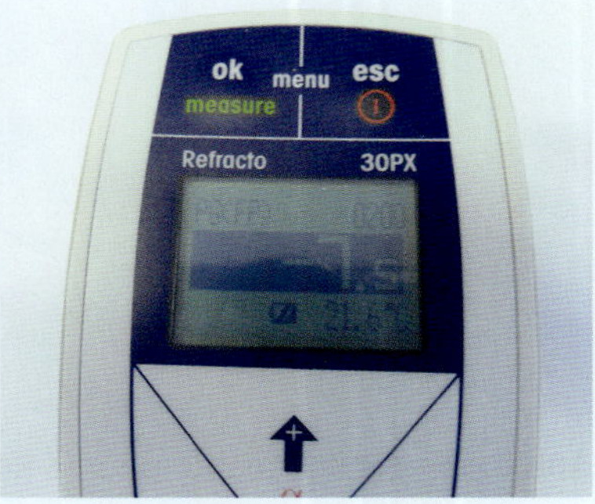

Abbildung 6.24: Anzeige des Frostschutzes von –7,5 °C bei einem digitalen Handrefraktometer

Wärmeträgerflüssigkeiten enthalten immer Korrosionsinhibitoren. Mit diesen Inhaltsstoffen wird die Korrosion von metallischen Stoffen verhindert. Damit die Wirksamkeit dieser Inhibitoren gewährleistet ist, sollte eine Konzentration von unter 20 % Solekonzentrat vermieden werden.

6.4.2 Werkzeuge

Vakuumpumpen

Vakuumpumpen dienen bei der Erstbefüllung von Kältekreisläufen dazu, ein Vakuum von mindestens 0,1 mbar zu erreichen. Neben dem Erreichen des Vakuums wird zusätzlich eine Trocknung des Kältekreislaufes erreicht. Das Fördervolumen der Vakuumpumpe und damit die Größe der Vakuumpumpe sollte dem Inhalt des Kältekreises angepasst sein. Ein Absperrventil zwischen Vakuumpumpe und Kältekreislauf dient zum Abtrennen der Pumpe vom Kältekreislauf und zur Kontrolle, welches Vakuum die Pumpe erzielen kann (indem das Ventil geschlossen wird). Vakuumpumpen sollten einem regelmäßigen Ölwechsel unterzogen werden. Dies verhindert die sogenannte Emulgierung des Pumpenöls durch Kondenswasser und damit eine Verschlechterung der Schmiereigenschaften. Gute Produkteigenschaften erzielen zweistufige Drehschiebervakuumpumpen. Diese haben auch bei niedrigen Drücken noch ein gutes Saugvermögen (Abbildung 6.25 und Abbildung 6.26).

Abbildung 6.25: Vakuumpumpe Refco RL-8

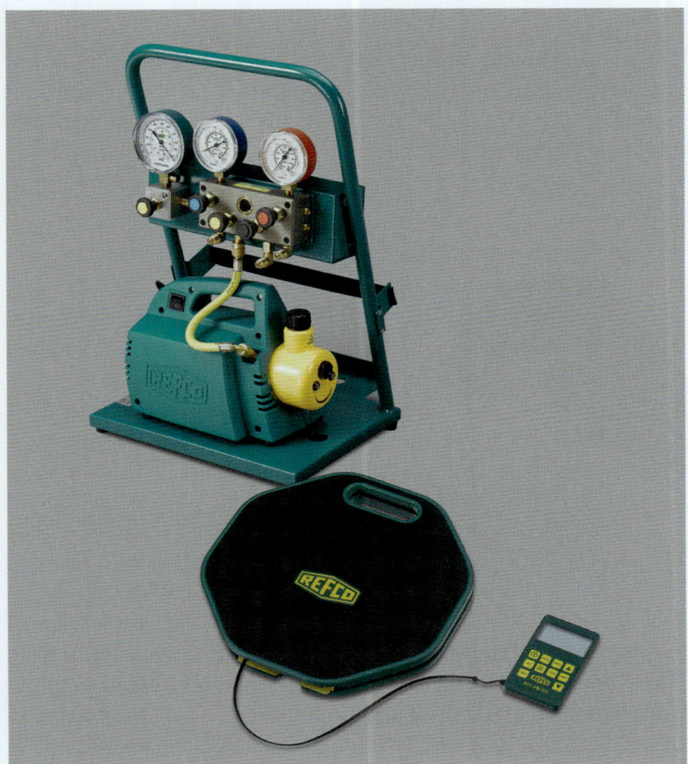

Abbildung 6.26: Füllstation 12900 von Refco

Ventilkernwerkzeug

Universale Schraderventildreher sind geeignet, um alle handelsüblichen Ventilkerne in Kältekreisläufen festzuziehen oder auszutauschen (Abbildung 6.27).

Abbildung 6.27: Ventilkernwerkzeug

Rohrabschneider

Um Kältemittelleitungen zu kürzen, werden Rohrabschneider unterschiedlicher Größe verwendet. Bei Verwendung eines Rohrabschneiders muss darauf geachtet werden, dass die Schneidräder scharf sind und dass nur mit geringem Vorschub gearbeitet wird. Nur so sind insbesondere bei weichen Rohren Verformungen der Rohrenden weitgehend zu vermeiden. Es ist darauf zu achten, das Rohr rechtwinklig abzuschneiden.

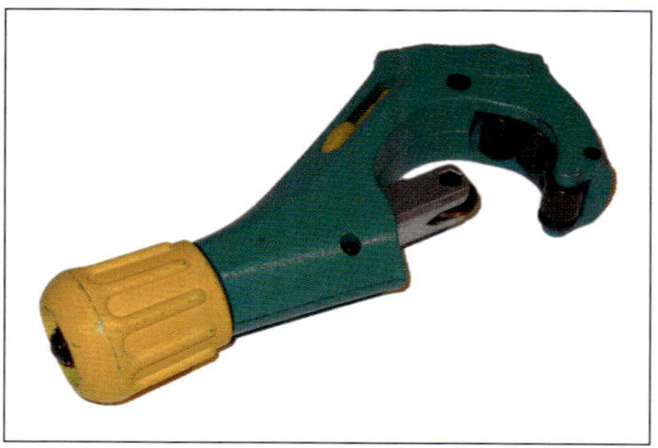

Abbildung 6.28: Rohrabschneider Refco RS 35

Entgrater

Nach dem Trennen sind die Rohrenden innen und außen zu entgraten. Stehen gelassene Innengrate bewirken Druckverluste durch Querschnittsverengung. Weiterhin können Innengrate zu starken Turbulenzen führen.

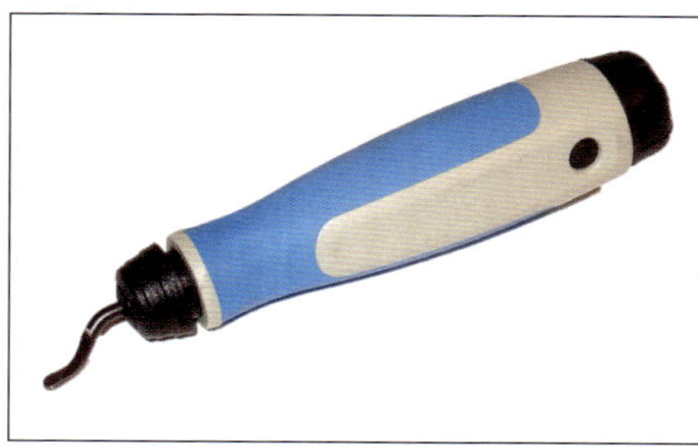

Abbildung 6.29: Entgrater

Bördelwerkzeug

Ein Universalbördelgerät dient zum Herstellen von kegelförmigen Aufweitungen an Kupferrohren. Mittels einer Überwurfmutter wird nach der Bördelung die Aufweitung auf den Dichtkegel des Fittings gepresst. Am Markt gibt es eine Vielzahl von unterschiedlichsten Bördelgeräten. Wichtig ist, dass das Kupferrohr fest im

Bördelgerät eingespannt werden kann. Vor dem Bördeln ist die Überwurfmutter auf das Rohr zu schieben. Der Konus des Bördelgerätes wird anschließend auf das Kupferrohr geschraubt und bewirkt so die notwendige Aufweitung. Nach dem Bördeln ist die Verschraubung mit einem definierten Drehmoment festzuziehen. Eine Bördelverbindung kann Betriebsdrücken bei Kältemitteln (z. B. R 410 a) von über 40 bar standhalten.

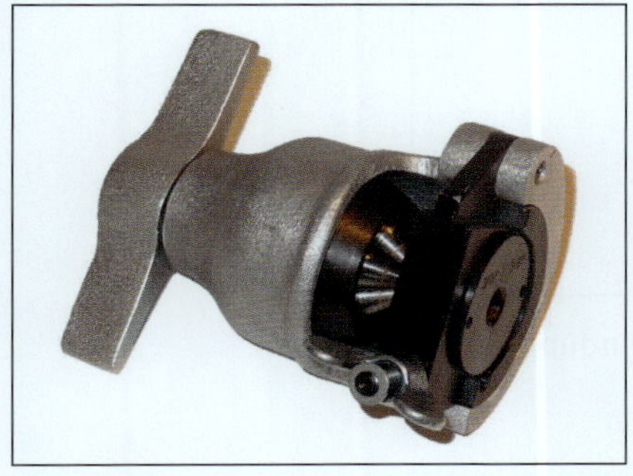

Abbildung 6.30: Bördelglocke mit Spannbacke und Bördelkonus

Abbildung 6.31: Bördelglocke mit eingespanntem Kupferrohr vor dem Aufweiten

Abbildung 6.32: Bördelglocke mit eingespanntem Kupferrohr nach dem Aufweiten

Abbildung 6.33: Aufgeweitetes Kupferrohr

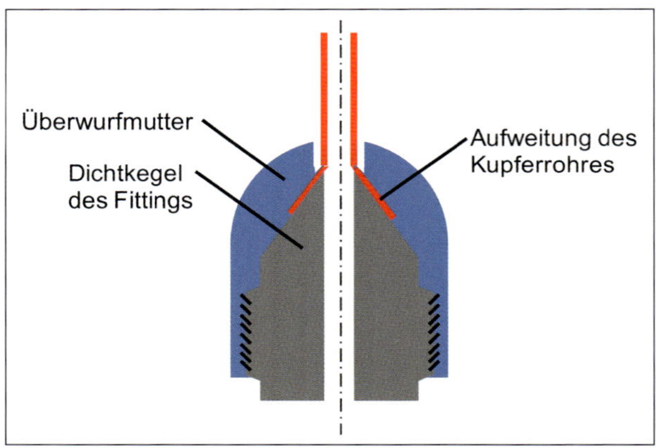

Abbildung 6.34: Schnitt einer Bördelverbindung

Lamellenkamm

Beim Transport, bei der Installation, bei der Reparatur oder bei Servicearbeiten können die Lamellen von Luft/Wasser-Wärmepumpen-Verdampfern aufgrund von Unachtsamkeit beschädigt werden. Ist hierbei nur die Aluminium-Lamelle und nicht das Kältemittelrohr (meist aus Kupfer bestehend) verbogen/verformt, können mithilfe eines Lamellenkamms die einzelnen Lamellen wieder zu den Nachbarlamellen aufgerichtet werden. Dies ist sehr wichtig, da sich ansonsten das Eis aufgrund der schlechteren/fehlenden Energiezufuhr an dieser Stelle schneller bildet als bei nicht beschädigten Lamellenbereichen.

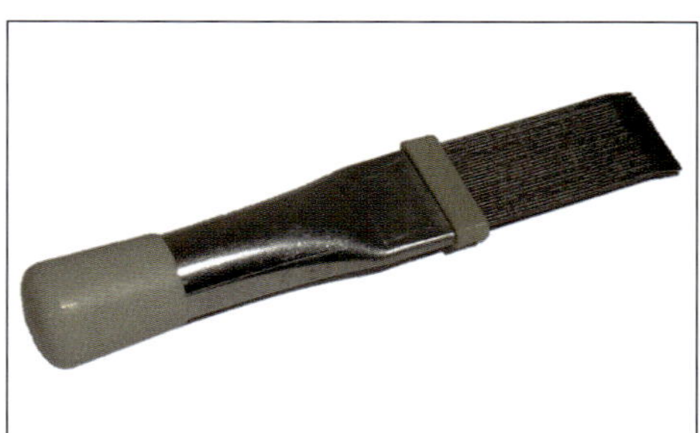

Abbildung 6.35: Lamellenkamm aus Federstahldraht

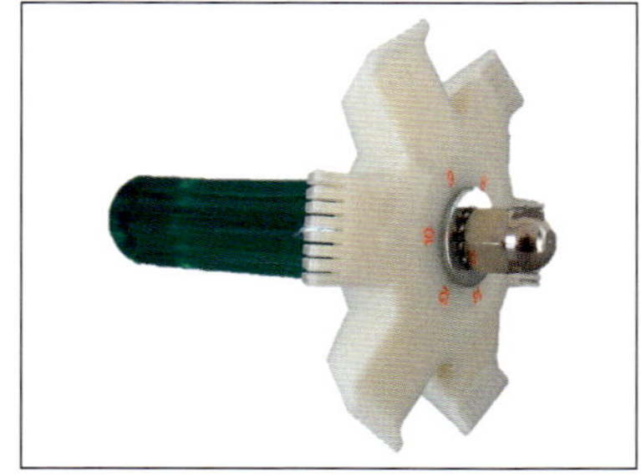

Abbildung 6.36: Universal-Lamellenkamm mit verschiedenen Abstandseinsätzen (für unterschiedliche Lamellenabstände)

Biegefeder/Biegewerkzeuge

Bei der Installation von Luft/Wasser-Wärmepumpen in Splitbauweise müssen Kältemittelleitungen häufig den örtlichen Gegebenheiten angepasst werden. Dazu muss die Kältemittelleitung gebogen werden. Um Knicke, Falten, Risse oder Querschnittsverjüngungen auszuschließen, sollte das weiche Kupferrohr nur mit einem Biegewerkzeug bearbeitet werden. Zum Handbiegen eignet sich vor Ort eine Biegefeder. Diese wird in das Kältemittelrohr eingeführt und gibt dem Rohr eine feste Führung. Beim Biegen wird der Druck gleichmäßig verteilt und der Rohrquerschnitt bleibt erhalten. Die Biegefeder muss dabei dem jeweiligen Durchmesser des Rohres entsprechen.

Mittels handelsüblicher Biegewerkzeuge können noch kleinere Biegeradien realisiert werden. Wichtig ist, dass die Biegesegmente den Außendurchmessern der Rohre angepasst sind.

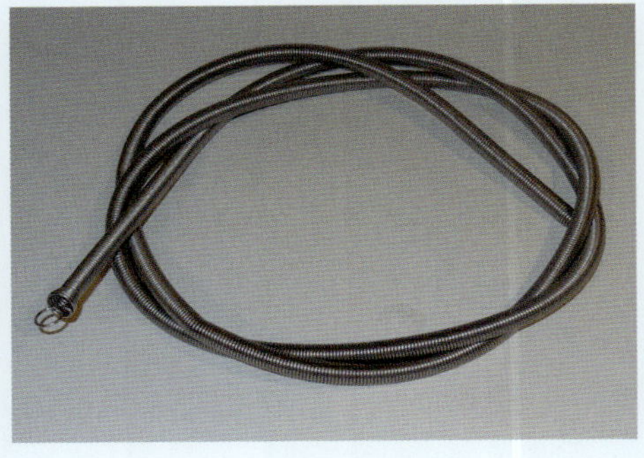

Abbildung 6.37: Biegefeder zum Biegen von weichem Kupferrohr

Abbildung 6.38: Gebogenes Kupferrohr mit Biegefeder

Recycling-Stahlflasche

Wird Kältemittel aus einer Anlage abgesaugt, so darf nur eine eigens dafür vorgesehene Recycling-Stahlflasche verwendet werden. Auf dem Typschild muss das entsprechende Kältemittel mit dem Zusatz „+Kältemaschinenöl“ eingestempelt sein. Reguläre Flaschen dürfen auf keinen Fall verwendet werden! Für das Entleeren von Kälteanlagen sollte eine entsprechende, TÜV-geprüfte „Recyclingflasche“ mit einer Prüffrist von 5 Jahren eingesetzt werden. Diese sollte zudem immer mit einem großkonischen (W 28,8 × 1/14" DIN 477) Doppelventil mit zwei getrennten Anschlüssen und Standrohr ausgerüstet sein, um „indirektes“ Flüssigkeitsabsaugen durchführen zu können. So können auch große Anlagen mit einem kleinen Gasabsauggerät schnell abgesaugt werden. Die gefüllten Flaschen sollten der Wiederaufbereitung zugeführt werden. Für Recyclingflaschen gilt ein anderer Füllfaktor (0,75), da im Extremfall damit gerechnet werden muss, dass die ganze Füllung aus Öl mit geringerer Dichte besteht (Abbildung 6.39).

Abbildung 6.39: Kältemittel-Recyclingflasche

7 Normen und Verordnungen

Zugegeben, dieses Kapitel beinhaltet ein „trockenes“, aber gleichzeitig auch ein wichtiges Thema. Die nachfolgenden Verordnungen und Normen stellen eine Zusammenstellung in Bezug auf die fachgerechte Erstellung, Planung, Installation, Service und Nutzung von Wärmepumpen dar (kein Anspruch auf Vollständigkeit). Dabei richten sich die nachfolgenden Texte an unterschiedliche Berufsgruppen und Gewerke.

Die einzelnen Normen und Verordnungen sind deshalb am Ende des jeweiligen Textes folgenden Berufsgruppen schwerpunktmäßig zugeordnet:

- Hersteller
- Planer/Architekten
- Elektrofachkräfte
- Heizung-/Sanitärfachkräfte
- Fachkräfte für Kältetechnik
- Bohrfachbetrieb

Für eine bessere Übersicht sind die einzelnen Regelwerke nach folgenden Kategorien geordnet:

- Europanormen (EN und DIN EN)
- Deutsche Normen (DIN)
- Europäische Verordnungen
- Deutsche Verordnungen und Gesetze
- VDI-Richtlinien
- DVGW-Arbeitsblätter
- Sonstige Regelwerke

7.1 Europanormen (EN und DIN EN)

DIN EN 378-1:2021-06

Kälteanlagen und Wärmepumpen – Sicherheitstechnische und umweltrelevante Anforderungen – Teil 1: Grundlegende Anforderungen, Definitionen, Klassifikationen und Auswahlkriterien; Deutsche Fassung EN 378-1:2016+A1:2020

DIN EN 378-2:2018-04

Kälteanlagen und Wärmepumpen – Sicherheitstechnische und umweltrelevante Anforderungen – Teil 2: Konstruktion, Herstellung, Prüfung, Kennzeichnung und Dokumentation: Deutsche Fassung EN 378-2:2016

DIN EN 378-3:2020-12

Kälteanlagen und Wärmepumpen – Sicherheitstechnische und umweltrelevante Anforderungen – Teil 3: Aufstellungsort und Schutz von Personen; Deutsche Fassung EN 378-3:2016+A1:2020

DIN EN 378-4:2019-12

Kälteanlagen und Wärmepumpen – Sicherheitstechnische und umweltrelevante Anforderungen – Teil 4: Betrieb, Instandhaltung, Instandsetzung und Rückgewinnung; Deutsche Fassung EN 378-4:2016+A1:2019

Norm, in der für die **Hersteller** von Wärmepumpen die sicherheitstechnischen Anforderungen, die Kennzeichnung, der Schutz von Personen und die Instandhaltung festgelegt werden.

DIN EN 12735-1:2020-06

Kupfer und Kupferlegierungen – Nahtlose Rundrohre für die Kälte- und Klimatechnik – Teil 1: Rohre für Leitungssysteme; Deutsche Fassung EN 12735-1:2020

Die Norm legt die Anforderungen, Probenentnahme, Prüfverfahren und Lieferbedingungen für die **Hersteller** für nahtlose Rundrohre aus Kupfer fest, die in Leitungssystemen der Kälte- und Klimatechnik verwendet werden. Sie gilt für Rohre mit einem Außendurchmesser von 3 mm bis 219 mm. Diese Rohre werden in geraden Längen geliefert, im Zustand hart oder halbhart, oder in Ringen, geglüht.

DIN EN 12828:2014-07

Heizungsanlagen in Gebäuden – Planung von Warmwasser-Heizungsanlagen; Deutsche Fassung EN 12828:2012+A1:2014

Diese Norm legt die Entwurfs- und Ausführungskriterien für zentrale Warmwasser-Heizungsanlagen mit einer maximalen Betriebstemperatur bis zu 110 °C und einem maximalen Betriebsdruck bis zu 6 bar fest. Sie beinhaltet die Planung und den Einbau von:

- Wärmeerzeugungsanlagen;
- Wärmeverteilungsanlagen;
- Wärmeabgabesystemen;
- Regelanlagen.

Sie erfasst Warmwasser-Heizungsanlagen in Wohngebäuden sowie in gewerblich und industriell genutzten Gebäuden.

Wichtige Norm für die **Planung** von Heizungsanlagen.

DIN EN 12831 (alle Teile)

Energetische Bewertung von Gebäuden

Die Norm beschreibt ein Berechnungsverfahren zur Ermittlung der Wärmezufuhr, die unter Norm-Auslegungsbedingungen benötigt wird, um sicherzustellen, dass die erforderliche Norm-Innentemperatur in den Nutzräumen der Gebäude erreicht wird. Diese Norm beschreibt das Verfahren zur Berechnung der Norm-Heizlast:

- auf einer raum- oder zonenweisen Basis für die Auslegung der Heizflächen und
- auf einer Basis des gesamten Heizungssystems zur Auslegung des Wärmeerzeugers.

Diese Norm enthält auch ein vereinfachtes Berechnungsverfahren zur Bestimmung der Heizlast von Wohngebäuden.

Norm, die **Planer/Architekten** befähigt, die Norm-Heizlast eines Gebäudes zu errechnen.

DIN/TS 12831-1:2020-04

Verfahren zur Berechnung der Raumheizlast – Teil 1: Nationale Ergänzungen zur DIN EN 12831-1

Diese Norm regelt die Anwendung sowohl des ausführlichen Verfahrens nach DIN EN 12831-1, Abschnitt 6 als auch der vereinfachten Verfahren nach

DIN EN 12831-1, Abschnitt 7 beziehungsweise 8. Darüber hinaus wird in Abschnitt 7 dieses Dokumentes ein weiteres Verfahren zur überschlägigen Ermittlung der Gebäudeheizlast aus Wärmemengen- oder Verbrauchsmessungen beschrieben.

DIN EN 14511-2:2019-07

Luftkonditionierer, Flüssigkeitskühlsätze und Wärmepumpen für die Raumbeheizung und -kühlung und Prozess-Kühler mit elektrisch angetriebenen Verdichtern – Teil 2: Prüfbedingungen; Deutsche Fassung EN 14511-2:2018

Dieses Dokument **ersetzt** die Normen EN 255-2:1997, EN 814-2:1997 und EN 12055:1998.

- Anwendungsbereich: Dieser Teil der EN 14511 legt die Bedingungen für die Prüfung der Leistung von luft- und wassergekühlten Luftkonditionierern, Flüssigkeitskühlsätzen, Luft/Luft-, Wasser/Luft-, Luft/Wasser- und Wasser/Wasser-Wärmepumpen mit elektrisch angetriebenen Verdichtern für die Raumheizung und/oder -kühlung fest. Er legt ferner die Bedingungen für die Prüfung von Multi-Split-Systemen für die Wärmerückgewinnung fest. Diese Europäische Norm gilt für fabrikmäßig zusammengebaute Geräte, die mit Luftkanalanschlüssen versehen sein können.
- Norm, um Normdaten einer Wärmepumpe zu definieren; Grundregeln bei der **Herstellung** von Wärmepumpen.

DIN EN 14825:2019-07

Luftkonditionierer, Flüssigkeitskühlsätze und Wärmepumpen mit elektrisch angetriebenen Verdichtern zur Raumbeheizung und -kühlung – Prüfung und Leistungsbemessung unter Teillastbedingungen und Berechnung der jahreszeitbedingten Leistungszahl; Deutsche Fassung EN 14825:2018

- Diese **Norm** zieht bei Bedarf die Norm **EN 14511** heran. Sie trägt dabei der Technik „modulierende Wärmepumpen“ Rechnung. In dieser Norm werden deshalb die Teillastbedingungen für den Heizbetrieb und Kühlbetrieb definiert. Ferner werden die saisonale Arbeitszahl im Heizbetrieb SCOP und die saisonale Arbeitszahl im Kühlbetrieb SEER definiert.
- Grundregeln bei der **Herstellung** von Wärmepumpen.

DIN EN 15450:2007-12

Heizungsanlagen in Gebäuden – Planung von Heizungsanlagen mit Wärmepumpen

Die Norm legt Kriterien für die Planung von Heizungsanlagen in Gebäuden fest, die entweder nur mit elektrisch betriebenen Wärmepumpen oder mit Wärmepumpen in Verbindung mit anderen Wärmeerzeugern arbeiten. Dazu gehören folgende Systeme:

- Wasser/Wasser
- Wasser/Luft
- Sole/Wasser
- Kältemittel/Wasser (Direktverdampfungssysteme)
- Kältemittel/Kältemittel
- Luft/Luft
- Luft/Wasser

Sie berücksichtigt die für die **Planung** der Wärmeerzeugung maßgeblichen Heizungsanforderungen aller verbundenen Systeme (z. B. Trinkwarmwasser), behandelt jedoch nicht die Planung dieser Systeme.

Regelwerk für **Planer/Architekten**.

DIN EN 16147:2017-08

Wärmepumpen mit elektrisch angetriebenen Verdichtern – Prüfungen, Leistungsbemessung und Anforderungen an die Kennzeichnung von Geräten zum Erwärmen von Brauchwarmwasser

- Diese Norm hat die Norm EN 255-3 abgelöst.
- Norm, in der für **Hersteller** das Messverfahren zur Leistungszahlermittlung für Warmwasser-Wärmepumpen bestimmt wird.

DIN EN 60335-1:2020-08

Sicherheit elektrischer Geräte für den Hausgebrauch und ähnliche Zwecke – Teil 1: Allgemeine Anforderungen

- Diese Norm behandelt die Sicherheit elektrischer Geräte für den Hausgebrauch und die gewerbliche Nutzung.
- Norm, in der für die **Hersteller** von Wärmepumpen die elektrische Sicherheit festgelegt wird.

DIN EN 60335-2-40:2014-01

Sicherheit elektrischer Geräte für den Hausgebrauch und ähnliche Zwecke – Teil 2-40: Besondere Anforderungen für elektrisch betriebene Wärmepumpen, Klimageräte und Raumluft-Entfeuchter

- Diese Norm behandelt die Sicherheit elektrischer Geräte für den Hausgebrauch und die gewerbliche Nutzung. Im sogenannten Sicherheitskonzept wird festgelegt, welche Komponenten den sicheren Betrieb der Wärmepumpe realisieren.
- Norm, in der für die **Hersteller** von Wärmepumpen die elektrische Sicherheit festgelegt werden

DIN EN IEC 61000-6-1:2019-11

Elektromagnetische Verträglichkeit (EMV) – Teil 6-1: Fachgrundnormen – Störfestigkeit für Wohnbereich, Geschäfts- und Gewerbebereiche sowie Kleinbetriebe

Mithilfe dieser Norm kann der **Hersteller** von Wärmepumpen die EMV-Störfestigkeit nachweisen.

DIN EN IEC 61000-6-3:2022-06

Elektromagnetische Verträglichkeit (EMV) – Teil 6-3: Fachgrundnormen – Störaussendung für den Wohnbereich, Geschäfts- und Gewerbebereiche sowie Kleinbetriebe

Mithilfe dieser Norm kann der **Hersteller** von Wärmepumpen die maximale EMV-Störaussendung nachweisen.

7.2 Deutsche Normen (DIN)

DIN 1988-100:2011-08

Technische Regeln für Trinkwasser-Installationen – Teil 100: Schutz des Trinkwassers, Erhaltung der Trinkwassergüte; Technische Regel des DVGW

Grundlagennorm für **Planer/Architekten** und **Heizungs-/Sanitärfachkräfte**.

DIN 1988-200:2012-05

Technische Regeln für Trinkwasser-Installationen – Teil 200: Installation Typ A (geschlossenes System) – Planung, Bauteile, Apparate, Werkstoffe; Technische Regel des DVGW

Diese Norm löst die Norm DIN 1988-2 ab.

Grundlagennorm für **Planer/Architekten** und **Heizungs-/Sanitärfachkräfte.**

DIN V 4701-10:2003-08 (zurückgezogen)

Energetische Bewertung heiz- und raumlufttechnischer Anlagen – Teil 10: Heizung, Trinkwassererwärmung, Lüftung

- Die Vornorm enthält das anzuwendende Rechenverfahren, das im Rahmen des energetischen Nachweises für Gebäude und die Anlagentechnik nach der Energieeinsparverordnung (EnEV) anzuwenden ist.
- Die Energieeinsparverordnung (EnEV) begrenzt den Primärenergiebedarf Q_P eines Gebäudes. Zur Bestimmung des Jahres-Primärenergiebedarfes müssen der Jahres-Nutzwärmebedarf des Gebäudes (Heizwärmebedarf Q_h und Trinkwasserbedarf Q_{tw}) und die Aufwandszahl der Anlagentechnik e_P bekannt sein. $Q_P = (Q_h + Q_{tw}) \cdot e_P$
- Die Anlagenaufwandszahl e_P wird nach dieser Norm berechnet und beschreibt das Verhältnis der von der Anlagentechnik aufgenommenen Primärenergie in Relation zu der von ihr abgegebenen Nutzwärme. Der Jahresheizwärmebedarf wird entweder nach dem Monatsbilanzverfahren der DIN V 4108-6 bestimmt oder nach einem in der Verordnung selbst angegebenen Heizperiodenbilanzverfahren. Der Trinkwasserwärmebedarf Q_{tw} wird mit 12,5 kWh/m²a festgelegt.

Die Norm stellt eine Grundlagennorm der EnEV dar. Sie ist für **Planer/Architekten** ein wichtiges Hilfsmittel zur Berechnung der EnEV.

DIN 4708-1:1994-04

Zentrale Wassererwärmungsanlagen – Begriffe und Berechnungsgrundlagen

- Das Dokument legt die Begriffe und die Berechnungsgrundlagen für die Ermittlung des Wärmebedarfs zur Erwärmung von Trinkwasser in Wohngebäuden und für die Leistungsprüfung der Wassererwärmer fest.
- Grundlagennorm für die Ermittlung des Warmwasserbedarfes; wichtige Berechnungsgrundlage für **Planer/Architekten**.

DIN 4708-2:1994-04

Zentrale Wassererwärmungsanlagen – Regeln zur Ermittlung des Wärmebedarfs zur Erwärmung von Trinkwasser in Wohngebäuden

Das Dokument gilt als Grundlage zur einheitlichen Ermittlung des Wärmebedarfs in zentralen Anlagen zur Erwärmung von Trinkwasser in Wohngebäuden, bei denen keine überdurchschnittliche Gleichzeitigkeit in der Benutzung zu erwarten ist.

- Gilt nicht, wenn nach Lage und Zweckbestimmung der zu versorgenden Gebäude eine überdurchschnittliche Gleichzeitigkeit in der Benutzung der Wassererwärmungsanlage (z. B. in Werkswohnungsblöcken, Hotels u. Ä.) zu erwarten ist.
- Grundlagennorm für die Ermittlung des Warmwasserbedarfes; wichtige Berechnungsgrundlage für **Planer/Architekten**.

DIN 4708-3:1994-04

Zentrale Wassererwärmungsanlagen – Regeln zur Leistungsprüfung von Wassererwärmern für Wohngebäude

- Diese Norm gilt für die einheitliche Prüfung von Wassererwärmern auf ihre Leistungsfähigkeit. Durch die Einführung von Leistungskennzahlen N_L wird die obere Grenze des Einsatzbereiches von Wassererwärmern gekennzeichnet.
- Grundlagennorm für die Ermittlung des Warmwasserbedarfes; wichtige Berechnungsgrundlage zur Bestimmung der Nl-Zahl; wird von **Herstellern** ermittelt.

DIN 8074:2011-12

Rohre aus Polyethylen (PE) – PE 63–PE 100 – Maße

- Das Dokument gilt für Rohre aus Polyethylen (PE) – PE 80, PE 100, die den Anforderungen nach DIN 8075 entsprechen.
- Grundlagennorm für **Bohrfachbetriebe,** um Güte und Anforderungen zu bestimmen.

DIN 8075:2018-08

Rohre aus Polyethylen (PE) – PE 80, PE 100 – Allgemeine Güteanforderungen, Prüfungen

- Das Dokument legt allgemeine Güteanforderungen für runde, nahtlose Rohre aus Polyethylen (PE), PE 80, PE 100 und die Prüfungen dazu fest.
- Grundlagennorm für **Bohrfachbetriebe,** um Güte und Anforderungen zu bestimmen.

DIN 8901:2002-12

Kälteanlagen und Wärmepumpen – Schutz von Erdreich, Grund- und Oberflächenwasser – Sicherheitstechnische und umweltrelevante Anforderungen und Prüfung

- Diese Norm gilt für Kälteanlagen und Wärmepumpen, die bis 100 kg wassergefährdende Stoffe (WGK 1 und Ammoniak) je Kältemittelkreislauf enthalten, insbesondere, wenn die Benutzung von Grund- und Oberflächenwasser als Wärmequelle oder zur Wärmeabfuhr vorliegt.
- Um eine unmittelbare und mittelbare Gefährdung von Erdreich, Grund- und Oberflächenwasser durch die Kälteanlage und Wärmepumpe zu vermeiden, legt diese Norm Anforderungen an die Kälteanlage und Wärmepumpe und deren Prüfung fest.
- Anforderungen und zusätzliche Anforderungen bei direktem Wärmeaustausch (Kältemittel) mittels Erdkollektoren.
- Insbesondere für **Bohrfachbetriebe** relevant.

DIN 45681:2005-03

Akustik – Bestimmung der Tonhaltigkeit von Geräuschen und Ermittlung eines Tonzuschlages für die Beurteilung von Geräuschimmissionen

- Die entsprechenden Norm-Entwürfe waren in den Jahren 1992 und 2002 zur Diskussion gestellt worden. Inzwischen sind Untersuchungen veröffentlicht worden, die sich mit der Anwendung der Normentwürfe in der täglichen Praxis befassen. Diese Ergebnisse sowie zwischenzeitlich ebenfalls veröffentlichte nationale und internationale Regelwerke zur Tonhaltigkeit führten zur vorliegenden Norm. Geräuschimmissionen sind in der Regel stärker beeinträchtigend und belästigend, wenn sie tonhaltig sind. In Mess- und Beurteilungsverfahren für Geräuschimmissionen (z. B. TA-Lärm, DIN 45645-1, DIN 45645-2 und ISO 1996-1) sind daher Tonzuschläge zum äquivalenten Dauerschallpegel vorgesehen, um der erhöhten Störwirkung tonhaltiger Geräusche Rechnung zu tragen. In diesen Regelwerken betragen die Tonzuschläge bis zu 6 dB. Ihre Bemessung wird nach dem subjektiven Höreindruck des Gutachters vorgenommen.
- Norm für **Hersteller** zur Bereitstellung eines Tonzuschlages

DIN EN 61672-1:2014-07

Elektroakustik – Schallpegelmesser – Teil 1: Anforderungen (IEC 61672-1:2013)

Diese Norm legt die elektroakustischen Eigenschaften folgender drei Arten von Schallmessgeräten fest:

- zeitbewertende Schallpegelmesser zur Messung von frequenzbewerteten Schallpegeln mit exponenzieller Zeitbewertung,
- integrierende mittelwertbildende Schallpegelmesser zur Messung von frequenzbewerteten Mittelungspegeln,
- integrierende Schallpegelmesser zur Messung von frequenzbewerteten Schallexpositionspegeln.

Schallpegelmesser nach dieser Norm sind dazu bestimmt, Schall zu messen, der im Allgemeinen im Bereich des menschlichen Hörvermögens liegt.

7.3 Europäische Verordnungen

DURCHFÜHRUNGSVERORDNUNG (EG) Nr. 2015/2067

zur Festlegung – gemäß der Verordnung (EG) Nr. 842/2006 des Europäischen Parlaments und des Rates – der **Mindestanforderungen für die Zertifizierung von Unternehmen und Personal in Bezug auf bestimmte fluorierte Treibhausgase** enthaltende ortsfeste Kälteanlagen, Klimaanlagen und Wärmepumpen sowie der Bedingungen für die gegenseitige Anerkennung der diesbezüglichen Zertifikate – diese europäische Verordnung löst den nationalen Sachkundelehrgang „Installation, Instandhaltung und Entsorgung FCKW-haltiger Geräte (bis 5 kg Kältemittel)“, also den umgangssprachlichen „5-kg-Schein“ ab.

Für Arbeiten an Wärmepumpen werden in Abhängigkeit der Tätigkeit folgende Kategorien unterschieden:

Kategorie I:

Dichtheitskontrolle, Kältemittelrückgewinnung, Installation, Instandhaltung und Wartungen an allen Anlagen jeglicher Bauarten und Größe.

Kategorie II:

Dichtheitskontrollen (ohne Eingriff in den Kältemittelkreislauf), Rückgewinnung, Installation und Wartung an Kälte- und Klimaanlagen sowie Wärmepumpen mit Kältemittelfüllmenge < 3 kg (hermetisch geschlossene Anlagen < 6 kg Füllmenge).

Kategorie III:

Beschränkt sich auf die Rückgewinnung von Kältemitteln aus Kältesystemen unter 3 kg Kältemittelfüllmenge (hermetisch geschlossene Anlagen < 6 kg Füllmenge).

Kategorie IV:

Umfasst ausschließlich Dichtheitskontrollen an Anlagen ohne Eingriff in den Kältemittelkreislauf.

Verordnung, in der die Anforderungen des „neuen Kältescheins“ für **Elektro-, Heizungs- und Sanitärfachkräfte** definiert sind.

VERORDNUNG (EG) Nr. 842/2006 über bestimmte fluorierte Treibhausgase

Die sogenannte F-Gase-Verordnung über bestimmte fluorierte Treibhausgase ist eine EG-Verordnung zur Kontrolle von Anlagen, welche bestimmte treibhausfördernde Fluorkohlenwasserstoffe (FKW) enthalten. Sie ist seit dem 4. Juli 2006 in Kraft.

Die Verordnung regelt, dass Anlagen mit bestimmten Gasen in regelmäßigen Abständen auf ihre Dichtigkeit überprüft und protokolliert werden müssen.

Die Anforderungen sind abhängig von der Füllmenge der einzelnen Anlage:

- 3 kg bis 30 kg: jährliche Kontrolle (6 kg bei hermetisch geschlossenen Anlagen)
- 30 kg bis 300 kg: halbjährliche Kontrolle (jährlich mit vorhandenem Leckage-Überwachungssystem)
- über 300 kg: vierteljährliche Kontrolle (halbjährlich mit vorhandenem Leckage-Erkennungssystem)

VERORDNUNG (EG) Nr. 2037/2000 vom 29. Juni 2000 über Stoffe, die zum Abbau der Ozonschicht führen

Diese Verordnung gilt für die Produktion, die Einfuhr, die Ausfuhr, das Inverkehrbringen, die Verwendung, die Rückgewinnung, das Recycling und die Aufarbeitung und Vernichtung von Fluorchlorkohlenwasserstoffen (u. a.).

Sowohl für die **Hersteller** als auch für die **ausführenden Gewerbe** und **Servicefirmen** eine wichtige Verordnung.

7.4 Deutsche Verordnungen und Gesetze

Gebäudeenergiegesetz (GEG)

Das GEG ist eine Zusammenfassung von Energieeinspargesetz (EnEG), Energieeinsparverordnung (EnEV) und Erneuerbare-Energien-Wärmegesetz (EEWärmeG) zu einem einheitlichen Regelwerk.

Die Anforderungen für die Errichtung neuer Gebäude basieren weitgehend auf der Referenzgebäudebeschreibung der EnEV. Mit dem GEG ist eine Verschärfung der primärenergetischen Neubauanforderungen und erhöhte Anforderungen an den baulichen Wärmeschutz verbunden.

Der Niedrigstgebäudeenergiestandard, wie von der EU-Gebäuderichtlinie gefordert, wurde mit § 10 GEG eingeführt, indem die seit 2016 geltenden Anforderungen für Neubauten als ausreichend definiert werden.

Das Bundesministerium für Wirtschaft und Klimaschutz (BMWK) möchte in nächster Zeit das Gebäudeenergiegesetz (GEG) inklusive einer 65-%-Klausel für erneuerbare Energien anpassen und als Bestandteil des ersten Teils des Klimaschutz-Pakets der Bundesregierung einführen. Ab 2025 soll jede neue Heizung auf der Basis von mindestens 65 % erneuerbarer Energien betrieben werden. Die 65-%-Klausel soll für den Ersteinbau in Neubauten als auch für den Austausch oder Ersatz von Heizungsanlagen durch neue Anlagen in Bestandsgebäuden gelten.

Energieeinsparverordnung (EnEV)

Durch die Zusammenfassung des baulichen Wärmeschutzes und der Versorgungstechnik werden die Anforderungen von Architekten, Planern und Handwerkern deutlich erhöht. Die Struktur der EnEV ist in 6 Abschnitte untergliedert. Im vierten Abschnitt werden die versorgungstechnischen Anlagen behandelt. Dieser Abschnitt entspricht der bisherigen HeizAnlV.

Die neueste Ausgabe wurde ab Mai 2014 rechtskräftig.

Wichtige Neuerungen:

- Alte Öl- und Gaskessel, die vor dem 1. Jan. 1985 eingebaut wurden, müssen gegen modernere Anlagen getauscht werden.
- Absenkung des Primärenergiebedarfes um -25 % ab dem 1. Jan. 2016
- Verschärfung des Mindestdämmstandards im Neubau um -20 % ab dem 1. Jan. 2016
- Senkung des Primärenergiefaktors Strom von 2,6 auf 2,4, ab dem 1. Jan. 2016 auf 1,8
- Neuskalierung der Effizienzklassen

Tabelle 7.1: Skalierung der Effizienzklassen

Energieeffizienzklasse	Endenergie (kWh/m²·a)
A+	< 30
A	< 50
B	< 75
C	< 100
D	< 130
E	< 160
F	< 200
G	< 250
H	> 250

Grundlage zur Erstellung eines Nachweises des baulichen Wärmeschutzes und der Versorgungstechnik durch den **Architekten/Planer**.

Erneuerbare-Energien-Wärmegesetz (EEWärmeG)

Am 6. Juni 2008 wurde das EEWärmeG beschlossen. Eigentümer von Gebäuden, die neu gebaut werden, müssen ihren Wärmebedarf anteilig mit erneuerbaren Energien decken. Diese Nutzungspflicht trifft alle Eigentümer, egal ob private, den Staat oder die Wirtschaft. Das gilt auch, wenn die Immobilie vermietet wird. Genutzt werden können alle Formen von erneuerbaren Energien. Wer keine erneuerbaren Energien einsetzen will, kann andere klimaschonende Maßnahmen ergreifen: Eigentümer können ihr Haus stärker dämmen, Wärme aus Fernwärmenetzen beziehen oder Wärme aus Kraft-Wärme-Kopplung (KWK) nutzen.

Als erneuerbare Energien im Sinne des Gesetzes gelten Geothermie (hierzu zählen u. a. Sole/Wasser- und Wasser/Wasser-Wärmepumpen), Umweltwärme (hierzu zählen Luft/Wasser-Wärmepumpen), solare Strahlungsenergie und Biomasse.

Bei Verwendung der erneuerbaren Energien muss deren Anteil am Gesamtverbrauch mindestens betragen:

– Solare Strahlungsenergie: 15 % (Aus Vereinfachungsgründen muss bei Ein- und Zweifamilienhäusern die Fläche der montierten Solarkollektoren mindestens 4 % der Nutzfläche, bei Mehrfamilienhäusern entsprechend 3 % betragen.)

- Biomasse: 50 % bei der Verwendung von flüssiger oder fester Biomasse (Bioöl einerseits oder Holzpellets, Scheitholz andererseits) und 30 % bei der Verwendung von Biogas
- Geothermie und Umweltwärme: 50 % (z. B. Wärmepumpen).

Bei dem Einsatz von Wärmepumpen müssen folgende Effizienzkriterien erfüllt werden:

Tabelle 7.2: Effizienzanforderungen nach EEWärmeG

WP-Typ	Minimale JAZ	Minimale JAZ	Zusätzliche Anforderungen
	Nutzung der WP nur für die Heizung	Nutzung der WP für die Heizung und WW	
Sole/Wasser-WP Wasser/Wasser-WP	4,0	3,8	Strom- u. Wärmemengenzähler*
Luft/Wasser-WP	3,5	3,3	Strom- u. Wärmemengenzähler
* Gilt nicht, wenn die Vorlauftemperatur der Heizungsanlage nachweislich bis zu 35 °C beträgt.			

Gesetz, welches bei der **Planung** von Häusern Berücksichtigung finden muss. Auch **Heizungsbauer** müssen die Anforderungen bei der Planung der Heizungsanlage mit berücksichtigen.

Verordnung über Stoffe, die die Ozonschicht schädigen (Chemikalien-Ozonschichtverordnung – ChemOzonSchichtV)

Am 1. Dezember 2006 trat diese deutsche Verordnung über Stoffe, die die Ozonschicht schädigen, in Kraft. Die Verordnung enthält chemikalien- und abfallrechtliche Regelungen, die darauf zielen, die Einträge ozonschichtschädigender Stoffe in die Erdatmosphäre zu mindern. Die Verordnung ergänzt die unmittelbar geltende EG-Verordnung 2037/2000 über Stoffe, die zum Abbau der Ozonschicht führen, und löst zugleich die bisherige deutsche FCKW-Halon-Verbots-Verordnung vom 6. Mai 1991 ab.

Sie regelt die Rückgewinnung und Rücknahme verwendeter Stoffe (inkl. Kältemittel), die Verhinderung des Austritts in die Atmosphäre und die persönlichen Voraussetzungen für bestimmte Arbeiten.

Die Chemikalien-Ozonschichtverordnung ist eine wichtige Verordnung für **Hersteller** und **Elektrofachkräfte, Heizungs-/Sanitärfachkräfte** und **Fachkräfte für Kältetechnik.**

Verordnung zum Schutz des Klimas vor Veränderungen durch den Eintrag bestimmter fluorierter Treibhausgase (Chemikalien-Klimaschutzverordnung – ChemKlimaschutzV)

Diese deutsche Verordnung gilt ergänzend zur F-Gase-Verordnung 842/2006 und ist gültig für ortsfeste Anwendungen (somit einschließlich Wärmepumpen) mit Füllung größer 3 kg.

Der **Betreiber** von ortsfesten Anwendungen nach 842/2006 hat sicherzustellen, dass der spezifische Kältemittelverlust im Normalbetrieb der Anwendung folgende Grenzwerte nicht überschreitet (am Aufstellungsort errichtete Anwendung nach dem 30. 06. 2008):

- 3 – 10 kg 3 % Kältemittelverlust/Jahr
- 10 – 100 kg 2 % Kältemittelverlust/Jahr
- größer 100 kg 1 % Kältemittelverlust/Jahr

Der **Betreiber** hat Aufzeichnungen gemäß der Verordnung (EG) Nr. 842/2006 zu führen.

7.5 VDI-Richtlinien

VDI 2067 Blatt 1:2012-09

Wirtschaftlichkeit gebäudetechnischer Anlagen – Grundlagen und Kostenberechnung

Die Richtlinie VDI 2067 behandelt die Berechnung der Wirtschaftlichkeit gebäudetechnischer Anlagen. Sie gilt für alle Gebäudearten. Da die Berechnung des Energiebedarfs schrittweise erfolgt, ist die Richtlinie zurzeit in mehrere Blätter gegliedert. Blatt 1 gibt einen Überblick über das Gesamtwerk VDI 2067. Die wesentlichen Grundlagen und Begriffe werden in diesem Blatt erläutert. Die zu den jeweiligen Berechnungen gehörigen Normen und Richtlinien sowie spezielle Begriffe werden in den einzelnen Blättern aufgeführt.

VDI 4640 Blatt 1:2010-06

Thermische Nutzung des Untergrundes – Grundlagen, Genehmigungen, Umweltaspekte

- Der Untergrund kann als Wärmequelle, Kältequelle und thermischer Energiespeicher genutzt werden. Er ist wegen des großen erschließbaren Volumens und des gleichmäßigen Temperaturniveaus für viele Anwendungen im Niedertemperaturbereich gut geeignet.
- Die Richtlinie wendet sich an planende und ausführende Unternehmen, an Komponenten-Hersteller, an Genehmigungsbehörden und an Energieberater und Fachausbilder. Ihr Ziel ist es, vom erreichten Stand der Technik ausgehend, eine korrekte Auslegung, geeignete Materialauswahl und richtige Ausführung von Bohrungen, Installation und Systemeinbindung von Anlagen zur thermischen Nutzung des Untergrundes sicherzustellen.
- Die Richtlinie bezieht sich auf die thermische Nutzung bis zu einer Tiefe von bis zu 400 m.
- Die „Bibel“ für **Bohrfachbetriebe,** die Erdsondenanlagen erstellen.

VDI 4640 Blatt 2:2019-06

Thermische Nutzung des Untergrundes – Erdgekoppelte Wärmepumpenanlagen

Nutzung des Grundwassers mit Brunnenanlagen

- Bei direkter Nutzung des Grundwassers als Wärmequelle sind mindestens zwei Brunnen erforderlich. Die Errichtung muss von zugelassenen Brunnenbauunternehmen ausgeführt werden. Die Grundwassernutzung ist genehmigungspflichtig.
- Die Brunnenleistung muss einer Dauerentnahme für den Nenndurchfluss von etwa 0,25 m^3/h für jedes kW Verdampferleistung entsprechen. Die Ergiebigkeit ist über Pumpversuche nachzuweisen.

Nutzung des oberflächennahen Untergrundes durch Erdwärmekollektoren

- Für erdgekoppelte Wärmepumpen im reinen Heizbetrieb kann in einfachen Fällen (EFH) mit Betriebszeiten von 1800 – 2400 h/a, mit spezifischen Angaben für Wärmeentzugsleistungen in W/m^2 gerechnet werden (Tabelle 7.3).

Tabelle 7.3: Entzugsleistungen für 1800 und 2400 Jahresbetriebsstunden

Untergrund	Spezifische Entzugsleistung	
	bei 1800 h	bei 2400 h
Trocken, nicht bindiger Boden	10 W/m^2	8 W/m^2
Bindiger Boden, feucht	20 – 30 W/m^2	16 – 24 W/m^2
Wassergesättigter Sand/Kies	40 W/m^2	32 W/m^2

Nutzung des Untergrundes mit Erdwärmesonden

- Erdwärmesonden können üblicherweise Tiefen von 10 – 200 m erreichen.
- Bei Anlagen bis zu einer Wärmepumpen-Heizleistung von 30 kW, die Heizbetrieb und ggf. Warmwasser beinhaltet, kann die Auslegung anhand von spezifischen Entzugsleistungen (W/m) erfolgen. Für die Entzugsleistungen sind folgende Randbedingungen zu berücksichtigen:
  - Nur Wärmeentzug (Heizen und Warmwasser)
  - Länge der Sonden zwischen 40 und 100 m
  - Kleinster Abstand zwischen zwei Sonden:
    min. 5 m bei Tiefen bis 50 m
    min. 6 m bei Tiefen > 50 m
  - Sonde als Doppel-U-Sonde mit DN 20, DN 25, DN 30 oder DN 32 mm oder Koaxialsonden
  - Nicht anwendbar bei einer größeren Zahl von Anlagen auf einem begrenzten Areal (Tabelle 7.4).
- Die „Bibel" für **Bohrfachbetriebe,** die Erdsondenanlagen erstellen.

Tabelle 7.4: Spezifische Entzugsleistung von Erdsondenanlagen

Untergrund Allgemeine Richtwerte	Spezifische Entzugsleistung bei 1800 h	bei 2400 h
Schlechter Untergrund (trockenes Sediment)	25 W/m	20 W/m
Normaler Festgestein-Untergrund und wassergesättigtes Sediment	60 W/m	50 W/m
Festgestein mit hoher Wärmeleitfähigkeit	84 W/m	70 W/m

VDI 4645:2018-03

Heizungsanlagen mit Wärmepumpen in Ein- und Mehrfamilienhäusern – Planung, Errichtung, Betrieb

- Die Richtlinie behandelt die erforderlichen Schritte von der Voruntersuchung und Konzepterstellung bis zur Detailplanung
- Norm, die **Architekten/Planer** und **Heizungs-/Sanitärfachkräfte** befähigt, die Planung und Errichtung einer Wärmepumpenanlage ordnungsgerecht zu erstellen.

VDI 4650 Blatt 1:2019-03

Berechnung der Jahresarbeitszahl von Wärmepumpenanlagen – Elektrowärmepumpen zur Raumheizung und Trinkwassererwärmung

- Interessenten und Betreiber von Wärmepumpenanlagen möchten Klarheit über die zu erwartenden umweltrelevanten Ergebnisse, den Energieverbrauch und die Heizkosten haben. Die Richtlinie liefert die Jahresaufwandzahlen der Wärmeerzeugung als notwendige Ausgangsdaten.
- Die energetische Effektivität der Wärmepumpentechnik hängt von einer ganzen Reihe von Faktoren ab, die insbesondere die Randbedingungen des Betriebs betreffen.
- Das vorliegende Blatt gilt für elektrisch angetriebene Wärmepumpenanlagen für monovalente Betriebsweise zur Raumheizung bis zu einem Nutzwärmestrom von 100 kW.
- Die VDI-Richtlinie 4650 Stand März 2019 ist umfassend auf die spezifischen Anforderungen der einzelnen Wärmepumpensysteme angepasst worden.
- Norm, die **Hersteller, Architekten/Planer** und **Heizungs-/Sanitärfachkräfte** befähigt, die Berechnung der Jahresarbeitszahl (JAZ) durchzuführen.

7.6 DVGW-Arbeitsblätter

DVGW-Arbeitsblatt W 120-1:2012-08

Qualitätsanforderungen für die Bereiche Bohrtechnik, Brunnenbau, -regenerierung, -sanierung und -rückbau

Änderungen gegenüber der bisherigen Ausgabe:

- Ausgliederung des Anwendungsbereichs der oberflächennahen Geothermie in den Teil 2
- Konkretisierung der Qualifikationsanforderungen
- Einführung eines betrieblichen Managementsystems (BMS)

DVGW-Arbeitsblatt W 120-2:2013-07

Qualifikationsanforderungen für die Bereiche Bohrtechnik und oberflächennahe Geothermie (Erdwärmesonden)

Personelle Anforderungen:

Die personellen Anforderungen sind detailliert geregelt. Eine verantwortliche Fachperson (Fachaufsicht) ist zu benennen. Von der Qualifikation her sind das in der Regel Personen mit Hochschul- oder Fachhochschulabschluss einschlägiger Fachrichtungen, Meister im Brunnenbauerhandwerk, Werkpoliere Brunnenbau, Werkpoliere Geothermie. Die Fachaufsicht muss mindestens alle zwei Jahre an einer firmenexternen Fortbildungsmaßnahme mit der Möglichkeit eines gegenseitigen Erfahrungsaustausches teilnehmen.

Anforderungen an Material, Geräte und Arbeitsweise:

Die Qualitätsanforderungen an Material, Geräte und die Bauausführung sind neuerdings sehr detailliert konkretisiert.

Wichtige Punkte:

- Die Hinterfüllung gilt erst dann als abgeschlossen, wenn die eingebrachte Suspension mit der geforderten Dichte entsprechend den Herstellerangaben wieder zutage tritt.
- Bei Frost-Tau-Wechseln im Bereich der Sonde ist widerstandsfähiges Material zu verwenden.
- Lösbare Verbindungen sind in dichten Schächten zugelassen.

Anforderungen an das betriebliche Managementsystem:

Der Nachweis eines geeigneten betrieblichen Managementsystems ist durch eine Zertifizierung nach ISO 9001 möglich.

Anforderungen an das Audit:

Die Überprüfung der Firma wird vor Ort am Sitz des Unternehmens durchgeführt.

Anforderungen an die Experten:

Die Anforderungen an die Experten, welche die Prüfung von Firmen vornehmen, sind detailliert festgehalten. Dazu gehören etwa: Hoch- oder Fachhochschulabschluss einschlägiger Fachrichtungen, fünfjährige Berufstätigkeit in Bohrunternehmen, einschlägigen Fachfirmen oder Fachbehörden und mindestens alle zwei Jahre Teilnahme an einer einschlägigen firmenexternen Weiterbildungsmaßnahme.

Änderungen gegenüber der bisherigen Ausgabe:

- Unterteilung in die Gruppen G 100, G 200 und G 400

- Umbenennung und Neudefinierung des verantwortlichen Personals und Änderung der Qualifikationskriterien
- Einführung eines betrieblichen Managementsystems (BMS)
- spezifizierte Qualitätsanforderungen an die Erdwärmesonden und die Erdwärmesondenhersteller
- Die Forderungen bezüglich des Umweltschutzes sind in einem eigenen Kapitel enthalten.
- Qualitätskriterium für die Auftragsvergabe von **Bohrfachbetrieben** durch **Elektrofachkräfte** oder **Heizungs-/Sanitärfachkräfte.**

Technische Regel Arbeitsblatt DVGW W 551:2004-04

Trinkwassererwärmungs- und Trinkwasserleitungsanlagen – Technische Maßnahmen zur Verminderung des Legionellenwachstums – Planung, Errichtung, Betrieb und Sanierung von Trinkwasser-Installationen

In diesem Arbeitsblatt werden Maßnahmen beschrieben, um eine massenhafte Vermehrung von Legionellen in Warmwassersystemen zu verhindern.

Das DVGW-Arbeitsblatt W 551 unterscheidet bei der Anlagengröße in:

- Kleinanlagen
- Wassererwärmungsanlagen in Ein- und Zweifamilienhäusern mit beliebigen Speicherinhalten bzw. Anlagen mit Inhalten $\leq$400 l, wenn die Inhalte der einzelnen Rohrleitungen zwischen Warmwasseraustritt und Entnahmestelle 3 l nicht überschreiten. Die zugehörige Zirkulationsleitung wird dabei nicht gewertet. Es werden Warmwassertemperaturen von 60 °C empfohlen.
- Großanlagen
- Hierzu zählen Wassererwärmungsanlagen mit Speicherinhalten über 400 l und Rohrleitungsinhalten $>$3 l. Die Warmwasseraustrittstemperatur muss $>$60 °C sein.

Neben der thermischen Desinfektion werden chemische Desinfektion und UV-Bestrahlung des Wassers beschrieben.

Wichtige technische Regel, um eine Vermehrung von Legionellen auch mit anderen Maßnahmen als der thermischen Desinfektion zu realisieren.

Wichtige Regel, die bei der **Planung** berücksichtigt werden muss.

7.7 Sonstige Regelwerke

Technische Anleitung zum Schutz gegen Lärm

Sechste Allgemeine Verwaltungsvorschrift zum Bundesimmissionsschutzgesetz (TA Lärm) vom 26. August 1998 (GMBl. Nr. 26 vom 28.08.1998 S. 503). Nach § 48 des Bundesimmissionsschutzgesetzes (BImSchG) vom 15. März 1974 (BGBl. I S. 721) in der Fassung der Bekanntmachung vom 14. Mai 1990 (BGBl. I S. 880)

Sie soll die Nachbarschaft (Allgemeinheit) vor schädlichen Umwelteinwirkungen durch Geräusche (von außen) schützen. Schädliche Umwelteinwirkungen sind Geräuschimmissionen, die geeignet sind, Gefahren, erhebliche Nachteile oder erhebliche Belästigungen für die Allgemeinheit oder die Nachbarschaft herbeizuführen. Der maßgebliche Immissionsort im Einwirkbereich der Anlage ist dort, wo eine Überschreitung am ehesten zu erwarten ist. Bei bebauten Flächen ist der maßgebliche Immissionsort 0,5 m außerhalb vor der Mitte des geöffneten Fensters des vom Geräusch am stärksten betroffenen schutzbedürftigen Raumes. Dabei ist der Beurteilungspegel L_r (Schalldruckpegel) nach Nr. 6 der TA Lärm einzuhalten bzw. zu unterschreiten (Tabelle 7.5):

Tabelle 7.5: Beurteilungspegel L_r für Immissionsorte außerhalb von Gebäuden

Gebiete	Schalldruckpegel dB(A)	
	Tag	Nacht
Industriegebiete	70	70
Gewerbegebiete	65	50
Allgemeine Wohngebiete	55	40
Reine Wohngebiete	50	35

Kurzzeitige Geräuschspitzen dürfen diese Richtwerte am Tag um 30 dB(A) und nachts um 20 dB(A) überschreiten.

Wichtig bei der Planung von Luft/Wasser-Wärmepumpen durch den **Architekten/ Planer, Elektrofachkraft** oder **Heizungs-/Sanitärfachkraft.**

Technische Anschlussbedingungen Elektro (TAB 2000)

- Bei der Errichtung elektrischer Anlagen (dazu muss eine Wärmepumpe gezählt werden) sind geltende Normen zu beachten. Die TAB 2000 schreiben dem Errichter einer WPA eine Anmeldung beim örtlichen Verteilungsnetzbetreiber

(VNB) vor. Für den elektrischen Anschluss ist der Abschnitt 10 (Elektrische Verbrauchsgeräte) der TAB 2000 zu beachten. Für den Betrieb der Wärmepumpe erfolgt die Stromlieferung zu Sonderkonditionen. Ein separater Zählerplatz mit Mess- und Steuereinrichtungen ist hierfür einzuplanen. Bei Fragen ist vor Arbeitsbeginn mit dem VNB Kontakt aufzunehmen.

- Bei der Errichtung des Elektroanschlusses der Wärmepumpe durch die **Elektrofachkraft** ist eine Anmeldung beim örtlichen VNB vonnöten.

8 Glossar

Adiabat

Verläuft ein thermodynamischer Prozess adiabat, so erfolgt kein Wärmeübergang zwischen einem wärmeführenden System und dem unmittelbar angrenzenden Körper oder der Umgebung. Adiabate Systeme sind theoretische Annahmen. Tatsächlich kann der Wärmeübergang nur minimiert werden.

Die Bedeutung des Begriffs adiabat kann mit „wärmedicht" beschrieben werden.

Beispiel: Die Rohrdämmung verringert bzw. verlangsamt den Wärmeaustausch zwischen Rohr und Umgebung.

Ausdehnungsgefäß

In Heizungssystemen dehnt sich bei Aufheizung das Wasservolumen aus. Um den Druck in geschlossenen Anlagen möglichst konstant zu halten, werden zum Ausgleich der Druckunterschiede Membran-Ausdehnungsgefäße eingebaut. Das Volumen der als Stahlbehälter gefertigten Gefäße ist durch eine Membrane geteilt, wobei der vom Heizsystem durch die Membrane getrennte Bereich eine Füllung aus Stickstoff enthält.

Die Größe von Ausdehnungsgefäßen hängt vom Gesamt-Wasservolumen der Heizungsanlage ab, das sich aus der Summe der Wasserinhalte von Kessel, Rohrleitungen, Heizkörpern sowie der Vorlage ergibt. Das Gefäß nimmt heizwasserseitig die Volumenzunahme sowie die Vorlage auf, die je nach Anlagengröße 0,5 bis 2 % des Anlagen-Wasservolumens betragen soll. Der sorgfältigen Auslegung kommt besondere Bedeutung zu: Je genauer Ausdehnungsgefäß und Vorlage bemessen werden, desto stabiler ist die Druckhaltung im Heizungssystem. Auch hier gilt: im Zweifel großzügig dimensionieren.

Ausgleichsbehälter

Zur Aufnahme der Volumenänderung im Solekreislauf wird ein Soleausgleichsbehälter benötigt. Der Behälter wird dabei zu ca. zwei Dritteln gefüllt, um einen Vordruck durch das Luftpolster zu erhalten.

Bivalent

In einem bivalenten Heizsystem produzieren zwei Wärmeerzeuger mit unterschiedlichen Energieträgern die zur Raumheizung und/oder Warmwasserbereitung benötigte Wärmeenergie. Ein Beispiel ist die Kombination einer Wärmepumpe (Energieträger elektrischer Strom) mit einem Ölkessel (Energieträger Öl).

Brauchwasser

Brauchwasser (oft auch als Nutzwasser oder als Betriebswasser bezeichnet) ist Wasser, das für spezifische technische, gewerbliche, landwirtschaftliche oder hauswirtschaftliche Anwendungen dient. Brauchwasser ist nicht für den menschlichen Genuss vorgesehen, sollte jedoch einer gewissen Mindesthygiene entsprechen.

DA

Querschnittsbezeichnung bei Rohren DA = Außendurchmesser

Doppelmantelspeicher

Ein Doppelmantelspeicher besteht aus einem inneren Behälter (der mit Warmwasser gefüllt ist) und einem äußeren (der mit Heizungswasser gefüllt ist). Durch die große Oberfläche kann eine hohe Warmwassertemperatur (im Vergleich zu Speichern mit Rohrbündelwärmetauschern) erzielt werden.

EEG-Umlage

Die EEG-Umlage wurde im Jahr 2000 mit dem Erneuerbare-Energien-Gesetz (EEG) eingeführt. Sie gleicht den Unterschied zwischen dem Strompreis aus konventionellen und erneuerbaren Energiequellen aus. Ihre Höhe wird jährlich aus der Differenz zwischen Aufwendungen (Zahlungen an EEG-Einspeiser und zugehörige Aufwendungen) und Einnahmen (Verkauf des EEG-Stroms) ermittelt.

EER

Der Begriff EER steht für Energy Efficiency Ratio und bezeichnet die Effizienz eines Kühlbetriebes bei Klimaanlagen oder Wärmepumpen. Es beschreibt das Verhältnis der elektrischen Leistungsaufnahme zur abgegebenen Leistung. $EER = Q_k/P_{el}$. Die Leistungen zur Berechnung de EER wird bei einer Außentemperatur von 35 °C und einer Innentemperatur von 27 °C berechnet. Bezeichnenderweise wird dieses Temperaturpaar nur an sehr wenigen Tagen im Jahr erreicht. Nicht berücksichtigt werden der Teillastbetrieb bei Invertergeräten und Stand-by-Verluste.

Endenergie

Die zur Erzeugung von Wärme und zum Betrieb von elektrischen Anlagen nutzbare Energie wird als Endenergie bezeichnet. Endenergie ist der verbleibende Anteil aus dem Energieinhalt der Primärenergie, der am Ende der Prozesskette Förderung – Transport – Umwandlung/Aufbereitung sowie dem Transport zum Endverwender als Nutzenergie zur Verfügung steht.

Je höher die durch Transport und Umwandlung bzw. Aufbereitung verursachten Verluste sind, desto geringer ist die nutzbare Endenergie. Beim Primärenergieträger Erdgas verbleiben noch 90 % als Endenergie. Von der für die Stromerzeugung eingesetzten Primärenergie verbleiben durch die Verluste für Förderung, Transport und Energieumwandlung ca. 34 % als nutzbare Endenergie.

Der Heizenergiebedarf für die Gebäudebeheizung entspricht der benötigten Endenergie, aus der sich abhängig von der verwendeten Energieart der nach der Energieeinsparverordnung (EnEV) definierte Primärenergiebedarf ergibt.

Erdwärme

Die geothermische Energie (Erdwärme) der oberen Bodenschichten bis etwa 100 m Tiefe ist in Oberflächennähe gespeicherte Sonnenenergie, in tieferen Schichten Wärmeenergie aus dem Erdinneren. Bis zu einer Tiefe von etwa 10 m unter Geländeoberkante ist die herrschende Temperatur vom Verlauf der Jahreszeiten geprägt. Ab ca. 15 m ist die Erdtemperatur über das Jahr hinweg nahezu konstant. Zur Energiegewinnung für Heizung und Warmwasserbereitung wird die Geothermie für den Betrieb der erdgekoppelten Wärmepumpe genutzt. Diese umweltschonende Heiztechnik ist auch im Einfamilienhaus einsetzbar.

Erdwärmesonde

Zur Gewinnung kostenloser Umweltwärme aus der Tiefe des Erdreichs werden Erdwärmesonden in senkrechte Erdbohrungen gesetzt. Dazu wird eine ca. 30 bis 100 m tiefe säulenförmige Bohrung auf dem Grundstück hergestellt, in die ein Doppel-U-Rohr-Kollektor eingelassen wird. Mit der gewonnenen Wärme wird eine erdgekoppelte Wärmepumpe versorgt, welche die aus dem Erdsondenkreislauf vorgewärmte Sole (Wasser-Frostschutz-Gemisch) auf das benötigte Temperaturniveau für die Heizung bringt.

Ergiebigkeit

Die spezifische Ergiebigkeit in kWh/m × a gibt die entziehbare Energiemenge aus dem Untergrund an.

Esteröl

Spezielles Kältemaschinenöl, das in Verbindung mit modernen chlorfreien Kältemitteln verwendet werden muss. Mineralöle sind nicht geeignet.

Expansionsventil

In Kältekreisläufen werden Expansionsventile verwendet, um flüssiges Kältemittel zu entspannen (d. h. den Druck abzubauen). Vereinfacht gesagt handelt es sich dabei um eine Düse, in der das flüssige Kältemittel fein zerstäubt wird, wobei es verdampft. In kleineren Anlagen werden sog. Kapillarrohre als Einspritzorgane verwendet. Dies ist nichts anderes als ein kleines Stück Cu-Rohr, das jedoch sehr präzise in Länge und Durchmesser gefertigt sein muss. Zurzeit stellen die Elektronischen Expansionsventile (EEV) den Stand der Technik dar. Dabei wird das Ventil mittels geeigneter Sensoren in Kombination mit einer Software elektrisch angesteuert.

Flächenheizung

Fußboden- und Wandheizungen, auch Deckenheizungen oder die Bauteiltemperierung sind Flächenheizsysteme. Im Vergleich zur Konvektionsheizung über Heizkörper ist das wesentliche Merkmal der Flächenheizung, dass sich die Wärmeabgabe auf eine große Wärmeübertragungsfläche verteilt. Dies ermöglicht den Betrieb des Heizsystems mit niedrigen Systemtemperaturen. Flächenheizsysteme bieten deshalb günstige Voraussetzungen für den Einsatz von Niedertemperatur-Heizsystemen und regenerativer Energietechnik wie Brennwert-Heizgeräten, Solarthermie und Wärmepumpen. Die großen warmen Flächen verringern die Abstrahlverluste des menschlichen Körpers. Daher kann mit geringerer Raumtemperatur die gleiche Behaglichkeit hergestellt werden wie mit einer Radiatorenheizung.

Fremdstromanode

Um Speicher-Wassererwärmer mit emailliertem Stahlbehälter vor Korrosion zu schützen, können statt Magnesium-Schutzanoden auch Fremdstrom-Anoden eingesetzt werden. Am Stahlbehälter wird Schwachstrom angelegt, sodass sich an der Behälterwand ein elektrisches Schutzpotenzial aufbaut. Das Prinzip des kathodischen Korrosionsschutzes durch Fremdstrom-Einspeisung hat sich bereits im Rohrleitungsbau bewährt.

Gleichzeitigkeit

Begriff aus der Trinkwassererwärmung; die Gleichzeitigkeit beschreibt die Wahrscheinlichkeit, in der ein bestimmter Prozentsatz von Warmwasserzapfstellen zeitgleich genutzt wird.

Grundwasser

Natürliche Wasservorkommen, die die Hohlräume des Untergrundes zusammenhängend ausfüllen.

Grundwasserleiter

Gesteinskörper, der geeignet ist, Grundwasser weiterzuleiten (z. B. Sand oder Kies).

Grundwasserstand

Höhe der Obergrenze, in der der grundwassererfüllte Bereich vorzufinden ist (bezogen auf die Geländeoberkante).

GuD-Kraftwerk

GuD-Kraftwerke (Gas- und Dampfturbinen-Kraftwerke) dienen der Stromerzeugung, wobei Gasturbinen- und Dampfturbinenprozesse miteinander kombiniert werden. Die Bezeichnung GuD-Kraftwerk ist in Deutschland üblich. Im GuD-Kraftwerk wird mit ein bis drei Gasturbinen und einer Dampfturbine Elektrizität erzeugt, wobei entweder jede Turbine jeweils einen Generator antreibt (Mehrwellenanlage) oder eine Gasturbine mit der Dampfturbine (abkuppelbar) auf einer gemeinsamen Welle den Generator (Einwellenanlage). Der außerordentlich hohe Wirkungsgrad beim GuD-Kraftwerk wird dadurch erreicht, dass die Wärme aus dem Rauchgas den Turbinen bereits auf hohem Temperaturniveau zugeführt wird.

GWP (Global Warming Potential)

Engl. Bezeichnung für Erderwärmungspotenzial oder Treibhauseffekt. GWP sagt aus, in welchem Maße ein Stoff zum Treibhauseffekt stärker beiträgt als Kohlendioxid (CO_2).

Heizkörper

Die Wärmeabgabe zur Beheizung von Räumen erfolgt bei Pumpenwarmwasserheizungen über sichtbar im Raum angeordnete Heizflächen, die vom Heizwasser durchströmt werden. Heizkörper übertragen die Wärme an die Raumluft durch Strahlung in den Raum (Radiation) und durch Konvektion. Die Regelung der Wärmeabgabe erfolgt durch Thermostatventile. Nach Bauart und Konstruktion werden Heizkörper z. B. unterschieden in Röhrenradiatoren, Plattenheizkörper, Flachheizkörper, Planheizkörper, Kompaktheizkörper, Ventilheizkörper, Badheizkörper, Handtuchwärmekörper.

Hochdruckpressostat

Ein Hochdruckpressostat begrenzt den Anlagendruck auf der Hochdruckseite des Kompressors auf einen festen Wert, der üblicherweise in bar ü (ü für Überdruck) angegeben wird. Der Hochdruckpressostat hat die Aufgabe, die Bauteile des Kältekreislaufes wie Verdichter, Rohrleitungen usw. vor Zerstörung durch unzulässig hohe Drücke abzusichern.

Hydrogeologie

Teilgebiet der Geologie. Diese Wissenschaft befasst sich mit dem Wasserinhalt der Gesteine, der Erschließung und dem Schutz des Grundwassers.

IPCC-Bericht

Intergovernmental Panel on Climate Change (IPCC); Bericht der regierungsübergreifenden Plattform für Klimawandel. Der IPCC wurde vom Umweltprogramm der Vereinten Nationen (UNEP) ins Leben gerufen, um der Politik den Stand des Klimawandels zusammenzufassen.

Isentrope

Zustandsänderung von Gasen, die bei konstanter Temperatur und Entropie ablaufen, z.B. reibungsfreie Verdichtung/Entspannung eines idealen Gases. Dieser ideale Prozess ist vollständig umkehrbar (reversibel).

Isobare

Bleibt in Wärmeübertragern bei Wärmezu- oder -abfuhr der Druck des Arbeitsmittels konstant, handelt es sich um eine isobare Zustandsänderung.

Isotherme

Bei isothermer Zustandsänderung bleibt die Temperatur des Arbeitsmittels während einer Druckänderung konstant. Ein isothermer Vorgang lässt sich beispielsweise an einem Gasverdichter durchführen, wobei die Gastemperatur durch entsprechende Kühlung konstant gehalten wird.

Jahresarbeitszahl (JAZ)

Die Effizienz der gesamten Wärmepumpen-Heizungsanlage wird durch die Jahresarbeitszahl ausgedrückt. Dieser Kennwert ist der Quotient aus der abgegebenen Heizwärme [$kWh_{therm.}$] und der aufgenommenen elektrischen Antriebsenergie [$kWh_{elektr.}$] im Jahresmittel. Die Jahresarbeitszahl berücksichtigt auch alle von der Heizungsanlage benötigten Hilfsenergien wie diejenige für Umwälzpumpen und

Regelungskomponenten. Je größer der Zahlenwert ist, desto effizienter arbeitet die mit einer Wärmepumpe betriebene Heizungsanlage. Abnehmerseitig bietet der Anschluss von Flächenheizsystemen günstige Voraussetzungen für den wirtschaftlichen Einsatz von Wärmepumpen: Je niedriger die Systemtemperatur des Heizsystems, desto geringer fällt die von der Wärmepumpe zu erbringende Temperaturdifferenz aus. Die höchsten Jahresarbeitszahlen erreichen Wärmepumpen zur Nutzung von Umweltwärme (Geothermie, Grundwasser).

Kältemittel

In Klimageräten (z. B. MONO-Split-Klimasystem) und Wärmepumpen zirkuliert ein Arbeitsmittel, das in einem ständigen Kreislaufprozess zwischen Verdichtung und Entspannung den Aggregatzustand zwischen flüssig und gasförmig wechselt. Das Kälte- bzw. Arbeitsmittel nimmt bei Verdampfung Energie auf und gibt bei Verflüssigung wieder Energie ab. Es werden heute umweltverträgliche und klimaneutrale Kältemittel verwendet, da ozon- und klimaschädigende Fluor-Chlor-Kohlenwasserstoffe (FCKW) nicht mehr zulässig sind. Kältemittel zeichnen sich durch einen sehr niedrigen Siedepunkt aus.

Karst

In Karbonatgesteinen, Gips o. Ä. kann es durch Niederschlag und Grundwasser zu Auswaschungserscheinungen kommen. Dabei können unterirdische Hohlräume entstehen. Die Größe reicht von kleineren Klüften bis zu großen zusammenhängenden Spaltensystemen.

Kombispeicher

Solarwärmeanlagen, die sowohl warmes Wasser liefern als auch zusätzlich kostenlose Wärme für die Heizung bereitstellen, arbeiten mit zwei Speichern: einem Pufferspeicher und einem Warmwasserspeicher. Kombispeicher vereinen beides und sind nach dem Zwei-Tank-Prinzip aufgebaut. Sie dienen primär als Puffer, um die vom Kollektor gelieferte Sonnenenergie zu bevorraten. Im oberen Bereich des Pufferspeichers ist ein Warmwasserspeicher integriert, der von Heizwasser umgeben ist und stets warmes Wasser zur Entnahme bereithält. Anstelle des integrierten Warmwasserspeichers kann auch eine Heizspirale eingebaut sein, die das Trinkwasser ähnlich wie ein Durchlauferhitzer im Durchfluss erwärmt.

Kondensatwanne

Fängt das Wasser, das beim Abtauen einer Luft/Wasser-Wärmepumpe entsteht, auf.

Kontrollierte Wohnungslüftung

In Niedrigenergie- sowie Passivhäusern ist durch die dichte Gebäudehülle und fugendichte Fenster kein natürlicher Luftaustausch gegeben. Um die hygienische Luftqualität aufrechtzuerhalten und um CO_2 sowie Feuchtigkeit abzuführen, werden Anlagen zur kontrollierten Wohnungslüftung eingesetzt.

Die kontrollierte Wohnungslüftung kann als reines Abluftsystem oder mit Wärmerückgewinnung ausgeführt sein. Eine Abluftanlage führt die verbrauchte Luft aus den am meisten belasteten Räumen ab (Bad, WC, Küche). Die Luftnachströmung erfolgt über Außenluftdurchlässe. Den damit verbundenen Lüftungswärmeverlusten wirkt eine Lüftungsanlage mit Wärmerückgewinnung weitgehend entgegen. Hier wird die Frischluft über einen Wärmetauscher zugeführt und nimmt Energie aus der Abluft auf.

Konzessionsabgabe

Die Konzessionsabgabe beim elektrischen Strom ist als Entgelt für die Einräumung von Wegerechten in den Kommunen eingeführt worden. Diese Regelungen gehen auf das Energiewirtschaftsgesetz 1935 zurück, das zwischenzeitlich mehrfach novelliert, in diesem Regelungsbereich aber beibehalten wurde. Die Einnahmen sind für die Kommunen eine wesentliche Finanzquelle.

KWK-Umlage

Die KWK-Umlage wurde 2002 mit dem Kraft-Wärme-Kopplungsgesetz (KWKG) eingeführt. Das Gesetz dient der Förderung der Stromerzeugung aus Anlagen mit Kraft-Wärme-Kopplung (wie z. B. Blockheizkraftwerke).

Latente Wärme

Bei der Kondensation eines Gases oder des in der Luft enthaltenen Wasserdampfs wird Wärmeenergie freigesetzt (latent = verborgen, versteckt). Die Temperatur des kondensierenden Gases ändert sich hierbei nicht. Diskrete Wärme hingegen entsteht durch „erkennbare“ Abkühlung. Der so erzeugte Wärmegewinn wird in Brennwert-Heizgeräten und in der Wärmepumpentechnik genutzt.

Leistungskennzahl N_L

Um für ein Wohngebäude mit zentraler Warmwasserversorgung die erforderliche Speichergröße und Leistung des Trinkwassererwärmers zu bestimmen, wird die Leistungskennzahl N_L nach DIN 4708 anhand von Bedarfswerten ermittelt. Die errechnete Kennzahl vereinfacht die Auswahl des geeigneten Speichers. Als Rechenwerte fließen die Raumzahl der Wohneinheiten, die Anzahl der Wohnungen, die Belegungszahl (Nutzer je Wohneinheit) sowie die zu versorgenden Warmwasser-Entnahmestellen mit ihren Wärmemengen-Bedarfswerten ein. Die Leistungskennzahl N_L wird herstellerseitig für die jeweiligen Speichertypen angegeben.

Monoenergetisch

Eine Heizungsanlage, die monoenergetisch betrieben wird, wird durch mehrere Wärmeerzeuger versorgt, die den gleichen Energieträger als Energiequelle nutzen (z. B. eine Elektro-Wärmepumpe in Kombination mit einer Elektroheizung).

Monovalent

Zur Wärmeerzeugung wird bei monovalenter Betriebsweise nur ein Heizsystem bzw. eine Energieart eingesetzt. Dies ist der Fall, wenn ein Wärmeerzeuger den gesamten Wärmebedarf allein decken kann und wenn keine weitere Energieart (z. B. Solar) zusätzlich eingesetzt wird. Wärmepumpen ohne Elektrozusatzheizung arbeiten monovalent.

Motorschutzschalter

Über einen Bimetall-Auslöser wird der Motor gegen Überstrom (und damit gegen Überhitzung) geschützt.

Multifunktionsspeicher

In Multifunktionsspeichern wird im Unterschied zu normalen Warmwasserspeichern Heizungswasser gepuffert. Im Inneren des Speichers sorgt ein Edelstahl-Wellrohr für eine hygienische und keimfreie Warmwasserbereitung im Durchflussprinzip. Multifunktionsspeicher können mit Wärmepumpen, Gas-, Öl-, Pellet- bzw. Festbrennstoffkesseln und Blockheizkraftwerken für Heizung und Warmwasserbereitung kombiniert werden. Werden Multifunktionsspeicher mit einem Solarwärmetauscher ausgerüstet, kann zusätzlich solare Wärme für die Warmwasserbereitung und Heizungsunterstützung eingekoppelt werden.

Niederdruckpressostat

Im Unterschied zum Hochdruckpressostat begrenzt der Niederdruckpressostat den Anlagendruck auf der Niederdruckseite des Kompressors. Weiteres siehe Hochdruckpressostat.

Norm-Nutzungsgrad

Unter Normbedingungen wird mit standardisierten Mess- und Auswertungsverfahren der Norm-Nutzungsgrad ermittelt, der zum energetischen Vergleich von Wärmeerzeugern dient. Die Ermittlung erfolgt durch Gewichtung der Wirkungsgrade, die an verschiedenen Betriebspunkten eines Wärmeerzeugers gemessen werden. Der Norm-Nutzungsgrad ist mit einem mittleren Wirkungsgrad des Heizkessels vergleichbar.

ODP (Ozone Depletion Potential)

Engl. Bezeichnung für Ozon-Gefährdungspotenzial. OPD sagt aus, in welchem Maße ein Stoff die Ozonschicht der Atmosphäre mehr oder weniger schädigt als das Kältemittel R 11.

(OPD von R 11 = 1)

Offshore-Haftungsumlage

Die Offshore-Haftungsumlage nach § 17 des Energiewirtschaftsgesetzes (EnWG) wurde 2013 zur Deckung von Schadensersatzkosten eingeführt, die durch verspäteten Anschluss von Offshore-Windparks an das Übertragungsnetz an Land oder durch Netzunterbrechungen (Störungen und Wartungen länger 10 Tage) entstehen können.

Paragraf-19-StromNEV-Umlage

Die Umlage nach § 19 Stromnetzentgeltverordnung (StromNEV) wurde 2012 zum Ausgleich für Netzentgeltbefreiungen stromintensiver Unternehmen eingeführt.

Plattenwärmetauscher

Plattenwärmetauscher sind Wärmeübertrager mit kompakten Baumaßen, die häufig in Edelstahl ausgeführt sind. Der Plattenwärmetauscher arbeitet zur optimalen Energieausnutzung im Gegenstromprinzip.

Primärenergie

Der Begriff Primärenergie bezeichnet die Zustandsform eines fossilen oder regenerativen Energieträgers unmittelbar nach seiner Förderung bzw. seiner Gewinnung. Fossile Energieträger sind z. B. Erdöl, Erdgas, Stein- und Braunkohle, Kernbrennstoffe. Zu den regenerativen Energieträgern zählen z. B. Sonnenenergie, Erdwärme, Wind- und Wasserkraft. Um aus Primärenergie nutzbare Endenergie zu erzeugen, müssen die fossilen Primärenergieträger nach der Förderung transportiert, umgewandelt oder aufbereitet werden. Durch diese Prozesskette entstehen Energieverluste, sodass sich der nutzbare Energiegehalt verringert. Seit Einführung der Energieeinsparverordnung (EnEV) ist der Primärenergiebedarf für die energetische Bewertung von Gebäuden maßgebend. Ausgehend vom erforderlichen, nach EnEV ermittelten Heizenergiebedarf (Endenergiebedarf) wird im Sinne der Energieeinsparverordnung auch die Effizienz der eingesetzten Primärenergieträger betrachtet.

Radiator

Radiatoren sind die am häufigsten eingebauten Heizkörper. Sie werden meistens aus einzelnen Gliedern zusammengesetzt und von heißem Heizungswasser durchströmt. Die Wärmeabgabe erfolgt bei einem Radiator sowohl durch Konvektion (Erwärmung der Luft) als auch durch Strahlung.

Regenerative Energie

Erneuerbare (regenerative) Energien werden unterschieden in:

Sonnenenergie,

Biomasse,

Erdwärme (Geothermie),

Kraft der Gezeiten,

Windkraft.

Für die Anwendung in der Gebäudetechnik werden die Sonnenenergie und die Erdwärme genutzt. Erneuerbare Energien werden direkt oder indirekt für Gebäudebeheizung, Warmwasserbereitung und die Erzeugung von Strom aus Sonnenlicht (Fotovoltaik) genutzt. Zu unterscheiden sind dabei die direkte Nutzung (z. B. Erwärmung des Trinkwassers durch Sonnenkollektoren) und die indirekte Nutzung (z. B. Erwärmung des Heizwassers mit einer Kompressions-Wärmepumpe, die zur Temperaturanhebung die Erdwärme nutzt, aber zusätzlich elektrische Energie benötigt). Die direkte Nutzung regenerativer Energie ist primärenergetisch effizienter als die indirekte Nutzung.
Regenerative Energien stehen unerschöpflich zur Verfügung. Ihre Verwendung schützt natürliche Ressourcen und trägt wesentlich zum Klimaschutz und zur Verminderung der CO_2-Emissionen bei. Die Nutzung erneuerbarer Energien wird in Deutschland durch staatliche Förderprogramme im Rahmen der nationalen Klimaschutzmaßnahmen finanziell gefördert. Langfristig soll der Energiebedarf ab ca. 2050 mindestens zur Hälfte durch erneuerbare Energien gedeckt sein.

Saug- und Schluckbrunnen

Grundwasser-Wärmepumpen nutzen ein oberflächennahes Grundwasservorkommen zur Wärmegewinnung für Heizung und Warmwasserbereitung. Über einen Saugbrunnen (Förderbrunnen) wird das Grundwasser durch eine Unterwasserpumpe der Wärmepumpe zugeführt. Ein Schluckbrunnen führt das Grundwasser wieder in den natürlichen Kreislauf zurück, nachdem ein Teil der Wärmeenergie entzogen wurde.

Schauglas

Das Schauglas befindet sich in einem Kältekreislauf unmittelbar vor dem Expansionsventil. Man kann unerwünschte Blasenbildung und einen überhöhten Wassergehalt erkennen. Der Feuchtigkeitsanzeiger besteht aus einem Salzpräparat, dessen Farbe in Abhängigkeit der Feuchtigkeit des durchströmenden Kältemittels wechselt.

Schichtenspeicher

Die Schichtenspeichertechnologie wurde bislang vorwiegend für Solarwärmeanlagen eingesetzt. Im Speicher wird die Bildung von Temperaturschichten unterstützt, sodass im oberen Speicherbereich Wasser mit der maximal vorgegebenen bzw. erreichbaren Temperatur verfügbar ist. Eine wesentliche Eigenschaft von Schichtenspeichern ist die gegenüber konventionellen Speichern höhere nutzbare Warmwassermenge.

Schichtenverzeichnis

Textliche und/oder zeichnerische Darstellung der bei einer Bohrung angetroffenen Gesteinsschichten/Bodenformationen.

SCOP

SCOP steht für „Seasonal Coefficient of Performance“ und ermittelt die Jahresarbeitszahl einer Wärmepumpe innerhalb verschiedener Betriebszustände, die nach Klimazonen gewichtet sind. Dabei werden für den Heizbetrieb die Außentemperaturen 12 °C, 7 °C, 2 °C und –7 °C für die Messung herangezogen. Zusätzlich erfolgt eine Einteilung in die drei Klimazonen Wärmer, Mittel und Kälter. Dies ermöglicht eine noch präzisere Bewertung der Leistungseffizienz. Deutschland gehört zur mittleren Zone, die sich an der durchschnittlichen Temperatur von Straßburg als Referenz orientiert.

Sicherheitsventil

In einem geschlossenen Behälter steigt der Druck, wenn das darin enthaltene Wasser erwärmt wird. Sicherheitsventile schützen Warmwasserspeicher und Heizkessel gegen das Überschreiten des höchstzulässigen Betriebsdruckes. Bei Speicherwassererwärmern wird das Sicherheitsventil im Kaltwasserzulauf installiert. Kleinere, wandhängende Warmwasserspeicher werden über eine Sicherheitsgruppe mit integriertem Sicherheitsventil angeschlossen. Wird der Ansprechdruck erreicht, öffnet das Sicherheitsventil und baut so den Überdruck wieder ab.

Spezifische Entzugsleistung

Übertragungsleistung der Erdwärmesonde in W/m

Spezifische Ergiebigkeit (kWh/m × a)

Siehe Ergiebigkeit

Stromsteuer

Die Stromsteuer, auch Ökosteuer genannt, dient zur Verwirklichung der Förderung klimapolitischer Ziele.

Strömungswächter

Überwacht die Wasserströmung des Brunnenwassers und schaltet bei Bedarf die Wärmepumpe ab.

Taupunkt

Temperaturpunkt, bei dem das höher siedende Gas eines Gemisches im Sättigungszustand zu kondensieren beginnt. Bei Abkühlung feuchter Luft (relative Feuchte = 100 %) auf den Taupunkt erfolgt Tauwasserbildung (Kondensatbildung). Außenluft besteht im Wesentlichen aus N_2, O_2 und geringen Mengen Wasser.

Tichelmann-System

Bei der Rohrführung nach Tichelmann sind die Leitungslängen und Dimensionen der Vorlauf- und Rücklaufleitungen annähernd gleich groß. Damit herrschen im Leitungssystem ausgeglichene Verhältnisse der Widerstände aus Rohrreibungs-Druckverlusten und Einzelwiderständen. Bei entsprechender Dimensionierung zeichnet sich eine nach dem Tichelmann-System ausgelegte Leitungsinstallation dadurch aus, dass ein hydraulischer Abgleich stark vereinfacht wird; unter günstigen Bedingungen kann der Abgleich auch ganz entfallen.

Das Tichelmann-System wird in der Heizungsinstallation bei der Leitungsführung von Verteil- und Steigleitungen angewandt, aber auch in der Etageninstallation für die Anbindung von Heizflächen und Flächenheizsystemen. Beim Anschluss von parallel zu schaltenden Apparaten und Geräten sorgt die Anbindung im Tichelmann-System für gleichmäßige Durchströmung. Dies ist besonders bei Speicherwassererwärmern, Solarkollektoren sowie Wand- und Deckenheizungen bzw. -kühlungen von Bedeutung.

Trinkwassererwärmer

Anlagen zur Trinkwassererwärmung dienen der zentralen Gruppen-Warmwasserversorgung mehrerer Entnahmestellen sowie Wohn- oder Nutzungseinheiten eines Gebäudes. Neben dem Zweck der Erwärmung und Bevorratung von Trinkwasser bestehen an Trinkwassererwärmer besondere Anforderungen hinsichtlich der Einhaltung der Trinkwasserqualität. Die Bauarten von Trinkwassererwärmern werden unterschieden in:

- Durchflusswassererwärmer
- Speicherwassererwärmer
- kombinierte Durchfluss-Speichersysteme

Bei Durchflusswassererwärmern wird das Trinkwasser erwärmt, während es einen Wärmeübertrager durchfließt. Das Durchflusssystem findet z.B. bei Gas-Durchlauferhitzern Anwendung. In einem Speichersystem wird das Trinkwasser durch direkte oder indirekte Beheizung erwärmt und für die bedarfsgerechte Entnahme gespeichert. Kombinierte Durchfluss-Speichersysteme werden häufig in Großanlagen eingesetzt, wobei das zur Direktentnahme vorgesehene Wasser z.B. über externe Plattenwärmetauscher erwärmt wird.

Umlage für abschaltbare Lasten

Die Umlage für abschaltbare Lasten nach § 18 Verordnung über Vereinbarungen zu abschaltbaren Lasten (AbLaV) wurde 2014 eingeführt und dient zur Deckung von Kosten abschaltbarer Lasten zur Aufrechterhaltung der Netz- und Systemsicherheit.

Umwälzpumpe

In geschlossenen Kreislauf-Rohrleitungssystemen werden zum Transport von Heizwasser oder für die Warmwasser-Zirkulation elektrisch betriebene Umwälzpumpen eingesetzt.

Die Pumpenleistung richtet sich nach

- dem Förderdruck [bar] in Abhängigkeit von der statischen Höhe [m] zuzüglich der zu überwindenden Anlagenwiderstände sowie
- der Fördermenge [m^3/h], die dem erforderlichen Heizwasserdurchsatz zur Übertragung der Wärmeleistung entspricht.

Der Betrieb von Umwälzpumpen nimmt durch den Verbrauch an elektrischer Energie auch Einfluss auf die Höhe der laufenden Betriebskosten einer Heizungsanlage. Die Pumpen sollten daher nicht überdimensioniert werden. Da moderne Wärmeerzeuger die Heizleistung an den jeweils augenblicklichen Wärmebedarf anpassen, werden heute überwiegend drehzahlgeregelte Umwälzpumpen eingesetzt.

Wärmeerzeuger

Sammelbegriff für alle Arten von Heizgeräten, die Wärme für Heizungsanlagen und zur Trinkwassererwärmung erzeugen. Je nach Konstruktion, Größe und Einsatzbereich werden Wärmeerzeuger allgemein beispielsweise unterteilt in Heizkessel, Wandheizgeräte oder Kombigeräte. Spezielle Bezeichnungen unterscheiden z. B. Gas-Brennwertkessel, Öl-Heizkessel, Gas-Wandkombigeräte oder Gas-Kompaktgeräte mit Brennwertnutzung. Ein gemeinsames Merkmal dieser Wärmeerzeuger ist, dass bei der Verbrennung Abgase (Gas) bzw. Rauchgase (Öl) entstehen, die über einen Schornstein oder eine Abgasleitung abgeführt werden. Je nach Brennstoffart, Heizleistung sowie Art der Verbrennungsluftversorgung und Abgasabführung ist ein eigener Heizraum erforderlich oder die Aufstellung auch in Wohnräumen möglich. Neben den Heizgeräten für die Brennstoffe Gas und Öl zählen auch thermische Solaranlagen, Wärmepumpen, Kraft-Wärme-Kopplung und die sich noch in der Entwicklung befindenden Brennstoffzellen-Heizgeräte zu den Wärmeerzeugern.

Wärmepumpe

Wärmepumpen nutzen Wärmeenergie aus der Umwelt, die im Erdreich, in der Umgebungsluft oder im Grundwasser gespeichert ist. Dabei wird das Temperaturniveau mithilfe zusätzlicher mechanischer Antriebsenergie so angehoben, dass es für den Betrieb einer Heizungsanlage nutzbar ist. In der Wärmepumpe zirkuliert ein Arbeitsmittel, dessen Aggregatzustand ständig zwischen gasförmig und flüssig wechselt.

Die Funktionsweise der Wärmepumpe beruht auf einem geschlossenen, thermodynamischen Kreisprozess:

1. Das kalte, flüssige Arbeitsmittel nimmt im Verdampfer Energie aus der Wärmequelle (Luft, Geothermie, Grundwasser) auf und verdampft dabei,
2. Unter Einsatz mechanischer Energie (elektrischer Antrieb) wird das dampfförmige Arbeitsmittel im Kompressor zu Heißgas erhitzt,
3. Im Kondensator verflüssigt sich das Heißgas, die dabei frei werdende thermische Energie wird an das Heizsystem abgegeben,
4. Das flüssige Arbeitsmittel wird im Expansionsventil entspannt, wodurch es stark abkühlt und somit wieder Energie aufnehmen kann.

Das erdgekoppelte Wärmepumpensystem bezieht rund 75 % der benötigten Energie aus dem Erdreich, ohne CO_2-Emissionen zu verursachen.

Wärmerückgewinnung

Bei der Wärmerückgewinnung wird die Wärme der Abluft zu Heizzwecken genutzt. Die primärenergetisch sinnvollste Variante der Wärmerückgewinnung ist, im Winter die Wärme der Abluft zur Erwärmung der Zuluft zu nutzen. Diese direkte Nutzung benötigt für den Transport der Luft durch den Wärmeaustauscher nur wenig Primärenergie. Im Vergleich zur benötigten Transportenergie (elektrische Energie für den Betrieb des Abluftventilators) lässt sich mehr als das Zehnfache an Heizwärme zurückgewinnen. Bei indirekter Nutzung der Wärme der Abluft als Wärmequelle für eine Abluft-Wärmepumpe muss für die Nutzung der Abwärme zusätzlich elektrische Energie für die Wärmepumpe aufgewendet werden.

Warmwasser

Die rasche Bereitstellung von Warmwasser gehört heute zum üblichen Wohnkomfort. Von Warmwasser spricht man im Temperaturbereich von etwa 30 bis 60 °C, darüber hingegen von Heißwasser.

Warmwasserbereitung

Der Begriff Warmwasserbereitung (auch Brauchwasserbereitung) bezeichnet die Erwärmung von Trinkwasser in einem Wassererwärmer. Diese werden nach ihrer Bauform und Art der Beheizung unterschieden. Als Beispiele sind zu nennen: Durchlauferhitzer, nebenstehende Warmwasserspeicher, indirekt beheizte Speicherwassererwärmer, Solar-Kombispeicher oder Warmwasser-Schichtenspeicher.

Warmwasserspeicher

Direkt beheizte Warmwasserspeicher versorgen eine oder mehrere Entnahmestellen unabhängig von einem Heizsystem mit Warmwasser. Die Speichergrößen reichen von 5 bis 500 Liter. Kleinere Speicher werden generell mit Strom beheizt, größere Geräte zur Versorgung mehrerer Wohneinheiten werden auch mit Gas befeuert. Für die dezentrale Warmwasserbereitung lassen sich damit beliebige Lösungen realisieren. Bei zentraler, an einen Wärmeerzeuger gekoppelter Warmwasserversorgung kommen indirekt beheizte Speicherwassererwärmer, nebenstehende oder Unterstell-Speicher zum Einsatz.

Wasserschutzgebiet

Gebiet zum Schutz der Trinkwassergewinnungsanlagen und Heilquellen. Zum Wohl der Allgemeinheit können Handlungen in Trinkwasserschutzgebieten verboten bzw. mit Auflagen belegt werden.

Einteilung der Schutzzonen:

Zone I	Fassungsbereich
Zone II	engere Schutzzone
Zone II A/II B	weitere Schutzzone

Zusätzlich bei Heilquellen:

Zone A	innere Zone
Zone B:	äußere Zone

Zirkulationsleitung

Bei größerer Entfernung zwischen Warmwasserbereiter und Entnahmestelle (z. B. Waschbecken, Dusche, Küchenspüle) läuft zunächst abgekühltes Warmwasser aus der entsprechend langen Rohrleitung aus, bis wieder warmes Wasser ansteht. Deshalb wird in Installationen mit längeren Leitungsstrecken parallel zur Warmwasserleitung eine Zirkulationsleitung verlegt. Eine Pumpe hält die Warmwasser-Zirkulation im ständigen Umlauf. Damit steht auch an entlegenen Zapfstellen sofort warmes Wasser zur Verfügung.

9 Herstellerverzeichnis

9.1 Hersteller von Speichern

ACV-Wärmetechnik GmbH & Co KG
Gewerbegebiet Gartenstraße 41
D-08132 Mülsen/St. Jacob
Telefon: +49 37601 31130
Telefax: +49 37601 31131
E-Mail: deutschland.info@acv.com
Internet: www.avc.com

Brummerhoop & Grunow
Industrievertretungen GmbH
Kurt-Schumacher-Allee 2
D-28329 Bremen
Telefon: +49 421 43560-0
Telefax: +49 421 43560-18
E-Mail: info@brummerhoop.com
Internet: www.brummerhoop.com

Gebr. Bruns GmbH
Hauptstraße 200
D-26683 Saterland
Telefon: +49 4492 9246-100
Telefax: +49 4492 9246-109
E-Mail: info@bruns-heiztechnik.de
Internet: www.bruns-heiztechnik.de

WIKORA GmbH
Solarspeicher Systeme
Friedrichshain 9
D-89568 Hermaringen
Telefon: +49 7322 9605-0
Telefax: +49 7322 9605-30 (Vertrieb)
E-Mail: contact@wikora.de
Internet: www.wikora.de

Joachim Zeeh
Heiztechnik und Behälterbau
Schwarzenberger Straße 04
D-08324 Bockau
Telefon: +49 3771 254899-11
Telefax: +49 3771 254899-18
E-Mail: zeeh-speicher@t-online.de
Internet: www.zeeh-speicher.de

9.2 Hersteller von Pumpen

GRUNDFOS GMBH
Niederlassung Düsseldorf
Schlüterstraße 33
D-40699 Erkrath
Telefon: +49 0211 929690
Telefax: +49 0211 92969-3839
E-Mail: auftraggebaeudetechnik@grundfos.de
Internet: www.grundfos.com

WILO SE
Nortkirchenstraße 100
D-44263 Dortmund
Telefon: +49 231 4102-7070
Telefax: +49 231 4102-7666
E-Mail: wilo@wilo.de
Internet: www.wilo.de

9.3 Hersteller von Kollektormaterial

BEKA Heiz- und Kühlmatten GmbH
Pankstraße 8 –10
D-13127 Berlin
Telefon: +49 30 474114-31
Telefax: +49 30 474114-35
E-Mail: info@beka-klima.de
Internet: www.beka-klima.de

GERODUR MPM GmbH & Co KG
Kunststoffverarbeitung
GmbH & Co. KG
Andreas-Schubert-Straße 6
D-01844 Neustadt
Telefon: +49 3596 5833-0
Telefax: +49 3596 6024-04
E-Mail: info@gerodur.de
Internet: www.gerodur.de

HAKA GERODUR AG
Mooswiesstraße 6
CH-9201 Gossau SG
Telefon: +41 71 3889494
Telefax: +41 71 3889480
E-Mail: sekretariat@hakagerodur.ch
Internet: www.haka-gerodur.de

REHAU AG+Co
Reniumhaus
Otto-Hahn-Straße
D-95111 Rehau
Telefon: +49 9283 77-0
Telefax: +49 9283 1016
E-Mail: RAUNET@REHAU.com
Internet: www.rehau.com/DE_de/

STÜWA Konrad Stükerjürgen GmbH
Gewerbegebiet Hemmersweg
Hemmersweg 80
D-33397 Rietberg
Telefon: +49 5244 407-0
Telefax: +49 5244 1670
E-Mail: info@kst-wassertechnik.de
Internet: www.kst-wassertechnik.de

Terra Calidus GmbH
Siemensstraße 37
D-07546 Gera
Telefon: +49 365 51618989
Telefax: +49 365 51618988
E-Mail: info@terra-calidus.de
Internet: www.terra-calidus.de

9.4 Hersteller von Druckschaltern

Dr. Siebert & Kühn GmbH & Co. KG. Sika
Struthweg 7–9
D-34254 Kaufungen
Telefon: +49 5605 803-0
Telefax: +49 5605 803-54
E-Mail: info@Sika.net
Internet: www.sika.net

SUKU Druck- und Temperaturmesstechnik
Garnsdorfer Hauptstraße 109
D-09244 Lichtenau
Telefon: +49 372 08-2717
Telefax: +49 372 08-61713
E-Mail: contact@suku.de
Internet: www.suku.de

9.5 Hersteller von Filtertechniken

Honeywell GmbH
Haustechnik
Hardhofweg
D-74821 Mosbach
Telefon: +49 6261 81-0
Telefax: +49 6261 81-309
E-Mail: info.haustechnik@honeywell.com
Internet: www.honeywell.de/haustechnik

JUDO Wasseraufbereitung GmbH
Hohreuschstraße 39 – 41
D-71364 Winnenden
Telefon: +49 7195 692-0
Telefax: +49 7195 692-110
E-Mail: werbung@judo-online.de
Internet: www.judo-online.eu/

9.6 Hersteller von Rohrdurchführungen

ACO Passavant
Gebäudeentwässerung GmbH
Postfach 11 62
D-36267 Philippsthal
Telefon: +49 6620 77-0
Telefax: +49 6620 77-79
E-Mail: info@aco-passavant.de
Internet: www.aco-passavant.de

DOYMA GmbH & Co. Durchführungssysteme
Industriestraße 43 – 57
D-28876 Oyten
Telefon: +49 4207 9166-0
Telefax: +49 4207 9166-199
E-Mail: info@doyma.de
Internet: www.doyma.de

9.7 Hersteller von Wärmetauschern

Alfa Laval Mid Europe GmbH
Wilhelm-Bergner-Straße 1
D-21509 Glinde bei Hamburg
Telefon: +49 40 727403
Telefax: +49 40 72742515
E-Mail: info.mideurope@alfalaval.com
Internet: www.alfalaval.de

Danfoss GmbH
Carl-Legien-Straße 8
63004 Offenbach/Main
Telefon: +49 69 89020
Telefax: +49 69 89023-19
E-Mail: info@dafoss.de
Internet: www.danfoss.de

SWEP International AB
Sales Representative Germany
Gropiusstraße 3
D-31137 Hildesheim
Telefon: +49 5121 99867-0
Telefax: +49 5121 99867-17
E-Mail: kontakt@swep.net
Internet: www.swep.se

9.8 Hersteller von Luft/Schlammabscheidern

Spirotech BV
Bürgerstraße 17
D-40219 Düsseldorf
Telefon: +49 211 38428-0
Telefax: +49 211 38428-28
E-Mail: info@spirotech.de
Internet: www.spirotech.de

9.9 Hersteller von Niedertemperatur-Heizkörpern

Jaga Deutschland GmbH
Neuer Zollhof 1
D-40221 Düsseldorf
Telefon: +49 211 9385899
Telefax: +49 211 9385959
E-Mail: info@jaga.de
Internet: www.jaga-deutschland.de

Kermi GmbH
Pankofen-Bahnhof 1
94447 Plattling
Telefon: +49 9931 501-0
Telefax: +49 9931 307
Internet: www.kermi.de

Vogel & Noot
Rettig Germany GmbH
Werk Lilienthal
Scheeren 8
D-28865 Lilienthal
Telefon: +49 4298 919-0
Telefax: +49 4298 919-191
E-Mail: lilienthal@vogelundnoot.com
Internet: www.vogelundnoot.com

Zehnder GmbH
Almweg 34
D-77933 Lahr
Telefon: +49 7821 586-0
Telefax: +49 7821 586-302
E-Mail: info@zehnder-online.de
Internet: www.zehnder-online.de

9.10 Hersteller von Isoliermaterial

Armacell GmbH
Robert-Bosch-Straße 10
D-48153 Münster
Telefon: +49 251 7603-0
Telefax: +49 251 7603-394
E-Mail: info.de@armacell.com
Internet: www.armacell.com

Die Liste erhebt keinen Anspruch auf Vollständigkeit.

10 Wirtschaftlichkeitsbetrachtungen

10.1 Vorwort

Die Wärmepumpe ist das einzige regenerative Heizsystem, mit dem die komplette Beheizung und Warmwasserbereitung eines Hauses ohne zusätzlichen Wärmeerzeuger realisiert werden kann. Sie steht deshalb immer mit konventioneller Heiztechnik wie z.B. Gasbrennwerttechnik oder Niedertemperaturtechnik im Wettbewerb.

Die Investitionskosten einer Wärmepumpenanlage sind im Vergleich zu konventionellen Heizungstechniken etwas höher.

Im Neubau schreibt das Gebäudeenergiegesetz (GEG) jedoch zwingend den Einsatz von regenerativer Technik vor. Als „kleinste" Lösung muss daher ein Gas- oder Öl-Brennwertkessel mit einer solarthermischen Anlage kombiniert werden. Die Investitionskosten der einzelnen Techniken sind durch den Einsatz von regenerativer Heiztechnik deshalb näher beisammen, als sie es noch vor einigen Jahren waren.

Beim ökologischen Vergleich (Primärenergiebedarf und CO_2-Emissionen) schneidet die Wärmepumpe besser ab als die konventionelle Brennwerttechnik (Gas oder Öl). Lediglich der Pelletkessel weist bei diesen Faktoren bessere Werte auf.

Ein weiterer wichtiger Faktor in der Betrachtung von Wirtschaftlichkeitsvergleichen ist der Einsatz der Energiearten und deren Kosten. In den vergangenen Jahren konnten steigende Energiekosten beobachtet werden. In den letzten Jahren sind besonders hohe Energiepreissprünge aufgrund der COVID-19-Pandemie und des Ukraine Krieges zu verzeichnen. Im Betrachtungszeitraum von 2019 bis April 2022 stieg der Energiepreis für Öl und Gas um rund 100%, der Preis für elektrischen Strom um 28% (vergl. Statiska / DIW Berlin). Durch den nicht ganz so hohen Anstieg von elektrischem Strom in Bezug zu Gas und Öl ist die Wärmepumpe nun deutlich wirtschaftlicher als der Öl- und Gaskessel. Eine Prognose, wie sich die Strom-, Gas- und Ölpreise nach Überwindung der Krise entwickeln werden, ist zum jetzigen Zeitpunkt nur schwer möglich.

Nachfolgend werden je sieben unterschiedliche Heizungsanlagen in einem Neubau und einem Bestandshaus verglichen. Die beiden Beispielhäuser sind gleich groß. Lediglich die U-Werte der Gebäudehülle sind unterschiedlich. Die Jahreskosten sind ohne kapitalgebundene Kosten ausgewiesen.

10.2 Kostenvergleich von Heizsystemen im Einfamilienhaus nach EnEV-Standard

Allgemeine Angaben:

Neubau mit Fußbodenheizung und Lüftungsanlage mit Wärmerückgewinnung (WRG 80 %)

Primärenergiefaktor Strom (nach Gebäudeenergiegesetz GEG Anlage 4): 1,8

CO_2-Faktor (Bundesamt für Wirtschaft und Ausfuhrkontrolle): 4.8

Energiepreise: Stand 2022

Heizlast: 6 kW

Nutzfläche A_N: 155,8 m^2

Nach wie vor sind die verbrauchsgebundenen Kosten einer Sole/Wasser-Wärmepumpe im Neubau mit 1104 Euro/a die niedrigsten im Vergleich. Die Luft/Wasser-Wärmepumpe folgt mit 1243 Euro/a. Die überproportionalen Preisanstiege für Öl, Gas, aber auch für Pellets schlagen bei den verbrauchsgebundenen Kosten voll durch.

Tabelle 10.1: Kostenvergleich eines Einfamilienhauses als Neubau nach EnEV-Standard; Dach innerhalb thermischer Hülle, kein Keller

Kostenart	Endenergie		Gas		Gas		Öl		Öl		Strom		Strom		Pellets	
	Wärmeerzeugung für		Hz.	WW	Hz.	WW	Hz.	WW	Hz.	WW	Hz.	WW	Hz.	WW	Hz.	WW
	Heizungstechnik		Brennwert + Lüftung	solare Warmwasserbereitung	Brennwert + Lüftung + sol. Heizung	solare Warmwasserbereitung	Brennwert + Lüftung	solare Warmwasserbereitung	Brennwert + Lüftung + sol. Heizung	solare Warmwasserbereitung	Luft/Wasser-WP + Lüftung	indirekt beheizter Speicher	Sole/Wasser-WP + Lüftung	indirekt beheizter Speicher	Pellet-Kessel + Lüftung	indirekt beheizter Speicher
Verbrauchgebunden	Heizwärmebedarf q_h	kWh/m²a	64,39		64,39		64,39		64,39		64,39		64,39		64,39	
	Trinkwasserwärmebedarf qT_W	kWh/m²a		12,5		12,5		12,5		12,5		12,5		12,5		12,5
	Primärenergiefaktor		1,1		1,1		1,1		1,1		1,8		1,8		0,2	
	COP A-7/W35, A2/W35, A10/W35, B0/W35										2,8|4,1|5,2		4,84			
	Bivalenzpunkt										-5 °C		monovalent			
	Heizflächen-Auslegungstemperatur		35/28		35/28		35/28		35/28		35/28		35/28		35/28	
	Primärenergiebedarf q_P	kWh/m²	69,20		66,13		73,81		66,13		59,97		53,82		35,37	
	Index Primärenergiebedarf	%	100 %		96 %		107 %		96 %		87 %		78 %		51 %	
	Primärenergiebedarf insgesamt	kWh/a	10.779		10.300		11.498		10.300		9.342		8.384		5.509	
	CO_2-Emissionsfaktoren	g/kWh	201		201		266		266		408		408		36	
	CO_2-Emission	kg CO_2/a	1.920		1.812		2.429		2.279		1.473		1.308		925	
	CO_2-Index	%	100 %		94 %		126 %		119 %		77 %		68%		48 %	
	Anlagen-Aufwandszahl e_p		0,9		0,86		0,96		0,86		0,78		0,7		0,46	

Kostenart				Gas		Gas		Öl		Öl		Strom		Strom		Pellets	
	Endenergie			**Gas**		**Gas**		**Öl**		**Öl**		**Strom**		**Strom**		**Pellets**	
	Wärmeerzeugung für			**Hz.**	**WW**	**Hz.**	**WW**	**Hz.**	**WW**	**Hz.**	**WW**	**Hz.**	**WW**	**Hz.**	**WW**	**Hz.**	**WW**
	Heizungstechnik			**Brennwert + Lüftung**	**solare Warmwasser-bereitung**	**Brennwert + Lüftung + sol. Heizung**	**solare Warmwasser-bereitung**	**Brennwert + Lüftung**	**solare Warmwasser-bereitung**	**Brennwert + Lüftung + sol. Heizung**	**solare Warmwasser-bereitung**	**Luft/Wasser-WP + Lüftung**	**indirekt beheizter Speicher**	**Sole/Wasser-WP + Lüftung**	**indirekt beheizter Speicher**	**Pellet-Kessel + Lüftung**	**indirekt beheizter Speicher**
Verbrauchsgebunden	Jahresendenergie-bedarf pro m² q_E	Wärme	kWh/m²a	50,22		46,11		50,22		46,11		18,23		14,19		87,25	
		Hilfsenergie	kWh/m²a	5,48		5,79		5,48		5,79		4,95		6,39		6,86	
	Jahresendenergie-bedarf Q_E	Wärme	kWh/a	6.488	1.334	5.849	1.334	6.488	1.334	5.849	1.334	1.962	877	1.419	792	9.340	4.251
		Hilfsenergie	kWh/a	853		902		853		902		771		996		1.069	
	Arbeitspreis	Wärme	€/kWh	0,179		0,179		0,145		0,145						0,080	
		Strom WP	€/kWh									0,344		0,344			
		Hilfsenergie	€/kWh	0,398		0,398		0,398		0,398		0,344		0,344		0,398	
	Jahresenergiekosten		€/a	1.399		1.285		1.137		1.044		978		761		1.091	
	Hilfsenergie		€/a	339		359		339		359		266		343		425	
	Summe Heizung und Warmwasser		**€/a**	**1.738**		**1.643**		**1.476**		**1.403**		**1.243**		**1.104**		**1.516**	
Investitionen	Wärmeerzeuger + Regelung incl. Installation		€	5.329	7.507	5.329	1.0631	1.5345	6.228	1.7963	7.519	1.1964		1.2296		1.4036	
	mechanische Wohnraumlüftung mit WRG		€	9.672		9.672		9.672		9.672		9.672		9.672		9.672	
	Wärmequelle		€	0		0		0		0				5.850		0	

Kostenart	Endenergie		Gas		Gas		Öl		Öl		Strom		Strom		Pellets	
	Wärmeerzeugung für		Hz.	WW	Hz.	WW	Hz.	WW	Hz.	WW	Hz.	WW	Hz.	WW	Hz.	WW
	Heizungstechnik		Brennwert + Lüftung	solare Warmwasserbereitung	Brennwert + Lüftung + sol. Heizung	solare Warmwasserbereitung	Brennwert + Lüftung	solare Warmwasserbereitung	Brennwert + Lüftung + sol. Heizung	solare Warmwasserbereitung	Luft/Wasser-WP + Lüftung	indirekt beheizter Speicher	Sole/Wasser-WP + Lüftung	indirekt beheizter Speicher	Pellet-Kessel + Lüftung	indirekt beheizter Speicher
Investitionen	Schornstein/sonstige Baukosten	€	800		800		800		800		600		0		1.500	
	Hausanschluss	€	1.800		1.800		0		0		0		0		0	
	Brennstofflager	€	0		0		3.125		3.125		0		0		5.625	
	Energieversorgung des Wärmeerzeugers (Gas/Öl/Strom); (WP mit Zusatzzähler)	€	500	500	500	500	500	500	500	500	1.000	150	2.000	150	100	
	Summe Heizung und Warmwasser	**€**	**2.6108**		**2.9232**		**3.6171**		**4.0080**		**2.3387**		**2.9968**		**3.0933**	
Betriebsgebunden	Wartung/Schornsteinfegergebühren	€/a	130,0		130,0		250,0		250,0		75,0		75,0		400,0	
	Anschlussgebühr/Gaszähler/WP-Zähler	€/a	162,2		162,2		0,0		0,0		90,7		90,7		0,0	
	Summe betriebsgebundene Kosten	**€/a**	**292,2**		**292,2**		**250,0**		**250,0**		**165,7**		**165,7**		**400,0**	
	Gesamtsumme Heizung und Warmwasser	**€/a**	**2.030**		**1.936**		**1.726**		**1.653**		**1.409**		**1.270**		**1.916**	
	Kostenindex	%	**100 %**		**95 %**		**85 %**		**81 %**		**69 %**		**63 %**		**94 %**	
	Legende: Hz. : Heizung; WW: Warmwasserbereitung; WP: Wärmepumpe															

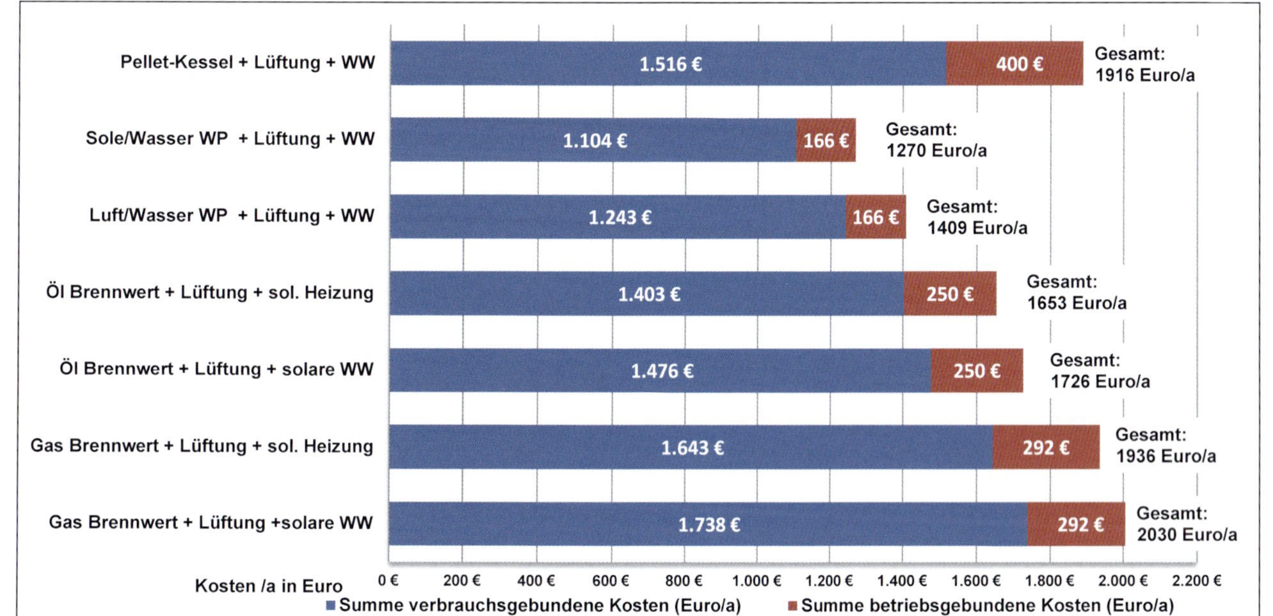

Abbildung 10.1: Vergleich der verbrauchs- und betriebsgebundenen Kosten von Heizsystemen in einem Neubau

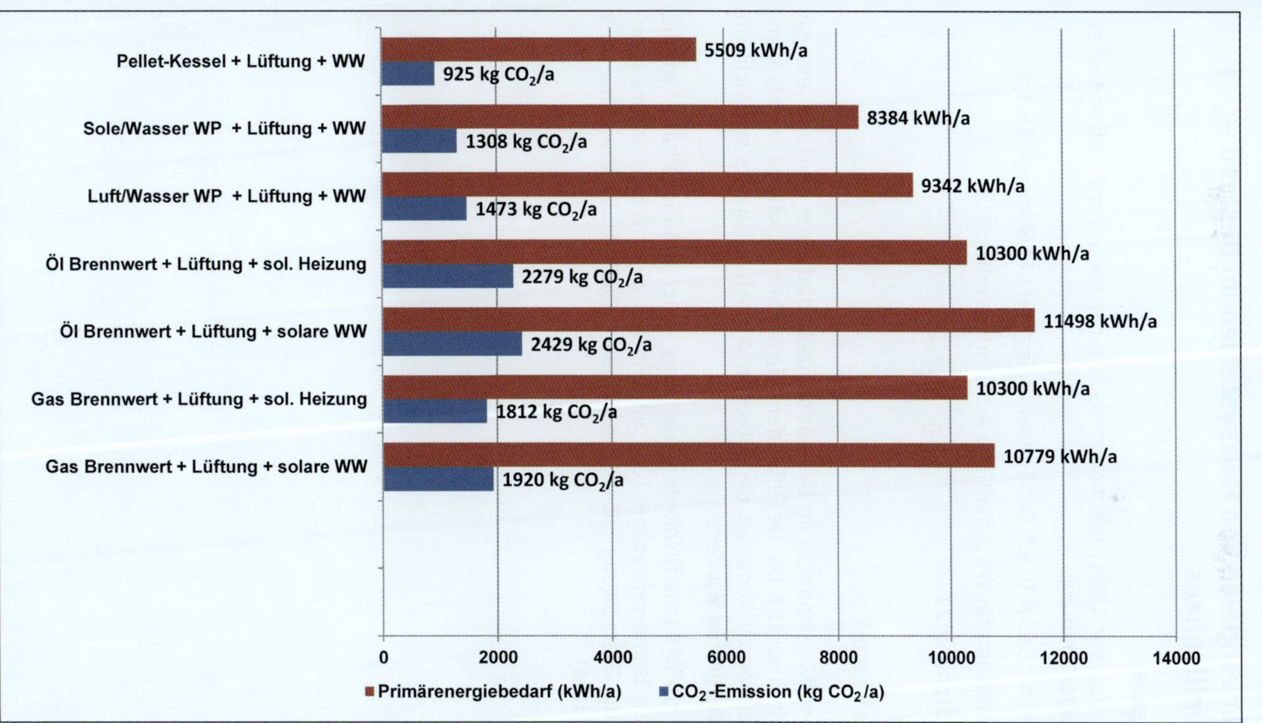

Abbildung 10.2: Ökologischer Vergleich von Heizsystemen in einem Neubau

10.3 Kostenvergleich von Heizsystemen im Bestand – Einfamilienhaus

Allgemeine Angaben:

Bestandshaus, Baujahr 1985, wärmetechnisch nicht saniert mit Fußbodenheizung und Leitungsdämmung.

Primärenergiefaktor Strom (nach Gebäudeenergiegesetz GEG Anlage 4): 1,8

CO_2-Faktor (Bundesamt für Wirtschaft und Ausfuhrkontrolle): 4.8

Energiepreise: Stand 2021

Heizlast: 12 kW

Nutzfläche A_N: 155,8 m^2

Der Einsatz einer Wärmepumpe im Bestandshaus bedarf einer genauen Analyse der Begebenheiten vor Ort. Da die Fußbodenheizung bereits seit Jahren als Standard betrachtet werden kann, ist der folgende Wirtschaftlichkeitsvergleich mit dieser Technik berechnet worden.

Im Unterschied zur Wirtschaftlichkeitsbetrachtung in der 1. Auflage haben wir die Kombination von Brennwerttechnik (Gas und Öl) mit einer Warmwasserwärmepumpe neu in die Betrachtung mit aufgenommen (Tabelle 10.2, Abbildung 10.3 und Abbildung 10.4).

Tabelle 10.2: Einfamilienhaus Bestand; Dach, Keller außerhalb thermischer Hülle

Kostenart	Endenergie		Gas		Gas		Öl		Öl		Strom		Strom		Pellets	
	Wärmeerzeugung für		Hz.	WW	Hz.	WW	Hz.	WW	Hz.	WW	Hz.	WW	Hz.	WW	Hz.	WW
	Heizungstechnik		Brennwert	indirekt beheizter Speicher	Brennwert	Warmwasser WP	Brennwert	indirekt beheizter Speicher	Brennwert	Warmwasser WP	Luft/Wasser-Wärmepumpe	indirekt beheizter Speicher	Sole/Wasser-Wärme-pumpe	indirekt beheizter Speicher	Pellet-Kessel	indirekt beheizter Speicher
Verbrauchgebunden	Heizwärmebedarf q_h	kWh/m²a	157,8		157,8		157,8		157,8		157,8		157,8		157,8	
	Trinkwasserwärmebedarf q_{TW}	kWh/m²a		12,5		12,5		12,5		12,5		12,5		12,5		12,5
	Primärenergiefaktor		1,1		1,1/1,8		1,1		1,1/1,8		1,8		1,8		0,2	
	COP A-7/W35, A2/W35, A10/W35, B0/W35										2,7|4,6|5,7		4,77			
	Bivalenzpunkt										-5 °C					
	Auslegungstemperatur		55/45		55/45		55/45		55/45		55/45		55/45		55/45	
	Primärenergiebedarf q_P	kWh/m²	214,63		201,00		214,63		201,00		199,30		139,68		59,62	
	Index Primärenergiebedarf	%	100 %		94 %		100 %		94 %		93 %		65 %		28 %	
	Primärenergiebedarf insgesamt	kWh/a	33.433		31.310		33.433		31.310		31.045		21.758		9.287	
	CO_2-Emissionsfaktoren	g/kWh	201		201		266		266		408		408		36	
	CO_2-Emission	kg CO_2/a	6.163		5.462		8.079		7.157		4.916		3.479		1.675	
	CO_2-Index	%	100 %		89 %		131 %		116 %		80 %		56 %		27 %	
	Anlagen-Aufwandszahl e_p		1,26		1,18		1,26		1,18		1,17		0,82		0,35	

Kostenart	Endenergie			Gas		Gas		Öl		Öl		Strom		Strom		Pellets	
	Wärmeerzeugung für			Hz.	WW	Hz.	WW	Hz.	WW	Hz.	WW	Hz.	WW	Hz.	WW	Hz.	WW
	Heizungstechnik			Brennwert	indirekt beheizter Speicher	Brennwert	Warmwasser WP	Brennwert	indirekt beheizter Speicher	Brennwert	Warmwasser WP	Luft/Wasser-Wärmepumpe	indirekt beheizter Speicher	Sole/Wasser-Wärme-pumpe	indirekt beheizter Speicher	Pellet-Kessel	indirekt beheizter Speicher
Verbrauchgebunden	Jahresendenergie-bedarf pro m² q_E	Wärme	kWh/m²a	189,22		167,44		189,22		167,44		75,96		51,90		261,21	
		Hilfsenergie	kWh/m²a	3,75		3,45		3,75		3,45		1,39		2,83		3,30	
	Jahresendenergie-bedarf Q_E	Wärme	kWh/a	29.475		26.082		29.475		26.082		11.833		8.085		40.689	
		Hilfsenergie	kWh/a	584		538		584		538		216		441		514	
	Arbeitspreis	Wärme	€/kWh	0,179		0,179		0,145		0,145						0,080	
		Strom WP	€/kWh									0,344		0,344			
		Hilfsenergie		0,398		0,398		0,398		0,398		0,344		0,344		0,398	
	Jahresenergiekosten		€/a	5.271		5.521		4.284		4.779		4.075		2.784		3.266	
	Hilfsenergie		€/a	232,4		214,1		232,4		214,1		74,4		151,9		204,5	
	Summe Heizung und Warmwasser		**€/a**	**5.503**		**5.735**		**4.516**		**4.993**		**4.150**		**2.936**		**3.471**	
Investitionen	Wärmeerzeuger + Regelung incl. Installation		€	10.411		7.612	3.421	16.317		13.518	3.389	14.950		12.933		14.036	
	Heizflächen + Leitungssystem		€	4.000		4.000		4.000		4.000		4.000		4.000		4.000	
	Wärmequelle		€	0		0		0		0		0		11.700		0	
	Schornstein		€	1.500		1.500		1.500		1.500		0		0		0	

Kostenart	Endenergie		Gas		Gas		Öl		Öl		Strom		Strom		Pellets	
	Wärmeerzeugung für		Hz.	WW	Hz.	WW	Hz.	WW	Hz.	WW	Hz.	WW	Hz.	WW	Hz.	WW
	Heizungstechnik		Brennwert	indirekt beheizter Speicher	Brennwert	Warmwasser WP	Brennwert	indirekt beheizter Speicher	Brennwert	Warmwasser WP	Luft/Wasser-Wärmepumpe	indirekt beheizter Speicher	Sole/Wasser-Wärme-pumpe	indirekt beheizter Speicher	Pellet-Kessel	indirekt beheizter Speicher
	Hausanschluss	€	0		0		0		0		0		0		0	
	Brennstofflager	€	0		0		500		500		0		0		5.625	
	Gas-Öl-/Elektroinstallation/ Heizung (WP mit Zusatzzähler)	€	350		350	100	350		350	100	2.000		2.000			
	Summe Heizung/TWE	€	16.261	0	13.462	3.521	22.667	0	19.868	3.489	20.950	0	30.633	0	23.661	0
	Summe Heizung und Warmwasser	**€**	**16.261**		**16.984**		**22.667**		**23.357**		**20.950**		**30.633**		**23.661**	
Betriebsgebunden	Wartung/Schornsteinfeger-gebühren	€/a	130,0		130,0		250,0		250,0		75,0		75,0		450,0	
	Anschlussgebühr/Gaszähler/ WP-Zähler	€/a	162,2		162,2		0,0		0,0		90,7		90,7		0,0	
	Summe betriebsgebundener Kosten	€/a	292,2		292,2		250,0		250,0		165,7		165,7		450,0	
	Gesamtsumme Heizung und Warmwasser	**€/a**	**5.796**		**6.028**		**4.766**		**5.243**		**4.315**		**3.102**		**3.921**	
	Kostenindex	%	**100%**		**104%**		**82%**		**90%**		**74%**		**54%**		**68%**	

Legende: Hz. : Heizung; WW: Warmwasserbereitung; WP: Wärmepumpe

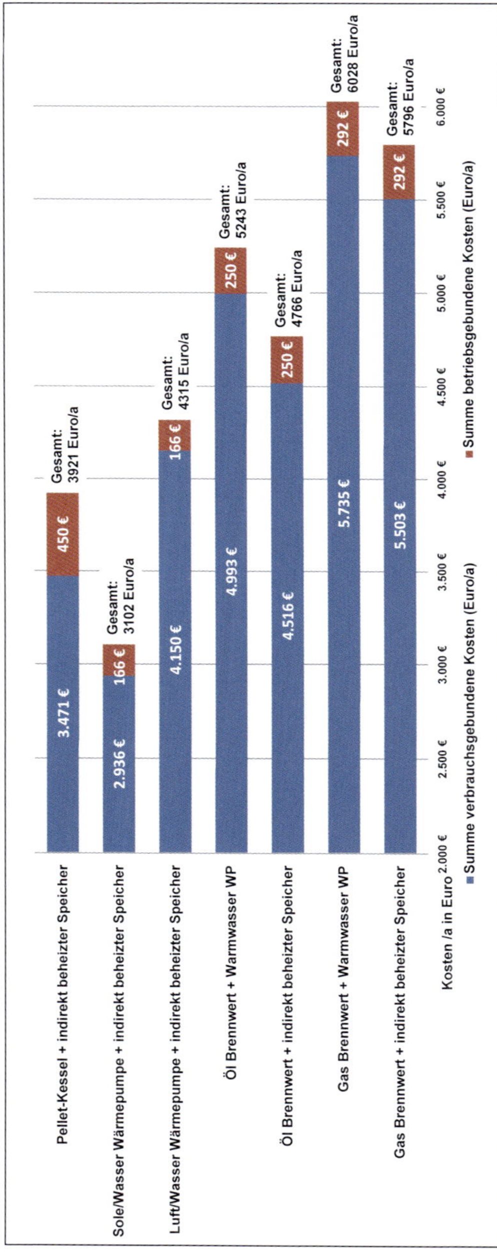

Abbildung 10.3: Vergleich der verbrauchs- und betriebsgebundenen Kosten von Heizsystemen in einem Bestandshaus Bj. 1985

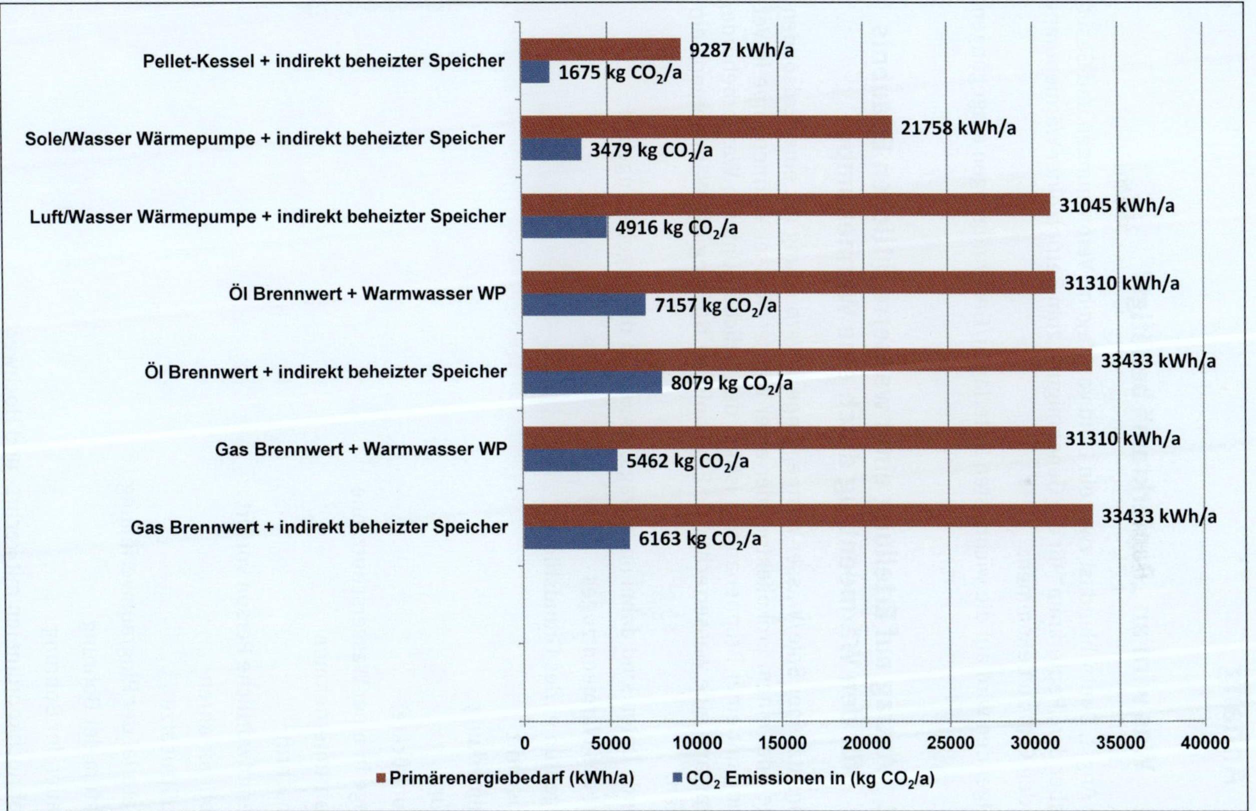

Abbildung 10.4: Ökologischer Vergleich von Heizsystemen in einem Bestandshaus Bj. 1985

11 Anhang

11.1 Was wird an „Papierkram“ benötigt?

Keine Angst, Deutschland ist zwar ein Land von Regeln, Verordnungen und Gesetzen, aber der „Papierkram“ für die Genehmigung zum Betrieb einer Wärmepumpe ist in den Griff zu bekommen.

Im Folgenden wird auf die wichtigsten Unterlagen/Genehmigungen eingegangen.

11.2 Antrag auf Erteilung einer wasserrechtlichen Erlaubnis für den Wärmeentzug durch eine Wärmepumpe

Bei Einsatz einer Sole/Wasser-Wärmepumpe in Verbindung mit einer Erdsondenanlage oder einem Erdkollektor oder einer Wasser/Wasser-Wärmepumpe in Verbindung mit einer Brunnenanlage ist bei der örtlichen Unteren Wasserbehörde/Landratsamt eine wasserrechtliche Erlaubnis zur Nutzung der Wärmepumpe einzuholen.

Folgende Daten sind dabei im Antragsformular in der Regel anzugeben:

- Art des Wärmeentzuges
- Eigentümer des Grundstückes
- Anschrift
- Gemarkung
- Flur
- Flurstück(e)
- Lage in einer Wasserschutzzone
- Bohrunternehmen
- Anschrift
- Verantwortliche Person vor Ort
- Bohrverfahren
- Spülzusätze
- Material der Ringraumverfüllung
- Datum der Bohrung
- Dauer der Bohrung
- Bohrlochkoordinaten mit Rechts- und Hochwert

- Erdsondentyp
- Material und Länge der Erdsonde
- Durchmesser und Wandstärke
- Anzahl der Erdsonden
- Nenn- und Betriebsdruck
- Wärmeträgermittel, Menge und Konzentration
- Sicherheitsvorkehrungen bei Leckagen
- Wärmepumpentyp
- Eingesetztes Kältemittel

Zusätzlich sind nachfolgende Unterlagen in der Regel mit einzureichen:

- Übersichtsplan im Maßstab 1 : 10.000 – 1 : 25.000
- Lageplan mit Lage der Bohrlöcher, Maßstab 1 : 500
- Technisches Datenblatt der Wärmepumpe
- Schichtenverzeichnis des Untergrundes mit Darstellung des Brunnens bzw. der Erdsonde
- Sicherheitsdatenblatt der Wärmeträgerflüssigkeit
- Hydraulikplan der kompletten Wärmepumpenanlage

In der Regel können die Hersteller der Wärmepumpe und der Bohrfachbetrieb die nötigen Angaben für den Antrag machen.

In Abbildung 11.1 ist exemplarisch ein Antrag für das Erstellen und Nutzen einer Erdsondenanlage dargestellt.

Name, Vorname (Antragsteller)
Max Mustermann
Straße
Musterstraße 20
PLZ/Ort Tel.
051212 Musterhausen

Umweltamt
Untere Wasserbehörde
Katharinenstr. 12
44122 Dortmund

Antrag auf Erteilung einer wasserrechtlichen Erlaubnis zur Gewässerbenutzung durch Wärmeentzug mittels einer Wärmepumpe

Für die nachfolgend bezeichnete Gewässerbenutzung beantrage ich eine wasserrechtliche Erlaubnis. Gesetzliche Grundlage hierfür sind §§ 2, 3, 7 des Gesetzes zur Ordnung des Wasserhaushaltes (WHG) in Verbindung mit § 24 des Wassergesetzes für das Land Nordrhein-Westfalen (LWG NRW) in der zur Zeit gültigen Fassung.

Allgemeine Daten

Art der Gewässerbenutzung:

☐ Wärmeentzug durch erdverlegte Rohrschlangen
✗ Wärmeentzug durch einen in den Grundwasserleiter eingebrachten Wärmetauscher/Erdsonde
☐ Wärmeentzug durch Erdpfähle

Grundstück, auf dem die Grundwasserbenutzung durchgeführt werden soll:

Eigentümer des Grundstücks: Max Mustermann

Anschrift: Musterstraße 20
051212 Musterhausen

Gemarkung:

Flur: 2

Flurstück(e): 1394

Zweck der Entnahme: Nutzung der Erdwärme mittels Wärmepumpe

Seite 1 von 5

Abbildung 11.1: Antrag auf wasserrechtliche Erlaubnis zur Gewässerbenutzung mittels Wärmepumpe

Angaben zur Bohrung der Erdsonden

Bohrunternehmer: Geothermische Bohrung Muster

Verantwortliche Person vor Ort: Manfred Muster

Anschrift: Eulenweg 2,

Telefon und E-Mail:

Welches Bohrverfahren wird gewählt: Imlochhammer Luft Hebeverfahren

Welche Spülungszusätze werden eingesetzt: (Sicherheitsdatenblatt ist beizufügen) nur Wasser

Bohrtiefe: 78 m

Bohrdurchmesser: 120 mm

Bohranzahl: 1

Ringraumverfüllung: (technisches Datenblatt des Bindemittels ist beizufügen) Dämmer/Quarzsand/Betonit Mischung

Geplanter Beginn der Bohrung: Mai 2006

Geplante Dauer der Bohrung: 2 Tage

Betriebszeit:

Derzeitige Nutzung des Geländes: Garten Rasenfläche

Bohrlochkoordinaten:

Flussgebietskennzahl:	Sonde 1:	Sonde 2: (Alternativ)
Rechtswert:	2598346	2598349
Hochwert:	5705082	5705076

Die Koordinaten sind für jedes einzelne Bohrloch anzugeben. (Toleranz +–5 m)

Seite 2 von 5

Erdsondenausbau

Erdsonde:	Doppel-U-Rohr-Sonde
Material der Erdsonde: (technisches Datenblatt ist beizufügen)	HD PE (Hochdichtes Polyethylen)
Außendurchmesser und Wandstärke:	32 × 2,9 mm, PE 100, PN 16, SDR 11
Länge der Erdsonde in [m]:	78 m
Nenndruck des Rohrmaterials in [bar]:	16 bar
Betriebsdruck im Sondenkreis in [bar]:	2,5 bar
Zum Einsatz kommendes Wärmträgermittel: (Sicherheitsdatenblatt ist beizufügen)	1.2-Polypropylenglygol mit Korrosionsinhibilatoren
Zu verwendende Konzentration in %: (Wärmeträgerflüssigkeit)	2 Teile Wasser/1 Teil Wärmeträger- Flüssigkeit Konzentrat
Geschätzte Wärmeentzugsleistung der Erdsonde beträgt in W/m :	50 W/m^2
Mengenangabe der Wärmeträgerflüssigkeit:	220 l

Sicherheitsvorkehrung im Sondenkreislauf:

a) geplante Sicherheitsvorkehrungen bei auftretenden Leckagen:	Auslösung des Niederdruckpressostat in der Wärmepumpe
b) Drucküberwachung:	
c) geschlossenes oder offenes System:	Geschlossenes System

Seite 3 von 5

Antragsunterlagen

Folgende Unterlagen einschließlich des Antrages sind in **3-facher** Ausfertigung beizufügen:

1. Übersichtsplan im Maßstab 1 : 10.000 bis 1 : 25.000 mit Kennzeichnung des Grundstückes (durch roten Kreis zu kennzeichnen) und Eintragung von Wasserschutzgebieten.

2. Amtlicher Lageplan im Maßstab 1 : 500 mit Nordpfeil und Eintragung der Lage des Bohrlochs, der Bohrlöcher bzw. des Bohrfeldes (Erdpfähle). Die Bohrlöcher (nur bei Sonde) sind als rote Kreise im Lageplan darzustellen. Darüber hinaus sind alle bekannt gewordenen Brunnen im Umkreis von hundert Meter einzutragen.

3. Angaben zur Wärmepumpe :
   - Hersteller, Typ, Installationsplan/Detailplan bzw hydraulisches Schaltschema,
   - Wärmebedarf des Wohnhauses, Wärmepumpenleistung, Leistungszahl, Wärmeträgerflüssigkeit,
   - u.U. technische Datenblätter des Herstellers.

4. Schichtenverzeichnis des Untergrundes nach DIN 4022 mit Darstellung des Brunnens bzw. des Bohrloches im Maßstab 1 : 100 bzw. 200.

5. Der Nachweis, dass der Ringraum komplett von unten bis oben Ringraum ist und komplett von unten nach oben über das gesamte Bohrloch verpresst wird.

6. Der Nachweis, dass die im Erdsondenkreislauf eingesetzte Wärmeträgerflüssigkeit der Wassergefährdungsklasse 1 (WGK) entspricht und eine nachteilige Beeinträchtigung des Grundwassers nicht zu besorgen ist.

7. Hydraulische Schaltplan der gesamten Wärmepumpenanlage (Wärmepumpe und Erdsonde).

8. Detailzeichnung der Sonde/Sondenfuß bzw. Erdpfähle mit Schnittdarstellung (vom Hersteller erhältlich),

9. Hydraulisches Schema des Wärmequellenmoduls (Sondenkreislaufes).

10. Die Nachforderung weiterer Antrags- und Planunterlagen bleibt ausdrücklich vorbehalten.

Seite 4 von 5

Hinweise

a) Dieser Antrag muss sämtliche Antragsmöglichkeiten abdecken. Daher sind Verständnisschwierigkeiten leider nicht gänzlich auszuschließen. Wir bieten daher an, den nötigen Inhalt und Umfang der Antragsunterlagen mit Ihnen abzustimmen. Setzen Sie sich hierzu am besten mit einem der u. g. Ansprechpartner in Verbindung.

b) Beim Bau der Anlage sind die Unfallverhütungsvorschriften einzuhalten.

c) Für das Bohrverfahren und die Anforderungen an Spülzusätze sind die Vorgaben des Deutschen Vereins des Gas- und Wasserfaches e. V. (DVGW) W 115 und W 116 zu beachten.

d) Das Schichtenverzeichnis ist nach Durchführung der Bohrung nachzureichen.

Information/ Service

Der Antrag ist in **dreifacher** Ausfertigung einzureichen bei der

Untere Wasserbehörde

Bei Rückfragen stehen folgende Ansprechpartner zur Verfügung:

Technische Betreuung

Verwaltungsverfahren

Für die Bearbeitung des wasserrechtlichen Erlaubnisantrages wird eine Verwaltungsgebühr gem. Verwaltungsgebührenordnung/-satzung erhoben.

Ich versichere hiermit die Richtigkeit der vorstehenden Angaben; ich bin mir bewusst, dass die Erlaubnis ganz oder teilweise widerrufen werden kann, wenn sie aufgrund von Nachweisen, die in wesentlichen Punkten unrichtig oder unvollständig waren, erteilt worden ist.

____________________ Datum

____________________ Unterschrift des Antragsstellers

Seite 5 von 5

11.3 Was muss ein Angebot für eine Erdsondenanlage enthalten?

Neben der Genehmigung einer Erdsonden-/Brunnenanlage kommt der Wahl eines Bohrfachbetriebes eine wichtige Rolle zu.

Beim Vergleich von Angeboten ist es hierbei wichtig, nicht „Äpfel mit Birnen" zu vergleichen, d. h. nur bei gleichem Leistungsumfang sind Angebote vergleichbar. Unterschiede sind hier häufig die Erdarbeiten, die Anbindeleitung zum Verteiler/ Sammler, die Kernbohrung in den Aufstellraum und das Befüllen der Erdsondenanlage, die dann im einen Angebot mit aufgeführt sind, im anderen jedoch nicht.

Ferner sind die Arbeitsweise und die Erfahrung eines Bohrfachbetriebes wichtig für die normgerechte Erstellung einer Erdsondenanlage. Der Betrieb sollte nach VDI 4640 arbeiten und idealerweise das DVGW-Arbeitsblatt W 120 (Qualifikationskriterien für Bohr- und Brunnenbau) und das **DACH**-Gütesiegel (Qualitätskriterium für Erdsondenanlagen) besitzen.

Im nachfolgenden Angebot ist exemplarisch für eine 6-kW-Wärmepumpe ein Angebot erstellt worden (Abbildung 11.2).

Erdsondenbohrungen Schulz GmbH, Musterstr. 88, 08150 Musterstadt

Herr Manfred Muster
Dahlienweg 25
55555 Bad Muster

Erdsondenbohrungen Schulz GmbH
Tel: xxxx/xxxxxx
Fax: xxxx/xxxxxx

Spez. Entzugsleistung	**55 W/m**
WP Betriebszeiten n. VDI 2067 T 2	**2400 h**

max. Heizleistung d.Gebäudes	**6,8 kW**
Heizleistung der WP(B0/W35)* =	**5,9 kW***
Leistungsaufnahme =	**1,4 kW**
Kälteleistung =	**4,5 kW**
Gesamtbohrtiefe =	**82 m**

Pos.	Beschreibung	Menge	Einheit	Einzelpreis (Euro)	Gesamtpreis (Euro)	
1	**Antrag wasserrechtliche Erlaubnis**	1	Stück	165	165	
	Erstellen und einreichen des Antrages auf Erteilung einer wasserrechtlichen Erlaubnis bei der zuständigen unteren Wasserbehörde					
2	**An- und Abfahrt**	1		in Pos. 5		
	Zusammenstellen der Gerätschaften / Bohrgerät					
	An - und Abtransport der Gerätschaften / Bohrgerät und Personal					
3	**Einrichten Bohrplatz**	1		in Pos. 5		
	Einrichten des Bohrplatzes					
	Auf und Abbau des Bohrgerätes					
	Installation eines Spülwannensystemes					
	Versetzen des Bohrgerätes von Bohrpunkt zu Bohrpunkt					
4	**Bohren**			in Pos. 5		
	Abteufen der Erdwärmebohrung in Bodenklasse 1- 5 (Lockergestein)					
	Zulage bei Abteufen der Erdwärmebohrung in Bodenklasse 6 - 7					
	Setzen und Ziehen einer Hilfsverrohrung bei nicht standfesten Gebirge					
5	**Setzen der Sonde**	82	m	40	3273	
	liefern und einbauen einer Doppel U Rohr Erdwärmesonde HDPE			in Pos. 5		
	32 x 2,9, PE 100, PN 16, SDR 11 incl. Sondenkopf und Verpressschlauch ab Werk konfektioniert incl. Zertifikat nach DIN					
6	**Verfüllen**	82	m	7	573	
	Verfüllen des Ringspaltes mit einer Suspension mit erhöhter Wärmeleitfähigkeit			in Pos. 6		
	(Betonit, Dämmer oder gleichwertig) nach Auflage der unteren Wasserbehörde					
	Erstellen eines Verfüllprotokolls			in Pos. 6		
	Druckprüfung der Sonde Gemäß VDI 4640			in Pos. 6		
	Füllen der Sonde und Durchflussmessung			in Pos. 6		
7	**Anschluss / Installation Sondenanlage**				1460	
	Verlängern der Sondenanschlüsse bis zum Verteiler/Sammler mit HDPE 32 x 2,9 Rohr mit PE Muffenschweissung **bis 10 m** im Graben incl. aller Schweiss- und Formstücke	1	Stück	375	375	
	Verlängern der Sondenanschlüsse bis zum Verteiler/Sammler mit HDPE 32 x 2,9 Rohr mit PE Muffenschweissung **bis 15 m** im Graben incl. aller Schweiss- und Formstücke			A		
	Verlängern der Sondenanschlüsse bis zum Verteiler/Sammler mit HDPE 32 x 2,9 Rohr mit PE Muffenschweissung **bis 20 m** im Graben incl. aller Schweiss- und Formstücke			A		
	Erstellung eines Graben von der Sonde bis zum Verteiler/Sammler 1,2 m tief			in 7		
	Einsanden der Rohrleitungen und verfüllen/verdichten des Rohrgraben			in 7		
	Lieferung und Installation einer Verteiler/Sammleranlage mit Absperrorganen und Durchflussmengenbegrenzer	2	Stück	150	300	2-fach Verteiler
	Lieferung und Installation eines Verteiler/Sammler Schachtes zur Aufnahme der Verteiler/Sammler Anlage incl. Zubehör	1	Stück	450	450	
	Erstellung einer Kernbohrung mit einem Durchmesser von 100 mm	2	Stück	62,5	125	
	Liefern und Installation von Vorlauf und Rücklauf Sole in den Kelleraufstellraum in HDPE 40 x 3,7 mm, PE 100, PN 16, SDR 11 incl. Absperrorgane			in 7		
	Abdichtung der Durchführungen mittels kälteunempfindlicher Rohrdurchführung	2	Stück	105	210	
	Liefern und Installation einer diffusionsdichten Isolierung der Soleleitungen im Bereich der Kellerwand und bei Kreuzungen von Wasser/Abwasserleitungen			in 7		
8	**Befüllen der Erdsondenanlage**			in 7		
	Liefern und Befüllen der Erdsondenanlage mit Wärmeträgerflüssigkeit; Frostsicherheit -15°C					
	Spülen und entlüften der Erdsondenanlage					
	Übergabe des Protokolls der Druckprüfung					
9	**Dokumentation**	1	Stück	70	70	
	Übergabe folgender Dokumentation: - Schichtenverzeichnis und Ausbauzeichnung - Protokoll Verfüllen/Verpressen des Ringspaltes - Prüfdruckprotokoll - Lageplan der Erdsondenbohrung und der Leitung zum Verteiler/Sammler - Abnahmeprotokoll					
	Summe				5540	Euro
	Summe incl. MwSt.				6427	Euro

* --> B0/W35 mit delta T 5 K nach EN 14511

Abbildung 11.2: Angebot einer Erdsondenanlage

11.4 Sicherheitsdatenblätter

Sicherheitsdatenblätter sind Sicherheitshinweise für den Umgang mit gefährlichen Substanzen. In Europa müssen solche Datenblätter vom Inverkehrbringer oder Hersteller des Stoffes zur Verfügung gestellt werden.

Die Unteren Wasserbehörden können die Sicherheitsdatenblätter der Soleflüssigkeit und des Kältemittels verlangen. Die Hersteller von Wärmepumpen stellen diese Unterlagen gewöhnlich in ihren Planungsunterlagen zur Verfügung.

11.5 Konformitätserklärungen

Die Konformitätserklärung ist die schriftliche Bestätigung, mit der der Hersteller für sein Produkt verbindlich erklärt, dass das Produkt die auf der Erklärung spezifizierten Eigenschaften erbringt. Kurzgefasst ist die Konformitätserklärung die Auflistung der Normen, denen das Produkt entsprechen muss. Darüber hinaus muss ein Hersteller, der ein Produkt in der Europäischen Union einführt, nach der entsprechenden europäischen Richtlinie das Produkt herstellen.

11.6 Beantragung von Fördergeldern

In Deutschland existieren eine Vielzahl von Förderprogrammen – auch für Wärmepumpen. Im weiteren Verlauf wird nur auf die Bundesförderung für effiziente Gebäude (BEG) eingegangen.

Ab 2021 bündelt die Bundesregierung die Förderprogramme für energetische Sanierungen – darunter das CO_2-Gebäudesanierungsprogramm, das Marktanreizprogramm zur Nutzung erneuerbarer Energien im Wärmemarkt (MAP) und das Programm für energieoptimierte Neubauten von Wohn- und Nichtwohngebäuden in die *Bundesförderung für effiziente Gebäude (BEG)*. Die BEG strukturiert sich dabei in drei Bereiche:

- Bundesförderung für effiziente Gebäude – Wohngebäude (BEG WG)
- Bundesförderung für effiziente Gebäude – Nichtwohngebäude (BEG NWG)
- Bundesförderung für effiziente Gebäude – Einzelmaßnahmen (BEG EM)

Seit 2021 können Zuschüsse für die BEG-Einzelmaßnahmen beim BAFA beantragt werden. Mit der Förderung nach BEG wurden auch die Anforderung für Wärmepumpen geändert. Dabei müssen Wärmepumpen nun Anforderungen nach jahreszeitbedingter Raumheizungs-Energieeffizienz η_s (= ETAs) gemäß Öko-Design-Richtlinie erfüllen. Der ETAs löst damit die Jahresarbeitszahl (JAZ) als Kriterium zur Förderbewilligung ab. Wärmepumpen können gefördert werden, wenn eine Prüfung nach EN 14511/EN 14825 oder eine Zertifizierung nach einem etablierten europäischen Baureihenreglement, z. B. EHPA, HP Keymark, EUROVENT, MCS oder NF Pac, vorhanden ist.

Folgende Raumheizungs-Energieeffizienz ηs müssen bei mittlerem Klima und einer Vorlauftemperatur von 35 °C und 55 °C erreicht werden:

- Wärmequelle Luft: 135 %, 120 %
- Wärmequelle Erdwärme: 150 %, 135 %
- Wärmequelle Wasser: 150 %, 135 %
- Sonstige Wärmequellen (z. B. Abwärme, Solarwärme): 150 %, 135 %

Für die Antragstellung sollten Kostenvoranschläge für die Leistungen, die gefördert werden sollen, vorliegen. Diese müssen nicht bei der Antragstellung zur Verfügung stehen. Die Summe der im Antrag angegebenen Kosten ist Grundlage für die Zuwendungsentscheidung. Für Wärmepumpen beträgt die Zuwendung 35 %.

Der Antrag muss elektronisch unter www.bafa.de erfolgen. Wichtig ist, dass der Antrag vor Vorhabenbeginn gestellt werden muss.

Viele Hersteller erfüllen o. g. Effizienzanforderungen und sind demzufolge in der Liste der förderfähigen Wärmepumpen aufgeführt. Vor der Auftragserteilung sollte geprüft werden, ob die betreffende Wärmepumpe in der Liste aufgeführt ist. Auch die Liste der förderfähigen Wärmepumpen ist unter www.bafa.de abgelegt.

Wärmepumpen, die nicht auf der Liste verzeichnet sind, sind förderfähig, wenn sie ebenfalls die technischen Mindestanforderungen der Richtlinie erfüllen.

12 Abbildungs- und Tabellenverzeichnis

Abbildung	Beschreibung der Abbildung	Quelle/Nutzungsrechte	Urheber
Abb. 1.1	Globale CO_2-Emissionen 2019		Daten: Bundesministerium für Wirtschaft und Umweltschutz/BP Statistical Review of World Energy 2020
Abb. 1.2	Bruttobeschäftigung 2000 bis 2019 im Sektor erneuerbare Energien in Deutschland		Daten: GWS RESEARCH REPORT 2018/02; WWW.GWS-OS.COM
Abb. 1.3	Aufteilung der Beschäftigten in die Tätigkeitsfelder Windkraft, PV/Solar, Bioenergie, Wasserkraft, Geothermie in Deutschland, 2019		Daten: Bundesministerium für Wirtschaft und Energie/DIW/DLR/GWS 2021
Abb. 1.4	Das Wachstum der Branche „Erneuerbare Energien" und damit der Gewinn von Arbeitsplätzen in Deutschland		Daten: Statistik der Kohlewirtschaft e.V./Bundesministerium für Wirtschaft und Energie/DIW/DLR/GWS 2021 Beuth Verlag GmbH, Berlin
Abb. 2.1	Statische Reichweite bei gegenwärtiger Förderung in Jahren; Stand 04/05		Daten: Bundesministerium für Wirtschaft und Technik
Abb. 2.2	Stromerzeugung nach Energieträgern in Deutschland im Jahr 2021		Daten: Statistisches Bundesamt, Arbeitsgemeinschaft Energiebilanzen (AGEB)
Abb. 2.3	Struktur der zentralen Wärmeerzeuger in Deutschland im Jahr 2020		Daten: Erhebung des Schornsteinfegerhandwerkes für 2020, BDH Schätzungen
Abb. 2.4	Energieverbrauch in privaten Haushalten in Deutschland im Jahr 2018		Daten: Umweltbundesamt
Abb. 2.5	Preisentwicklung in privaten Haushalten von 2015 bis 2022 (Preisveränderungen in %)		Daten: Statistisches Bundesamt, Preise auf einen Blick, 2022

Abbildung	Beschreibung der Abbildung	Quelle/Nutzungsrechte	Urheber
Abb. 2.6	Darstellung einer Prozesskette am Beispiel von Plastik		Daten: GEMIS (Globales Emissions-Modell integrierter Systeme)
Abb. 2.7	CO_2-Ausstoß von Strombereitstellungssystemen		Daten: GEMIS 3.1
Abb. 2.8	Darstellung der Treibhausgase als CO_2-Äquivalenzen verschiedener Stromerzeugungssysteme		Daten: Öko Institut e. V., Darmstadt
Abb. 2.9	Etikett/Label Wärmepumpe als Raumheizgerät		Delegierte Verordnung (EU) Nr. 811/2013 der Kommission vom 18. Februar 2013
Abb. 2.10	Etikett/Label Warmwasserbereiter mit Wärmepumpe		Delegierte Verordnung (EU) Nr. 812/2013 der Kommission vom 18. Februar 2013
Abb. 2.11	Übersicht der Effizienzklassen für Raumheizgeräte mit Heizkessel oder mit Wärmepumpe oder mit Kraft-Wärme-Kopplung im Vergleich zu Raumheizgeräten mit Niedertemperatur-Wärmepumpen		Daten: Delegierte Verordnung (EU) Nr. 811/2013 der Kommission vom 18. Februar 2013
Abb. 2.12	Bewertungsstrahl des Energieausweises		Deutsche Energie Agentur (dena)
Abb. 2.13	Energiepreise für Heizöl, Gas und Strom in Deutschland		Daten: Statistisches Bundesamt/Destatis 2022
Abb. 2.14	Energiepreise für Superbenzin und Diesel in Deutschland		Daten: ADAC; www.adac.de/verkehr/tanken-kraftstoff-antrieb/deutschland/kraftstoffpreisentwicklung/
Abb. 2.15	Kostenanteile für Haushaltsstrom (4-Personen-Haushalt, 3500 kWh/a) von 2007–2017		BDEW
Abb. 3.1	Funktionsweise der Wärmepumpe am Beispiel Kühlschrank		Beuth Verlag GmbH, Berlin

Abbildung	Beschreibung der Abbildung	Quelle/Nutzungsrechte	Urheber
Abb. 3.2	Funktionsweise der Wärmepumpe am Beispiel einer Fahrradpumpe		Stefan Sobotta
Abb. 3.3	Kältekreislauf einer Sole/Wasser-Wärmepumpe		Beuth Verlag GmbH, Berlin
Abb. 3.4	Kältekreislauf einer Luft/Wasser-Wärmepumpe	Stefan Sobotta	Vaillant Deutschland GmbH & Co KG
Abb. 3.5	Darstellung eines Kältemittels im lg-p-h-Diagramm		Stefan Sobotta
Abb. 3.6	T-S-Diagramm des Carnot-Prozesses	Stefan Sobotta	Vaillant Deutschland GmbH & Co KG
Abb. 3.7	Aggregatzustandsänderungen von Wasser und Propan im Temperatur-Enthalpie-Diagramm bei 1 bar		Stefan Sobotta
Abb. 3.8	Beschränkung von HFKW- Gasen (phase down) nach der F-Gase-Verordnung EU 517/2014		F-Gase Verordnung EU 517/2014
Abb. 3.9	Unterscheidung von Wärmepumpen nach Wärmequelle und Wärmenutzung	Stefan Sobotta	Vaillant Deutschland GmbH & Co KG
Abb. 3.10	Bezeichnung der Medien Wärmequelle und Wärmenutzung und deren Temperaturwerte		Stefan Sobotta
Abb. 3.11	Gegenstromprinzip bei Wärmetauschern		Stefan Sobotta
Abb. 3.12	Klassisch aufgebauter gelöteter Plattenwärmetauscher (BPHE, Brazed Plate Heat Exchanger, oben) und der asymmetrische Plattenwärmetauscher AsyMatrix (unten) von der Fa. SWEP		SWEP International AB, Landskrona, Sweden
Abb. 3.13	Prägung einer Edelstahlplatte im traditionellen Fischgräten-Muster (links) und der MicroPlate-Plattenwärmeübertrager von Danfoss		Danfoss
Abb. 3.14	Schnitt des Verdampfers als Plattenwärmetauscher	Stefan Sobotta	Vaillant Deutschland GmbH & Co KG
Abb. 3.15	Edelstahl-Plattenwärmetauscher	Stefan Sobotta	Vaillant Deutschland GmbH & Co KG

Abbildung	Beschreibung der Abbildung	Quelle/Nutzungsrechte	Urheber
Abb. 3.16	Kältekreis mit Enthitzung im lg-p-h-Diagramm		Stefan Sobotta
Abb. 3.17	Kältekreis mit Unterkühlung im lg-p-h-Diagramm		Stefan Sobotta
Abb. 3.18	Ablauf eines Hubkolbenkompressors		Beuth Verlag GmbH, Berlin
Abb. 3.19	Drehfeldmessgerät		Conrad Electric GmbH Co. OHG
Abb. 3.20	Überprüfung des Drehfeldes mittels Handauflegens an Druck- und Saugleitung	Stefan Sobotta	Vaillant Deutschland GmbH & Co KG
Abb. 3.21	Schnitt durch einen Scrollkompressor	Stefan Sobotta	Vaillant Deutschland GmbH & Co KG
Abb. 3.22	Innerer Aufbau eines Scrollkompressors	Stefan Sobotta	Vaillant Deutschland GmbH & Co KG
Abb. 3.23	Rollkolbenkompressor im Größenvergleich zum Doppelrollkolbenkompressor und Doppelrollkolbenkompressor mit Inverter	Stefan Sobotta	Mitsubishi Electric
Abb. 3.24	Innerer Aufbau Rollkolbenkompressor und Doppelrollkolbenkompressor		Stefan Sobotta
Abb. 3.25	Schnitt durch einen Rollkolbenkompressor	Stefan Sobotta	Vaillant Deutschland GmbH & Co KG
Abb. 3.26	Baugruppen des ölfreien Turboverdichters Turbocor		
Abb. 3.27	Funktionsschema eines thermostatischen Expansionsventils	Stefan Sobotta	Vaillant Deutschland GmbH & Co KG
Abb. 3.28	Bild und Funktionsschema eines elektronischen Expansionsventils	Stefan Sobotta	Vaillant Deutschland GmbH & Co KG
Abb. 3.29	Überhitzungsregelung mit einem thermostatischen Expansionsventil und einem elektronischen Expansionsventil	Stefan Sobotta	Vaillant Deutschland GmbH & Co KG
Abb. 3.30	Pressostat	Stefan Sobotta	Vaillant Deutschland GmbH & Co KG
Abb. 3.31	Schnitt durch eine Trocknerpatrone mit Eingangssieb und Trocknungsmittel	Stefan Sobotta	Vaillant Deutschland GmbH & Co KG

Abbildung	Beschreibung der Abbildung	Quelle/Nutzungsrechte	Urheber
Abb. 3.50	Kältekreislauf mit zusätzlichem Enthitzer		Stefan Sobotta
Abb. 3.51	Kältekreislauf mit internem Überhitzer/Unterkühler		Stefan Sobotta
Abb. 3.52	Economizer-Schaltung		Stefan Sobotta
Abb. 3.53	Kältekreislauf mit Flash-Gas-Einspritzung von Mitsubishi		Stefan Sobotta
Abb. 3.54	Zweistufiger Kältekreislauf		Stefan Sobotta
Abb. 3.55	Reversibler Kältekreislauf – Betrieb Kühlung		Stefan Sobotta
Abb. 3.56	Reversibler Kältekreislauf – Betrieb Heizen		Stefan Sobotta
Abb. 3.57	Monovalente Betriebsweise	Stefan Sobotta	Vaillant Deutschland GmbH & Co KG
Abb. 3.58	Monoenergetische Betriebsweise	Stefan Sobotta	Vaillant Deutschland GmbH & Co KG
Abb. 3.59	Bivalente alternative Betriebsweise	Stefan Sobotta	Vaillant Deutschland GmbH & Co KG
Abb. 3.60	Bivalente parallele Betriebsweise	Stefan Sobotta	Vaillant Deutschland GmbH & Co KG
Abb. 4.1	Komponenten einer Wärmepumpenanlage (WPA)	Stefan Sobotta	Vaillant Deutschland GmbH & Co KG
Abb. 4.2	Planungsablauf von Sole/Wasser- und Wasser/Wasser-Wärmepumpenanlagen		Stefan Sobotta
Abb. 4.3	Planungsablauf von Luft/Wasser-Wärmepumpenanlagen		Stefan Sobotta
Abb. 4.4	Schnittdarstellung eines Speichers mit innen liegendem, groß dimensioniertem Wärmetauscher		Beuth Verlag GmbH, Berlin
Abb. 4.5	Schnittdarstellung eines Doppelmantelspeichers in Kombination mit einer Wärmepumpe		Beuth Verlag GmbH, Berlin
Abb. 4.6	Schnittdarstellung eines Multifunktionsspeichers mit Solarwärmetauscher		Beuth Verlag GmbH, Berlin

Abbildung	Beschreibung der Abbildung	Quelle/Nutzungsrechte	Urheber
Abb. 4.25	Verlegung eines Erdkollektors	Stefan Sobotta	Vaillant Deutschland GmbH & Co KG
Abb. 4.26	Formblatt zur Dimensionierung eines Erdkollektors		Stefan Sobotta
Abb. 4.27	Schema eines Kompaktkollektors	Stefan Sobotta	Vaillant Deutschland GmbH & Co KG
Abb. 4.28	Verlegung der Kollektormatten		Stefan Sobotta
Abb. 4.29	Detailansicht der Verteiler/Sammler-Kombination		Stefan Sobotta
Abb. 4.30 und Abb. 4.31	Anschluss einer Kollektormatte mittels Muffenschweißverfahren		Stefan Sobotta
Abb. 4.32	Anschlussschemata für die Anbindung der Kollektoren	Stefan Sobotta	Vaillant Deutschland GmbH & Co KG
Abb. 4.33	Schema einer Grundwasser-Brunnenanlage	Stefan Sobotta	Vaillant Deutschland GmbH & Co KG
Abb. 4.34	Schnitt durch eine Tauchpumpe	Stefan Sobotta	Vaillant Deutschland GmbH & Co KG
Abb. 4.35	Formblatt zur Dimensionierung einer Wasser/Wasser-Wärmequelle		Stefan Sobotta
Abb. 4.36	Schema einer Grundwasseranlage mit Zwischenwärmetauscher und Sole/Wasser-Wärmepumpe	Stefan Sobotta	Vaillant Deutschland GmbH & Co KG
Abb. 4.37	Schema Luft/Wasser-Wärmepumpe als Innenaufstellung	Stefan Sobotta	Vaillant Deutschland GmbH & Co KG
Abb. 4.38	Schema Luft/Wasser-Wärmepumpe als Außenaufstellung	Stefan Sobotta	Vaillant Deutschland GmbH & Co KG
Abb. 4.39	Beispiel einer Luft/Wasser-Wärmepumpe als Innenaufstellung	Stefan Sobotta	Vaillant Deutschland GmbH & Co KG
Abb. 4.40	Hörbereich des Menschen		Wikipedia
Abb. 4.41	A Schallquelle Wärmepumpe = Emissionsort; B Ort der Schalleinstrahlung = Immissionsort		Stefan Sobotta
Abb. 4.42	Bewertungsfilter A, B, C und D		Wikipedia

Abbildung	Beschreibung der Abbildung	Quelle/Nutzungsrechte	Urheber
Abb. 4.43	Körperschall ① und Luftschall ② am Beispiel eines Hammerschlages		Stefan Sobotta
Abb. 4.44	A-bewertetes Frequenzspektrum einer Luft/Wasser-Wärmepumpe im Betrieb		AIT/Wien
Abb. 4.45	Zuschläge für den Schalldruckpegel in Abhängigkeit von der Aufstellsituation		BWP e. V./Berlin
Abb. 4.46	Verhältnis Wärmebedarf Gebäude zur Heizleistung der Luft/Wasser-Wärmepumpe	Stefan Sobotta	Vaillant Deutschland GmbH & Co KG
Abb. 4.47	Beispielhafte Ermittlung des Bivalenzpunktes anhand von zwei Wärmepumpen	Stefan Sobotta	Vaillant Deutschland GmbH & Co KG
Abb. 4.48	Projektbogen für Luft/Wasser-Wärmepumpen		Stefan Sobotta
Abb. 4.49	Darstellung des Temperaturhubs der Wärmequellen	Stefan Sobotta	Vaillant Deutschland GmbH & Co KG
Abb. 4.50	Fertig verlegte Fußbodenheizung vor der Einbringung des Estrichs	Stefan Sobotta	Vaillant Deutschland GmbH & Co KG
Abb. 4.51	Strangregulierventil zum hydraulischen Abgleich von Heizkreisen		Stefan Sobotta
Abb. 4.52	Einbindung eines Pufferspeichers als Trennspeicher	Stefan Sobotta	Vaillant Deutschland GmbH & Co KG
Abb. 4.53	Einbindung eines Pufferspeichers als Reihenspeicher	Stefan Sobotta	Vaillant Deutschland GmbH & Co KG
Abb. 4.54	Schnitt einer hydraulischen Weiche		Stefan Sobotta
Abb. 4.55	Beispiel 1	Stefan Sobotta	Vaillant Deutschland GmbH & Co KG
Abb. 4.56	Beispiel 2	Stefan Sobotta	Vaillant Deutschland GmbH & Co KG
Abb. 4.57	Beispiel 3	Stefan Sobotta	Vaillant Deutschland GmbH & Co KG
Abb. 4.58	Beispiel 4	Stefan Sobotta	Vaillant Deutschland GmbH & Co KG
Abb. 4.59	Beispiel 5	Stefan Sobotta	Vaillant Deutschland GmbH & Co KG

Abbildung	Beschreibung der Abbildung	Quelle/Nutzungsrechte	Urheber
Abb. 4.60	Beispiel 6	Stefan Sobotta	Vaillant Deutschland GmbH & Co KG
Abb. 4.61	Beispiel 7	Stefan Sobotta	Vaillant Deutschland GmbH & Co KG
Abb. 5.1	Rohrdurchführung der Wärmequelle und Aufstellungsraum der Sole/Wasser-Wärmepumpe	Stefan Sobotta	Vaillant Deutschland GmbH & Co KG
Abb. 5.2	Schacht für Verteiler/Sammler der Erdsondenanlage		Stefan Sobotta
Abb. 5.3	Verteiler/Sammler einer einfachen Erdsondenanlage mit Doppel-U-Rohr		Stefan Sobotta
Abb. 5.4	Erstellung einer Kernbohrung		Stefan Sobotta
Abb. 5.5	Kernbohrung kurz vor dem Durchbruch		Stefan Sobotta
Abb. 5.6	Rohrdurchführungen für Vorlauf/Rücklauf	Stefan Sobotta	Doyma GmbH & Co
Abb. 5.7	Schematische Einbausituation einer Rohrdurchführung	Stefan Sobotta	Doyma GmbH & Co
Abb. 5.8	Kernbohrung mit diffusionsdicht isolierter Soleleitung		Stefan Sobotta
Abb. 5.9	Diffusionsdicht isolierte Soleleitung nach Einschäumung mittels Brunnenschaum		Stefan Sobotta
Abb. 5.10	Schnitt einer diffusionsdichten Dämmung mit äußerer und innerer Klebeperforation		Stefan Sobotta
Abb. 5.11	Verschweißen der Übergangsstücke von PE-Rohr auf Kupfer		Stefan Sobotta
Abb. 5.12	Fertig installierte Verteiler/Sammler, Durchführung von Vorlauf/Rücklauf-Sole in den Keller mit diffusionsdichter Isolierung und Verfüllung des Ringspaltes in der Kernbohrung mit Brunnenschaum		Stefan Sobotta
Abb. 5.13	Maßskizze eines Soleausgleichsbehälters	Stefan Sobotta	Vaillant Deutschland GmbH & Co KG

Abbildung	Beschreibung der Abbildung	Quelle/Nutzungsrechte	Urheber
Abb. 5.14	Soleausgleichsbehälter mit Sicherheitsventil und Befestigungsschelle		Stefan Sobotta
Abb. 5.15	Installation des Soleausgleichsbehälters		Stefan Sobotta
Abb. 5.16	Installierter Soleausgleichsbehälter, Druckmanometer, Volumenmesser (optional), Füll- und Entleerungshähne, Absperrventile		Stefan Sobotta
Abb. 5.17	Aufstellen der Wärmepumpe und des Speichers		Stefan Sobotta
Abb. 5.18	Installation der Rohrgruppen für den Fußbodenkreis, den Radiatorkreis und die hydraulische Weiche		Stefan Sobotta
Abb. 5.19	Installation des Membran-Ausdehnungsgefäßes (MAG)		Stefan Sobotta
Abb. 5.20	Installation des Sicherheitscenters (Warmwasser-Ausdehnungsgefäß, Sicherheitsventil, Rückflussverhinderer, Absperreinrichtung)		Stefan Sobotta
Abb. 5.21	Installation eines Zählerplatzes mit Zweitarifzähler, Hauptsicherung, FI-Schutzschalter, Automatensicherungen und Rundsteuerempfänger		Stefan Sobotta
Abb. 5.22	Verlegung der Zuleitungen vom Zähler zur Wärmepumpe		Stefan Sobotta
Abb. 5.23	Elektrische Leitungen für den Betrieb einer Wärmepumpe	Stefan Sobotta	Vaillant Deutschland GmbH & Co KG
Abb. 5.24	Elektrischer Anschluss der Wärmepumpe		Stefan Sobotta
Abb. 5.25	Installation von Fühlern mithilfe eines Stecksystems (hier System pro-E von Vaillant)		Stefan Sobotta
Abb. 5.26	Mischen von Wasser und Wärmeträgerflüssigkeit (hier mit einer Kinderschaufel)		Stefan Sobotta
Abb. 5.27	Messen der Frostgrenze mithilfe eines Refraktometers		Stefan Sobotta

Abbildung	Beschreibung der Abbildung	Quelle/Nutzungsrechte	Urheber
Abb. 5.28	Refraktometer zur genauen Bestimmung der Frostschutzgrenze mit Okular, Prisma mit Abdeckplatte und Korrekturschraube		Stefan Sobotta
Abb. 5.29	Leistungsstarke Befüllpumpe	Stefan Sobotta	Vaillant Deutschland GmbH & Co KG
Abb. 5.30	Anordnung zum Befüllen des Solekreislaufes	Stefan Sobotta	Vaillant Deutschland GmbH & Co KG
Abb. 5.31	Verlegung eines Fußbodenkreises	Stefan Sobotta	Vaillant Deutschland GmbH & Co KG
Abb. 5.32	Anschluss des Fußbodenkreises	Stefan Sobotta	Vaillant Deutschland GmbH & Co KG
Abb. 5.33	Fertig verlegter Fußbodenkreis	Stefan Sobotta	Vaillant Deutschland GmbH & Co KG
Abb. 5.34	Einweisung des Endkunden in die Bedienung der Wärmepumpe	Stefan Sobotta	Vaillant Deutschland GmbH & Co KG
Abb. 5.35	Installierte Wärmepumpe mit witterungsgeführtem Regler		Stefan Sobotta
Abb. 5.36	Fertig installierte Wärmepumpenanlage		Stefan Sobotta
Abb. 6.1	Messung der Betriebsspannung		Stefan Sobotta
Abb. 6.2	Überprüfung des Anlaufstromes am Kontakt L1 des Schützes Kompressor		Stefan Sobotta
Abb. 6.3	Überprüfung des Kältekreislaufes mit elektronischen Lecksuchgeräten		Stefan Sobotta
Abb. 6.4	Messtechnische Überprüfung des Kältekreislaufes		Stefan Sobotta
Abb. 6.5	Unterschiedliche Verdampfungsprozesse im Verdampfer eines Kältekreislaufes		Stefan Sobotta
Abb. 6.6	Abdeckschraube (versiegelt mit Siegellack) mit einem Inbus-Schlüssel lösen und entfernen		Stefan Sobotta
Abb. 6.7	Veränderung der Spindeleinstellung durch Drehen mittels eines Inbus-Schlüssels		Stefan Sobotta
Abb. 6.8	Evakuieren von Kältekreisläufen		Stefan Sobotta

Abbildung	Beschreibung der Abbildung	Quelle/Nutzungsrechte	Urheber
Abb. 6.9	Füllen von Kältekreisläufen		Stefan Sobotta
Abb. 6.10	Rückgewinnung von Kältemittel		Stefan Sobotta
Abb. 6.11	Klassische Monteurshilfe Apex 8 von Refco	Stefan Sobotta	REFCO Manufacturing Ltd.
Abb. 6.12	Elektronische Monteurshilfe Testo 550-2	Stefan Sobotta	testo AG
Abb. 6.13	Zweikanal-Temperaturmessgerät Testo 922	Stefan Sobotta	testo AG
Abb. 6.14	Elektronische, akkubetriebene Waage REF-Meter-Octa	Stefan Sobotta	REFCO Manufacturing Ltd.
Abb. 6.15	Zweipoliges Spannungsmessgerät		Stefan Sobotta
Abb. 6.16	Vielfachmessgerät für Spannungs-, Strom- und Widerstandsmessung Refco X 475	Stefan Sobotta	REFCO Manufacturing Ltd.
Abb. 6.27	Zangenamperemeter zur Erfassung der Stromstärke	Stefan Sobotta	REFCO Manufacturing Ltd.
Abb. 6.18	Vakuummeter mit eingebautem Sicherheitsventil, justierbar	Stefan Sobotta	REFCO Manufacturing Ltd.
Abb. 6.19	Elektronischer Vakuumtester Refco DV 150	Stefan Sobotta	REFCO Manufacturing Ltd.
Abb. 6.20	Elektronisches Lecksuchgerät von Refco	Stefan Sobotta	REFCO Manufacturing Ltd.
Abb. 6.21	Handrefraktometer		Stefan Sobotta
Abb. 6.22	Okular eines Handrefraktometers mit Propylenglykol-, Ethylenglykol-, Batteriesäure- und ND (Brechzahl oder Brechungsindex)-Skalierung		
Abb. 6.23	Digitales Handrefraktometer		Gerät: Mettler Toledo
Abb. 6.24	Anzeige des Frostschutzes von -7,5 °C bei einem digitalen Handrefraktometer		
Abb. 6.25	Vakuumpumpe Refco RL-8	Stefan Sobotta	REFCO Manufacturing Ltd.
Abb. 6.26	Füllstation 12900 von Refco	Stefan Sobotta	REFCO Manufacturing Ltd.
Abb. 6.27	Ventilkernwerkzeug	Stefan Sobotta	REFCO Manufacturing Ltd.
Abb. 6.28	Rohrabschneider Refco RS 35	Stefan Sobotta	REFCO Manufacturing Ltd.
Abb. 6.29	Entgrater		Stefan Sobotta

Abbildung	Beschreibung der Abbildung	Quelle/Nutzungsrechte	Urheber
Abb. 6.30	Bördelglocke mit Spannbacke und Bördelkonus		Stefan Sobotta
Abb. 6.31 und Abb. 6.32	Bördelglocke mit eingespanntem Kupferrohr vor und nach dem Aufweiten		Stefan Sobotta
Abb. 6.33	Aufgeweitetes Kupferrohr		Stefan Sobotta
Abb. 6.34	Schnitt einer Bördelverbindung		Stefan Sobotta
Abb. 6.35	Lamellenkamm aus Federstahldraht		Stefan Sobotta
Abb. 6.36	Universal-Lamellenkamm mit verschiedenen Abstandseinsätzen (für unterschiedliche Lamellenabstände)		Stefan Sobotta
Abb. 6.37	Biegefeder zum Biegen von weichem Kupferrohr		Stefan Sobotta
Abb. 6.38	Gebogenes Kupferrohr mit Biegefeder		Stefan Sobotta
Abb. 6.39	Kältemittel-Recyclingflasche		Stefan Sobotta
Abb. 10.1	Vergleich der verbrauchs- und betriebsgebundenen Kosten von Heizsystemen in einem Neubau	Stefan Sobotta	Daten: Bundesverband Wärmepumpe e. V.
Abb. 10.2	Ökologischer Vergleich von Heizsystemen in einem Neubau	Stefan Sobotta	Daten: Bundesverband Wärmepumpe e. V.
Abb. 10.3	Vergleich der verbrauchs- und betriebsgebundenen Kosten von Heizsystemen in einem Bestandshaus Bj. 1985	Stefan Sobotta	Daten: Bundesverband Wärmepumpe e. V.
Abb. 10.4	Ökologischer Vergleich von Heizsystemen in einem Bestandshaus Bj. 1985	Stefan Sobotta	Daten: Bundesverband Wärmepumpe e. V.
Abb. 11.1	Antrag auf wasserrechtliche Erlaubnis zur Gewässerbenutzung mittels Wärmepumpe		Stefan Sobotta
Abb. 11.2	Angebot einer Erdsondenanlage		Stefan Sobotta

Tabelle	Beschreibung der neuen Tabellen	Quelle/Nutzungsrechte	Urheber
Tab. 3.1	Die wichtigsten Kältemittel im Vergleich		Stefan Sobotta
Tab. 3.2	Prüfbedingungen für Wärmepumpen nach DIN EN 14511		Daten: DIN EN 14511
Tab. 3.3	Prüfbedingungen für Wärmepumpen nach DIN EN 14825		Daten: DIN EN 14825
Tab. 3.4	Übersicht Verbindungstechniken von Kältemittelrohren		Stefan Sobotta
Tab. 3.5	Übersicht von Wärmepumpen-Bauformen	Stefan Sobotta	
Tab. 4.1	Überschlägige spezifische Heizlast nach Haustypen		Stefan Sobotta
Tab. 4.2	Ermittlung Norm-Außentemperatur θe nach DIN EN 12831 Bl. 1.		Daten: DIN EN 12831 Bl. 1
Tab. 4.3	Vergleich der unterschiedlichen Techniken zur Warmwasserbereitung		Stefan Sobotta
Tab. 4.4	Zuschlagsfaktoren in Abhängigkeit von Sperrzeiten		Stefan Sobotta
Tab. 4.5	Wärmeübergangskoeffizient, maximale Oberflächentemperaturen und maximale Leistungen in Abhängigkeit von den Zonen		Daten: B. Olesen, Velta
Tab. 4.6	Übersicht von Wärmequellen und ihren Bauformen		Stefan Sobotta
Tab. 4.7	Wärmeentzugsleistungen der verschiedenen Bodenklassen		Daten: VDI 4640
Tab. 4.8	Verlegeabstand im Verhältnis zur Beschaffenheit des Erdreiches	Stefan Sobotta	Vaillant Deutschland GmbH & Co KG
Tab. 4.9	Verlegefaktor im Verhältnis zur Bodenbeschaffenheit	Stefan Sobotta	Vaillant Deutschland GmbH & Co KG
Tab. 4.10	Kombination von Vaillant-Wärmepumpen geoTHERM mit Erdkollektoren von Haka Gerodur bei einem Verlegeabstand von 0,5 bzw. 0,7 m	Stefan Sobotta	Haka Gerodur

Tabelle	Beschreibung der Tabelle	Quelle/Nutzungsrechte	Urheber
Tab. 4.11	Auswahltabelle Wärmepumpen (Vaillant) mit Zuordnung der Kollektorsets (Vaillant)	Stefan Sobotta	Vaillant Deutschland GmbH & Co. KG
Tab. 4.12	Minimale Zuleitungsrohrdimension von der Wärmepumpe bis zum Verteiler/Sammler		Stefan Sobotta
Tab. 4.13	Richtwerte wichtiger Wasserinhaltsstoffe		Stefan Sobotta
Tab. 4.14	Vorschlag von Tauchpumpen		Stefan Sobotta
Tab. 4.15	Technische Daten von Plattenwärmetauschern der Fa. Alfa Laval		Alfa Laval
Tab. 4.16	Beurteilungspegel L_r für Immissionsorte außerhalb von Gebäuden		Daten: TA Lärm
Tab. 4.17	Zuordnung des Tonzuschlags K_T zur maßgeblichen Differenz ΔL		DIN 45681:2005-03
Tab. 4.18	Deckungsanteil von Grundlast-Wärmeerzeugern (hier Wärmepumpe) einer bivalent betriebenen Anlage (siehe Vornorm DIN V 4701-10 (zurückgezogen))		Daten: DIN 4701
Tab. 4.19	Übersicht hydraulische Schaltungen		Stefan Sobotta
Tab. 5.1	Querschnitt der Leitung und Absicherung von Wärmepumpen		Stefan Sobotta
Tab. 5.2	Zuordnung von Querschnitten und Aderzahlen für die Wärmepumpenverdrahtung		Stefan Sobotta
Tab. 6.1	Überprüfung/Wartung einer Luft/Wasser-Wärmepumpe		Stefan Sobotta
Tab. 6.2	Überprüfung/Wartung einer Sole/Wasser-Wärmepumpe		Stefan Sobotta
Tab. 7.1	Skalierung der Effizienzklassen		Energieeinsparverordnung
Tab. 7.2	Effizienzanforderungen nach EEWärmeG		EEWärmeG
Tab. 7.3	Entzugsleistungen für 1800 und 2400 Jahresbetriebsstunden		VDI 4640 Blatt 1

Tabelle	Beschreibung der Tabelle	Quelle/Nutzungsrechte	Urheber
Tab. 7.4	Spezifische Entzugsleistung von Erdsondenanlagen		VDI 4640 Blatt 1
Tab. 7.5	Beurteilungspegel L_r für Immissionsorte außerhalb von Gebäuden		TA Lärm
Tab. 10.1	Kostenvergleich eines Einfamilienhauses als Neubau nach EnEV-Standard; Dach innerhalb thermischer Hülle, kein Keller	Stefan Sobotta	Daten: Bundesverband Wärmepumpe e.V.
Tab. 10.2	Einfamilienhaus Bestand; Dach, Keller außerhalb thermischer Hülle	Stefan Sobotta	Daten: Bundesverband Wärmepumpe e.V.

13 Literaturverzeichnis

[2.1] Wikipedia, Die freie Enzyklopädie, Bearbeitung: 29.08.2021, https://de.wikipedia.org/wiki/F%C3%BCnfter_Sachstandsbericht_des_IPCC, letzter Zugriff 10.01.2022

[2.2] Bundesministerium für Umwelt, Naturschutz, Bau und Reaktorsicherheit; Bundesministerium für Bildung und Forschung; Umweltbundesamt; Deutsche IPCC Koordinierungsstelle

[2.3] Amtsblatt der Europäischen Union, L 239/83, Delegierte Verordnung (EU) Nr. 812/2013 der Kommission, 18.02.2013

[2.4] Umweltbundesamt

[2.5] Wikipedia, Die freie Enzyklopädie, Bearbeitung: 07.11.2021, https://de.wikipedia.org/wiki/%C3%96kosteuer_(Deutschland), letzter Zugriff 10.01.2022

[2.6] Graichen, Patrick; Lenck, Thorsten: Energiepreise und Energiewende, Agora Energiewende, https://static.agora-energiewende.de/fileadmin/Projekte/2017/Abgaben_Umlagen/Foliensatz_Abgaben-Umlagen_Grundlagen_2017-04-10.pdf, BERLIN, 10.04.2017, letzter Zugriff 10.01.2022

[2.7] Bundesverband Erneuerbarer Energien e. V., https://www.bee-ev.de/presse/mitteilungen/detailansicht/energiesteuer-mit-co2-komponente-plus-rueckverteilung-schafft-fairness-auf-dem-waermemarkt, letzter Zugriff 10.01.2022

[3.1] Verordnung (EU) Nr. 517/2014 des Europäischen Parlaments und des Rates vom 16. April 2014 über fluorierte Treibhausgase und zur Aufhebung der Verordnung (EG) Nr. 842/2006, L 150/195, 20.05.2014

[3.2] The benefits of using asymmetric BPHE's in Heat Pump systems, Adam Dahlquist M.Sc, SWEP, Präsentation während des Heat Pump Summit 2011, Nürnberg

[3.3] Make grater savings with Danfoss Micro Plate Heat Exchangers, Rissler, Danfoss, Präsentation während des Heat Pump Summit 2011, Nürnberg

[3.4] Montageanleitung für Copeland Scroll™ Einzelverdichter, Emerson Climate Technologies

[3.5] Technische Information – Regler und Regelstrecken, SAMSON AG, Mess- und Regeltechnik, Frankfurt

[3.6] Elektronische Expansionsventile – Tipps für den Monteur (Teil 8), Kälte Klima Aktuell 3/2008, Stephan Bachmann, Danfoss Kältetechnik, Offenbach

[4.1] Leitfaden Tieffrequente Geräusche im Wohnumfeld, Umweltbundesamt, Fachgebiet I 3.4

[4.2] Wikipedia

[4.3] DIN 45681:2005-03, Akustik - Bestimmung der Tonhaltigkeit von Geräuschen und Ermittlung eines Tonzuschlages für die Beurteilung von Geräuschimmissionen

[4.4] Umweltbundesamt (Hrsg.): Leitfaden Tieffrequente Geräusche im Wohnumfeld, Umweltbundesamt

[4.5] Sechste Allgemeine Verwaltungsvorschrift zum Bundes-Immissionsschutzgesetz (Technische Anleitung zum Schutz gegen Lärm – TA Lärm) – vom 26. August 1998 (GMBl Nr. 26/1998, S. 503)

[4.6] Schallrechner des Bundesverbandes Wärmepumpe e. V./Berlin, https://www.waermepumpe.de/schallrechner/, letzter Zugriff 29.04.2022

[6.1] DIN 31051:2019-06, Grundlagen der Instandhaltung

[6.2] Technische Merkblätter AWP 2/6; T8 – Hinweise für Wartung an Wärmepumpenanlagen

[6.3] Technische Anschlussbedingungen (TAB) für den Anschluss an das Niederspannungsnetz vom Juli 2012

[6.4] Tipps für den Monteur – Handbuch, Danfoss Refrigeration & Air Conditioning Division

[6.5] Schulungshandbuch Kälte Klima Webasto 12/2000

[6.6] Seidel,Rolf; Noack, Hugo: Der Kältemonteur – Handbuch für die Praxis,VDE Verlag, 2020

[6.7] Thermostatische Expansionsventile – Tipps für den Monteur Danfoss Refrigeration & Air Conditioning

14 Stichwortverzeichnis

F

M

N

S

Z